A Estrutura das Revoluções Científicas

Coleção Debates
Dirigida por J. Guinsburg

Equipe de Realização – Tradução: Beatriz Vianna Boeira e Nelson Boeira;
Revisão: Márcia Abreu; Produção: Ricardo W. Neves, Sergio Kon, Luiz
Henrique Soares.

thomas s. kuhn

A ESTRUTURA DAS REVOLUÇÕES CIENTÍFICAS

EDIÇÃO COMEMORATIVA DOS 50 ANOS DA PUBLICAÇÃO

COM ENSAIO INTRODUTÓRIO DE IAN HACKING

PERSPECTIVA

Título do original inglês
The Structure of Scientific Revolutions

© 1962, 1970, 1996, 2012 by The University of Chicago.
All rights reserved.

Dados Internacionais de Catalogação na Publicação (CIP)
(Câmara Brasileira do Livro, SP, Brasil)

Kuhn, Thomas S.
    A estrutura das revoluções científicas / Thomas S.
Kuhn ; tradução Beatriz Vianna Boeira e Nelson Boeira. —
São Paulo : Perspectiva, 2018. (Debates ; 115)

    2 reimpr. da 13 ed. de 2017
    Título original: The structure of scientific revolutions.
    Bibliografia.
    ISBN 978-85-273-0111-4

    1. Ciência – Filosofia 2. Ciência – História I. Título.
    II. Série.

05-0699   CDD-509

Índices para catálogo sistemático:
1. Ciência : História 509

13ª edição – 5ª reimpressão

Direitos reservados em língua portuguesa à

EDITORA PERSPECTIVA LTDA.

Alameda Santos, 1909, cj. 22
01419-100 São Paulo SP Brasil
Tel.: (+55 11) 3885-8388
www.editoraperspectiva.com.br

2023

SUMÁRIO

Ensaio Introdutório – *Ian Hacking*.. 9
Prefácio 49

Introdução: Um Papel Para a História............................. 59

1. A Rota para a Ciência Normal...................................... 71
2. A Natureza da Ciência Normal 87
3. A Ciência Normal como Resolução
   de Quebra-Cabeças... 103
4. A Prioridade dos Paradigmas.................................... 115
5. A Anomalia e a Emergência das Descobertas
   Científicas.. 127
6. As Crises e a Emergência das Teorias Científicas 145
7. A Resposta À Crise 159

8. A Natureza e a Necessidade das Revoluções Científicas ... 177

9. As Revoluções como Mudanças de Concepção de Mundo ... 201

10. A Invisibilidade das Revoluções ... 231

11. A Resolução das Revoluções ... 241

12. O Progresso através de Revoluções ... 261

Posfácio – 1969 ... 279

ENSAIO INTRODUTÓRIO*

Grandes livros são raros. Este é um deles. Leia-o e verá. Salte as páginas desta introdução. Volte se você quiser saber como o livro veio a existir há meio século, qual foi o seu impacto e as violentas disputas ocorridas em torno de suas teses. Volte se quiser (você quer) uma opinião amadurecida acerca do *status* atual do livro.

---

* Ensaio de Ian Hacking escrito para o quinquagésimo aniversário da edição de *A Estrutura das Revoluções Científicas*. Este artigo esclarece termos popularizados por Kuhn, incluindo paradigma e incomensurabilidade e aplica suas ideias à ciência dos dias de hoje. Na verdade, segundo Kuhn, não há progresso por acúmulo gradual de conhecimentos e/ou experimentos, mas por disrupturas na chamada ciência normal. Esse pensamento de certo modo justificava, por assim dizer, as grandes transformações nos modelos científicos que preencheram a ciência do fim do século xix e do século xx. Entretanto, nem por isso *A Estrutura* deixa de cumprir o seu papel crítico e perscrutador ante os enormes avanços das ciências biológicas e sua fusão com as ciências físicas em geral, traduzidas pela biotecnologia e tecnologia em sentido mais amplo (N. da T.).

Tais observações introduzem o livro, não Kuhn e o principal trabalho de sua vida. Ele em geral referia-se ao livro como *Estrutura* e, em conversação, simplesmente como "o livro". Eu sigo o uso que ele fez. *The Essential Tension* (A Tensão Essencial) é uma soberba coleção de artigos filosóficos (em oposição a históricos) publicados por ele pouco antes ou logo depois da *Estrutura*[1]. Trata-se de um conjunto de comentários e expansões, assim constitui uma excelente leitura complementar.

Como esta é uma introdução à *Estrutura*, nada posterior a *The Essencial Tension* será aqui discutido. *Observe, entretanto, que segundo o autor afirmou repetidas vezes em conversação que o Black-Body and the Quantum Discontinuity*, um estudo da primeira revolução quântica deflagrada por Max Planck, no fim do século XIX, é um exemplo preciso sobre o que versa a *Estrutura*[2].

Exatamente por ser a *Estrutura* um grande livro, ele pode ser lido em um número infinito de modos e posto a serviço de muitos fins. Logo essa introdução é apenas uma dentre muitas outras possíveis. O livro desencadeou uma onda de obras acerca da vida e do trabalho de Kuhn. Uma excelente e curta introdução ao trabalho de Thomas Samuel Kuhn (1922-1996), com um viés diferente do nosso, pode ser encontrada *on-line* na *Stanford Encyclopedia of Philosophy*[3]. Com respeito às reminiscências finais acerca da vida e pensamentos de Kuhn, veja a entrevista realizada em 1995 por Aristides Baltas, Kostas Gavroglu e Vassiliki Kindi[4]. O livro mais admirado por Kuhn sobre o seu próprio trabalho

---

1. Thomas S. Kuhn, *The Essential Tension: Selected Studies in Scientific Tradition and Change*, Lorenz Krüger (ed.), Chicago, 1977.

2. T.S. Kuhn, *Black-Body and the Quantum Descontinuity, 1894-1912*, Nova York, 1978.

3. Alexander Bird, "Thomas Kuhn", em Edward N. Zalta (ed.), *The Stanford Encyclopedia of Philosophy*, disponível em: <htpp://plato.stanford.edu/archives/fall2009/entries/thomas-kuhn/>.

4. A Discussion with Thomas S. Kuhn, em James Conant e John Haugeland (eds.), *The Road since Structure: Philosophical Essays 1970-1993, with an Autobiographical Interview*, Chicago, 2000, p. 253-324.

é *Reconstructing Scientific Revolutions*, de Paul Hoyningen-
-Huene[5]. Para um rol das publicações de Kuhn, consulte *The
Road Since Structure* de James Conant e John Haugeland[6].

Uma coisa que nunca é repetida em demasia: como
todos os grandes livros, este é um trabalho feito com paixão e com um apaixonado desejo de dispor as coisas corretamente. Isso se vê claramente mesmo a partir da modesta
primeira sentença da página 59: "Se a história fosse vista
como um repositório para algo mais do que anedotas ou
cronologias, poderia produzir uma transformação decisiva na imagem de ciência que atualmente nos domina."[7]
Thomas Kuhn estava empenhado em mudar nosso entendimento das ciências, isto é, das atividades que tornam a
nossa espécie apta – para bem ou para o mal – a dominar
o planeta. Ele foi bem sucedido.

1962

A presente edição comemora o quinquagésimo aniversário da *Estrutura*. Desde 1962 um longo tempo se passou.
As próprias ciências mudaram radicalmente. A rainha das
ciências, então, era a física. Kuhn foi formado como um
físico. Pouca gente sabia muita física, mas todo mundo sabia
que a física estava no centro da ação. A Guerra Fria se achava
em andamento, de modo que todo mundo estava ciente da
Bomba. Os alunos das escolas americanas tinham de se aga-
char sob suas carteiras como exercício de segurança. No
mínimo uma vez por ano soavam nas cidades as sirenes
de alarme para ataque aéreo e todos tinham de procurar
abrigo. Aqueles que protestavam contra as armas nucleares,

5. Paul Hoyningen-Huene, *Reconstructing Scientific Revolutions. Thomas S. Kuhn's Philosophy of Science*, Chicago, 1993.

6. J. Conant; J. Haugeland (eds.), op. cit.

7. T.S. Kuhn, *The Structure of Scientific Revolutions*, 4. ed., Chicago, 2012.
(N. da E.: As referências no texto inglês provêm dessa edição. Em portu-
guês, as referências encontram-se na edição traduzida pela editora Perspectiva, *A Estrutura das Revoluções Científicas*, 10. ed., São Paulo, 2013.)

ostensivamente não indo para um abrigo, podiam ser detidos, e alguns chegaram a sê-lo. Bob Dylan tocou pela primeira vez "A Hard Rain A-Gonna Fall" em setembro de 1962; todos assumiram que a canção dizia respeito a partículas radiativas produzidas por explosão nuclear. Em outubro de 1962 ocorreu a Crise dos Mísseis de Cuba, o momento mais próximo que o mundo chegou de uma guerra nuclear desde 1945. A física e a sua ameaça estavam na mente de cada pessoa.

A Guerra Fria há muito acabara, e a física não estava mais no centro da ação. Outro evento de 1962 foi a concessão do prêmio Nobel a Francis Crick e James Watson pela biologia molecular do DNA e a Max Perutz e John Kendrew pela biologia molecular da hemoglobina. Foi o prenúncio da mudança. Hoje, o momento é o das leis da biotecnologia. Kuhn tomou a ciência física e a sua história como seu modelo. Você terá que decidir, depois de ler este livro, acerca do alcance do que ele disse sobre as ciências físicas, se ainda é válido no prolífico mundo atual da biotecnologia. Adicione a isso a ciência da informação. Adicione aquilo que o computador fez para a prática da ciência. Até mesmo o experimento não é mais o que era, porque ele tem sido modificado e, em certa medida, substituído por simulação computacional. E todos sabem que o computador mudou a comunicação. Em 1962 os resultados científicos eram anunciados em encontros, em seminários especiais, em *preprints* e depois em artigos publicados em revistas especializadas. Hoje, o modo primeiro de publicação é o arquivo eletrônico.

Há ainda outra diferença fundamental entre 2012 e 1962. Essa afeta o coração do livro, a física fundamental. Em 1962 havia duas cosmologias em competição: a do estado estacionário e a do *big bang*, dois quadros completamente diferentes do universo e de sua origem. Após 1965 e a quase fortuita descoberta da radiação universal de fundo, restou apenas a teoria do *big bang*, plena de problemas excepcionais estudados como ciência normal. Em 1962 a física de altas energias parecia ser uma infindável coleção de mais e mais partículas. O que era chamado de modelo padrão exibiu a ordem do caos. Ele é inacreditavelmente acurado em suas previsões, ainda que não tenhamos ideia de como ajustá-lo à gravitação. Talvez ocorra uma outra revolução na física fundamental, embora, por certo, há de haver surpresas em penca.

Assim *A Estrutura das Revoluções Científicas* pode ser – não sou eu que digo isso – mais relevante para uma época pretérita da história da ciência do que para a ciência tal como é praticada hoje.

Mas pergunta-se: este é um livro de história ou filosofia? Em 1968 Kuhn iniciou uma palestra persistindo em dizer "encontro-me diante de vocês na qualidade de historiador da ciência... Eu sou membro da American Historical e não da American Philosophical Associatíon"[8]. Contudo, na medida em que ele organizou seu próprio passado, passou crescentemente a apresentar-se sempre como tendo tido primeiramente interesses filosóficos[9]. Embora a *Estrutura* haja exercido imenso impacto imediato sobre a comunidade de historiadores da ciência, seus efeitos mais duradouros foram provavelmente sobre a filosofia da ciência e, sem dúvida, sobre a cultura pública. Tal é a perspectiva a partir da qual esta introdução foi escrita.

Estrutura

Estrutura e revolução foram dois termos corretamente colocados no título do livro. Kuhn pensava não só que há revoluções científicas, mas também que elas têm uma estrutura. Ele explicou essa estrutura com grande cuidado, atribuindo um nome útil a cada nó da estrutura. Ele tinha o dom do aforismo; e as suas denominações adquiriram um *status* excepcional, pois embora fossem algumas vezes enigmáticas, parte

8. T.S. Kuhn, The Relations Between the History and the Philosophy of Science, *The Essential Tension*, p. 3.
9. T.S. Kuhn, A Discussion with Thomas S. Kuhn, em J. Conant, J. Haugeland (eds.), *The Road Since Structure*.

delas pertence hoje ao inglês coloquial. Eis a sequência: 1. *ciência normal* (caps. 2-3, ele não os chamou de capítulos, pois concebia a *Estrutura* mais como um esboço de livro do que um livro propriamente); 2. *resolução de quebra-cabeças* (cap. 3); 3. *paradigma* (cap. 4), uma palavra que, quando ele a usou, era não comum, porém que se tornou banal depois de Kuhn (para não mencionar *mudança* de *paradigma*!); 4. *anomalia* (cap. 5); 5. *crise* (caps. 6-7); e 6. *revolução* (cap. 8), estabelecendo um novo paradigma.

Tal é a estrutura das revoluções científicas: ciência normal com um paradigma e dedicação para solucionar quebra-cabeças; seguida de sérias anomalias, que conduzem para uma crise; e finalmente resolução da crise por meio de um novo paradigma. Outra palavra famosa que não aparece nos títulos dos capítulos é *incomensurabilidade*. Essa é a ideia de que, no curso de uma revolução e da mudança de paradigma, as novas ideias e asserções não podem ser estritamente comparadas às antigas. Ainda que as mesmas palavras estejam em uso, seu significado próprio mudou. O que, por seu turno, levou à ideia de que uma nova teoria não é escolhida para substituir uma antiga, por ser verdadeira, mas, sim, bem mais por causa de uma *mudança de concepção de mundo* (cap. 9). O livro termina com o desconcertante pensamento de que o progresso na ciência não é uma simples reta que conduz *à* verdade. Trata-se mais de um progresso a *distanciar-se* de concepções, e de interações, menos adequadas do mundo (cap. 12).

Examinaremos uma ideia de cada vez. Obviamente a estrutura é toda ela muito nítida. A história, afirma o historiador, não é assim. Mas foi precisamente o instinto de Kuhn como físico que o levou a encontrar uma simples e perspicaz estrutura para todos os fins. Tratava-se de um quadro da ciência que o leitor comum podia captar. Tinha o mérito de ser em alguma medida testável. Os historiadores das ciências poderiam assim olhar e ver em que extensão mudanças significativas nos campos de suas especialidades estariam, de fato, conformes à estrutura de Kuhn.

Infelizmente, ela também foi mal usada pela onda dos intelectuais céticos que puseram em dúvida a própria ideia de verdade. Kuhn não tinha essa intenção. Ele era um amante dos fatos e um dos que buscavam a verdade.

Revolução

Primeiro, quando pensamos em revolução, pensamos em termos políticos. A Revolução Americana, a Revolução Francesa, a Revolução Russa. Tudo é subvertido; uma nova ordem mundial se inicia. O primeiro pensador a estender essa noção de revolução às ciências talvez tenha sido Immanuel Kant. Ele assistiu a duas grandes revoluções intelectuais. Elas não foram mencionadas na primeira edição (1781) de sua obra maior *A Crítica da Razão Pura* (outra obra de rara grandeza, mas não um livro excitante como a *Estrutura!*). No prefácio à segunda edição (1787), ele fala numa prosa quase rebuscada de dois eventos revolucionários[10]. Um deles se refere à transição na prática da matemática, na qual técnicas familiares na Babilônia e no Egito foram transformadas, na Grécia, em provas a partir de postulados. O segundo foi a emergência do método experimental e de laboratório, uma série de eventos cujo início Kuhn atribui a Galileu. O filósofo alemão repete o termo *revolução* muitas vezes em apenas dois longos parágrafos.

Observe que embora consideremos Kant como a mais pura expressão do saber acadêmico, ele viveu em época turbulenta. Todo mundo sabia que algo profundo estava em processo por toda a Europa e, de fato, a Revolução Francesa havia ocorrido há apenas dois anos. Foi Kant que introduziu

---

10. I. Kant, *The Critique of Pure Reason*, 2. ed., B xi-xiv. Em todas as modernas reimpressões e traduções, ambas as edições são impressas em um só volume, sendo o novo material da segunda edição dado com a paginação original alemã, com o rótulo "B". A tradução inglesa padrão é de Norman Kemp Smith, Londres, 1929. A tradução mais recente é de Paul Guyer e de Allen Wood, Cambridge, 2003.

a ideia de uma revolução científica[11]. Como filósofo eu acho divertido, e certamente perdoável, que o honesto Kant, ele próprio, confesse, em nota de rodapé, que não estava apto a prestar atenção às minúcias de pormenores históricos[12].

O primeiro livro de Kuhn concernente à ciência e sua história não foi a *Estrutura*, porém *A Revolução Copernicana*[13]. A ideia de revolução científica já estava em plena circulação. Após a Segunda Guerra Mundial escreveu-se muita coisa sobre a revolução científica do século XVII, Francis Bacon foi seu profeta; Galileu, seu farol e Newton seu sol.

O primeiro ponto a observar – aquele que não é imediatamente óbvio ao primeiro correr de olhos sobre a *Estrutura* – é que Kuhn não estava falando sobre *a* revolução científica. Essa era uma espécie completamente diferente de evento em face das revoluções cuja estrutura Kuhn postulava[14]. De fato, pouco antes da publicação da *Estrutura*, ele aventara a ideia de que havia uma "segunda revolução científica"[15]. Esta ocorrera

---

11. Kant estava à frente de sua década, mesmo com respeito à revolução (intelectual). O famoso historiador da ciência, I.B. Cohen escreveu uma apreciação, aparentemente exaustiva, da ideia de revolução em ciência. Ele cita, embora esquecido, o extraordinário erudito e cientista G.C. Lichtenberg (1742-1799), que nos pede para comparar quão frequentemente "a palavra *Revolução* foi pronunciada e impressa na Europa nos oito anos que decorreram entre 1781 e 1789, e nos oito subsequentes, de 1789 a 1797". A irreverente posição supunha a razão de um para um milhão. I.B. Cohen, *Revolution in Science*, Cambridge, 1985, p. 585 n. 4. Eu me aventuraria com a mesma razão para comparar o uso da palavra *paradigma* em 1962 e neste quinquagésimo aniversário do livro. Sim, um milhão de vezes este ano para cada vez então. Por coincidência, Lichtenberg é conhecido como um pensador das ciências que efetuou, de há muito, amplo emprego do termo *paradigma*.

12. I. Kant, op. cit., B, p. xiii.

13. T.S. Kuhn, *The Copernican Revolution: Planetary Astronomy in the Development of Western Thought*, Cambridge, 1957.

14. Alguns céticos perguntam agora se era, de fato, um "evento". Kuhn tem, entre muitas outras coisas, uma fascinante apresentação de suas próprias ideias iconoclastas sobre a revolução científica. Mathematical versus Experimental Tradition in the Development of Physical Science, em *The Essential Tension...*, 1975, p. 31-65.

15. T.S. Kuhn, The Function of Measurement in the Physical Sciences,(1961), em *The Essential Tension...*, 1961, p. 178-224.

durante os primeiros anos do século XIX; novos campos inteiros foram matematizados. Calor, luz, eletricidade e magnetismo adquiriram paradigmas, e subitamente uma massa inteira de fenômenos indiscriminados começaram a fazer sentido. Isso coincidiu com – deu-se passo a passo com – o que denominamos de Revolução Industrial. Era indiscutivelmente o início do moderno mundo técnico-científico em que vivemos. Porém, não mais do que a primeira revolução científica, a segunda revolução exibiu a "estrutura" da *Estrutura*.

Um segundo ponto a notar é que a geração que precedeu Kuhn, a que tão amplamente escreveu sobre a revolução científica do século XVII, crescera em um mundo de revolução radical na física. A Teoria da Relatividade Restrita (ou Especial) (1905) e depois a Teoria da Relatividade Geral (1916), de Einstein, foram acontecimentos mais perturbadores do que nos é dado conceber. A relatividade, no começo, teve mais repercussão nas humanidades e nas artes do que genuínas consequências testáveis na física. Sim, houve a famosa expedição de *sir* Arthur Eddigton para comprovar uma previsão astronômica da teoria, mas foi só posteriormente que a relatividade se tornou parte integral de vários ramos da física.

Depois ocorreu a revolução quântica, também um caso em duas etapas, com a introdução dos *quantum* de Max Planck por volta de 1900 e a seguir a plena teoria quântica de 1926-1927, completada com o principio da incerteza de Heisenberg. Combinadas, a relatividade e a física quântica derrubaram não apenas a velha ciência, mas também os princípios da metafísica. Kant havia ensinado que o espaço absoluto de Newton e o principio da causalidade uniforme são princípios *a priori* do pensamento, condições necessárias de como os seres humanos compreendem o mundo no qual vivem. A física provou que ele estava totalmente equivocado. Causa e efeito seriam mera aparência e a indeterminação estava na raiz da realidade. A revolução estava na ordem do dia científico.

Antes de Kuhn, Karl Popper (1902-1994) foi o mais influente filósofo da ciência – quero dizer o mais amplamente lido e, em alguma medida, creditado pelos cientistas praticantes[16]. Popper já estava mais velho durante a segunda revolução quântica. Esta lhe ensinou que a ciência procede por conjecturas e refutações, para empregarmos o título de um de seus livros. A metodologia de cunho moralista que Popper vindicava era exemplificada pela história da ciência. Primeiro, concebemos conjecturas audaciosas, tão testáveis quanto possíveis, e inevitavelmente verificamos que são insuficientes. Elas são refutadas, e uma nova conjectura que se ajuste aos fatos deverá ser encontrada. Hipóteses podem valer como "científicas" somente se forem refutáveis. Essa visão purista da ciência teria sido impensável antes das grandes revoluções da virada do século.

A ênfase de Kuhn nas revoluções pode ser encarada como o estágio sequente às refutações de Popper. Sua própria versão de como as duas se relacionam está na "Lógica da Descoberta ou Psicologia da Pesquisa"[17]. Os dois homens tomaram a física como seu protótipo para todas as ciências

16. Popper era um vienense que se estabeleceu em Londres. Outros filósofos do mundo germanófono, que escaparam do jugo nazista e que vieram para os Estados Unidos, exerceram um profundo efeito sobre a filosofia americana. Muitos filósofos da ciência só manifestaram desdém pela abordagem simplista de Popper, mas ela fazia sentido para os físicos praticantes. Margaret Masterman, escrevendo em 1966, apresentou de forma precisa a situação: "Os cientista efetivos estão agora lendo cada vez mais Kuhn, em vez de Popper" (p. 60), em The Nature of a Paradigm, Criticism and the Growth of Knowledge, Imre Lakatos; Alan Musgrave (eds.), Cambridge, 1970, p. 59-90.

17. T.S. Kuhn, Logic of Discovery or Psychology of Research (1965), Criticism and the Growth of Knowledge, p. 1-23. Em julho desse ano, Imre Lakatos organizou uma conferência em Londres, cujo foco devia ser uma confrontação entre a Estrutura de Kuhn e a escola de Popper, que naquela época incluía o próprio Lakatos e Paul Feyerabend. Três volumes dos agora esquecidos artigos foram publicados logo depois, enquanto o quarto volume, Criticism and the Growth of Knowledge, tornou-se, por direito próprio, um clássico. Lakatos pensava que as atas da conferência não reportariam o que de fato teria ocorrido, e que seria preciso reescrevê-las à luz do que realmente houve. Essa é uma das razões do atraso de cinco anos na publicação, a outra é que Lakatos elaborou suas próprias ideias, quase que infinitamente. O ensaio aqui citado é, com efeito, aquele que reflete o que Kuhn realmente disse em 1965.

e formaram as suas ideias a partir das decorrências da relatividade e da teoria dos *quanta*. As ciências, hoje em dia, têm outro aspecto. Em 2009, o 150º aniversário de *A Origem das Espécies por Meio da Seleção Natural* de Darwin foi celebrado em grande estilo. Com toda aquela profusão de livros, shows e festivais, eu suspeito que muitos de seus leitores ou espectadores, se perguntados sobre qual a obra científica mais revolucionária de todos os tempos, teriam respondido muito razoavelmente que era *A Origem das Espécies*. Assim, é surpreendente que a revolução de Darwin jamais seja mencionada na *Estrutura*. A seleção natural entra com destaque só nas páginas 275 e 276, porém apenas para servir como analogia ao desenvolvimento científico. Mas agora que as ciências da vida substituíram a física como carro-chefe, temos de indagar em que medida a revolução de Darwin se adequa ao padrão de Kuhn.

Uma observação final: o uso corrente da palavra *revolução* vai muito além daquilo que Kuhn tinha em mente. Não se trata de uma crítica, nem a Kuhn, nem ao público em geral. Significa tão somente que se deve ler Kuhn atentamente e prestar atenção àquilo que efetivamente ele diz. Hoje em dia, o termo revolução é quase uma palavra elogiosa. Todo novo refrigerador, todo novo filme ousado são anunciados como revolucionários. É difícil lembrar que essa palavra foi outrora usada com parcimônia. Na mídia americana (quase esquecida da Revolução Americana) o vocabulário veiculava mais aversão do que elogio, porque *revolucionário* significava *comuna*. Lamento a recente degradação da palavra "revolução" ao mero *clichê*, mas é um fato que torna a compreensão de Kuhn um pouco mais difícil.

Ciência Normal e Resolução de Quebra-Cabeças
(Caps. 2 e 3)

Os pensamentos de Kuhn eram na verdade extremamente chocantes. A ciência normal é, ensinava ele, apenas trabalhar continuamente para resolver alguns poucos enigmas que ficaram sem solução no campo atual do conhecimento. A resolução de enigmas nos faz pensar em palavras cruzadas, quebra-cabeças e sudoku, modos agradáveis de se manter concentrado quando não se está pronto para um trabalho útil. A ciência normal é assim?

Muitos leitores, cientistas atuantes, ficaram um tanto chocados, mas depois tiveram de admitir que é assim que as coisas ocorrem em boa parte de seu trabalho cotidiano. Problemas da pesquisa não visam a produzir efetivas novidades. Uma única frase da página 103 sumaria a doutrina de Kuhn: "Talvez a característica mais impressionante dos problemas normais da pesquisa que acabamos de examinar seja seu reduzido interesse em produzir grandes novidades, seja no domínio dos conceitos, seja no dos fenômenos". Se você examinar qualquer revista destinada à pesquisa, escreveu ele, você se deparará com três tipos de problemas dirigidos: 1. determinação de fatos significantes; 2. pareamento de fatos com a teoria; e 3. articulação da teoria. Para ampliar isso ainda que levemente:

1. A teoria deixa certas quantidades ou fenômenos inadequadamente descritos e apenas nos informa qualitativamente o que esperar dela. Mensuração e outros procedimentos determinam os fatos de modo mais preciso.

2. Observações conhecidas não concordam inteiramente com a teoria. O que está errado? Ponha em ordem a teoria ou prove que os dados experimentais estão imperfeitos.

3. A teoria pode ter uma sólida formulação matemática, mas não estamos ainda aptos a compreender suas consequências. Kuhn dá o apropriado nome de *articulação* ao processo de trazer à luz o que está implícito na teoria, amiúde por análises matemáticas.

Embora muitos cientistas atuantes concordem que seu trabalho confirma a regra de Kuhn, isso ainda não soa como algo completamente certo. Uma razão pela qual Kuhn coloca as coisas dessa maneira é que ele (como Popper e muitos outros predecessores) ensinou que o trabalho primordial da ciência era teorético. Ele respeitava a teoria e conquanto tivesse uma boa percepção do trabalho experimental apresentava-o como de importância secundária. Desde os anos de 1980 houve uma mudança substancial de ênfase, na medida em que historiadores, sociólogos e filósofos prestaram mais seriamente atenção à ciência experimental. Como Peter Galison escreveu, há três tradições de pesquisa paralelas, porém amplamente independentes: a teórica, a experimental e a instrumental[18]. Cada qual é essencial para as outras duas, porém, elas possuem de per si um bom espaço de autonomia: Cada uma tem sua própria vida. A imensa inovação experimental ou instrumental é simplesmente omitida na postura teórica de Kuhn de modo que a ciência normal pode conter uma grande porção de inovação, mas não exatamente de teoria. E, para o grande público, que deseja tecnologias e curas, as inovações pelas quais a ciência é admirada são em geral não teóricas em absoluto. Daí por que a observação de Kuhn soa insensata, de algum modo.

Para uma ilustração atual do que é absolutamente correto, e também do que é questionável, na ideia de ciência normal de Kuhn, observe que a física de alta energia mais amplamente difundida pelos jornalistas científicos se refere à busca da partícula de Higgs. Isso envolve um incrível tesouro tanto de dinheiro como de talento, tudo dedicado a confirmar o que a física de hoje ensina – que há uma partícula, ainda não detectada, que desempenha um papel essencial na própria existência da matéria. Inúmeros quebra-cabeças, estendendo-se da matemática à engenharia, devem ser resolvidos no caminho. Em certo sentido, nada de novo é antecipado quanto ao percurso da teoria ou mesmo dos fenômenos. É nisso que Kuhn estava certo. A ciência normal não visa à inovação. Mas a inovação pode emergir da confirmação de teorias já sustentadas. De fato,

18. Peter Galison, *How Experiments End,* Chicago, 1987.

espera-se que quando as devidas condições para trazer à tona a partícula forem finalmente estabelecidas, uma geração inteiramente nova de física de alta energia começará.

A caracterização de ciência normal como resolução de quebra-cabeças sugere que Kuhn não julgava que a ciência normal fosse importante. Ao contrário, ele ensinou que a atividade cientifica era enormemente importante e que a maior parte dela é ciência normal. Hoje em dia, até cientistas que se mostram céticos em relação ao ensinamento de Kuhn sobre as revoluções nutrem grande respeito pela explicação que ele dá de ciência normal.

Paradigma
(Cap. 4)

Esse elemento requer especial atenção. Há duas razões para tanto. Em primeiro lugar, Kuhn mudou por conta própria o valor corrente da palavra *paradigma* de modo que um novo leitor pode atribuir conotações muito diferentes ao vocabulário em relação às disponíveis ao autor em 1962. Em segundo, como o próprio Kuhn declarou claramente em seu pós-escrito: "O paradigma, enquanto exemplo compartilhado, é o aspecto central daquilo que atualmente me parece ser o elemento mais novo e menos compreendido deste livro" (p. 296). Na mesma página, sugere o termo *exemplo* como um substituto de paradigma. Em outro ensaio escrito pouco tempo antes do pós-escrito, admitiu ter "perdido o controle do vocábulo"[19]. No correr da vida, ele o abandonou. Mas nós, os leitores da *Estrutura,* cinquenta anos após a sua publicação, e depois que um bocado de poeira se assentou, espero, podemos restaurá-la felizmente à proeminência.

Tão logo o livro foi publicado, seus leitores queixaram-se do fato de a palavra ter sido usada em um número

19. T.S. Kuhn, Reflections on My Critics, em *Criticism and the Growth of Knowledge,* p. 272. Reimpresso, sob o mesmo título, em *Road since Structure,* p. 168.

demasiado grande de modos. Mas num ensaio, citado com frequência e raramente lido, Margareth Masterman detectou 21 diferentes maneiras de como Kuhn usou a palavra *paradigma*[20]. Essa e outras críticas similares incentivaram-no a esclarecer as coisas. O desfecho foi um ensaio intitulado "Second Thoughts on Paradigms" (Segunda Abordagem Sobre Paradigmas). Ele distinguiu o que denominou de dois empregos básicos do termo, um "global" e outro "local". Sobre o uso "local" escreveu: "É, sem dúvida, o sentido de 'paradigma' como exemplo padrão que conduziu originalmente minha escolha para esse termo". Leitores, porém, ele disse, usaram-no na maior parte de um modo mais global de que ele havia pretendido, e Kuhn prosseguiu, "Eu vejo pouca chance de recapturar a palavra 'paradigma' para o seu uso original, o único que é filosoficamente apropriado em geral"[21]. Talvez isso tenha sido verdade em 1974, porém neste quinquagésimo aniversário, podemos retornar

20. M. Masterman, Nature of a Paradigm. Esse ensaio foi completado em 1966 e escrito para a conferência organizada por Lakatos (ver notas 16 e 17, supra). Masterman listou vinte e um sentidos da palavra *paradigma*, enquanto Kuhn, curiosamente, falou em vinte e dois (Second Thoughts on Paradigms [1974], *The Essential Tension...*, p. 294). Seu artigo, Reflections on My Critics (1970, em *Criticism and the Growth of Knwoledge*, p. 231-278; reimpresso em *Road since Structure*, p. 123-175), utiliza-se de um tropo que ele repetiu por décadas. Há, ele sugeria, dois Kuhns: Kuhn1 e Kuhn2. Kuhn1 era ele próprio, mas, por vezes, achou que precisava postular uma figura imaginária, a qual escreveu outro texto intitulado *Estrutura*, dizendo coisas diversas das pretendidas por Kuhn1 Ele selecionou uma, e apenas uma, crítica em Lakatos e Musgrave, a de Masterman, que discutia o seu próprio trabalho, ou seja o de Kuhn1. Ela era uma pensadora raivosa, acerba e iconoclasta, que descrevia a si própria como uma pensadora da ciência, não filosófica, porém das "ciências da computação", mais que das ciências físicas (Nature of a Paradigm, p. 60). Outra crítica de comparável impacto foi a de Dudley Shapere, a quem Kuhn prestou cuidadosa atenção (The Structure of Scientific Revolutions, *Philosophical Review*, n. 73, 1964, p. 383-394). Esses dois, Masterman e Shapere, colocaram as coisas corretamente, em minha opinião, ao focar as obscuridades no conceito de paradigma. Ficou para críticos posteriores a obsessão acerca da incomensurabilidade.
21. T.S. Kuhn, Second Thoughts on Paradigms, p. 307, supra nota 16.

ao uso pretendido em 1962. Voltarei, ao sentido local e global, mas antes façamos alguma recaptura.

Atualmente *paradigma*, acompanhado do termo *mudança de paradigma*, é um conceito em toda parte embaraçoso. Quando Kuhn escreveu, pouca gente se deparara alguma vez com ele. Logo ele se tornou moda. A *New Yorker*, sempre alerta e gozadora com a moda do momento, zombou do fato em charges: num coquetel em Manhattan, uma senhora robusta com nádegas em forma de sino diz a um sujeito quase careca, com cara de intelectual. "Legal, sr. Gerston. O senhor é a primeira pessoa que ouço usar a palavra 'paradigma' na vida real."[22] Hoje, é difícil escapar dessa maldita palavra, daí por que Kuhn escreveu, já em 1970, que havia perdido o controle dela.

Agora, recuemos um pouco. A palavra grega *parádeigma* desempenhou uma parte importante na teoria do argumento de Aristóteles, especialmente na *Retórica*. Esse livro aborda o argumento prático entre duas partes, um orador e uma audiência, que compartilham de um grande número de crenças que dificilmente precisam de explicações. Nas traduções inglesas, o ancestral de nossa palavra *paradigma* é usualmente vertido pelo vocábulo *exemplo*, mas Aristóteles aludia a algo que se parece mais ao termo *exemplar*, isto é, o melhor e o mais instrutivo exemplo. Ele pensava que havia dois tipos básicos de argumentos. Uma espécie de argumento é essencialmente dedutiva, mas com muitas premissas subjacentes. A outra era essencialmente analógica.

Nesse segundo tipo básico de argumento, algo está em disputa. Eis um dos exemplos de Aristóteles, que para muitos leitores será demasiado fácil atualizar a partir das cidades-Estado do tempo dele para as nações-Estado de hoje. Deveria Atenas ir à guerra contra sua vizinha Tebas? Não. Era um mau procedimento de Tebas fazer guerra à sua vizinha

22. Lee Rafferty, *New Yorker*, 9 dez. 1974. Durante alguns anos Kuhn manteve essa charge sobre a sua lareira. A revista publicou charges ironizando o termo *deslocamento de paradigma* em 1955, 2001 e até bem depois, como em 2009.

Focis. Qualquer audiência ateniense concordaria; isso é um paradigma. A situação em disputa é exatamente análoga. Assim sendo, seria um mau procedimento de nossa parte (ateniense) fazer guerra contra Tebas[23]. Em geral: há algo em disputa. Alguém estabelece um exemplo impositivo com o qual todos na audiência, concordarão – um paradigma. A implicação é que o objeto da disputa é "exatamente como este".

Nas traduções latinas de Aristóteles, *parádeigma* converteu-se em *exemplum*, que seguiu sua própria carreira nas teorias medievais e renascentistas do argumento. A palavra *paradigma*, entretanto, foi conservada nas línguas europeias modernas, porém em grande parte divorciada da retórica. Seu emprego tendia a ser muito limitado, em situações cujo modelo padrão deveria ser seguido ou imitado. Quando crianças de escola tinham de estudar latim, pediam-lhes que conjugassem o verbo *amar* – "Eu amo, tu amas, ele/ela ama" –, como *amo, amas, amat* e assim por diante. Esse era o paradigma, o modelo a ser imitado com verbos similares. O uso básico do termo paradigma estava conectado à gramática, mas permanecia sempre disponível como metáfora. Como metáfora nunca decolou em inglês, mas esse uso parece ter sido mais comum em alemão. Durante os anos de 1930, membros de influente grupo filosófico denominado Círculo de Viena, como Moritz Schlick e Otto Neurath, estavam utilizando à vontade o termo alemão em seus escritos filosóficos[24]. Kuhn provavelmente ignorava o fato, mas a filosofia do Círculo de Viena e de outros filósofos imigrados de fala alemã nos Estados Unidos era a filosofia da ciência da qual Kuhn, segundo suas próprias palavras, tinha se "formado intelectualmente" (p. 69).

23. Aristóteles, *Prior Analytics* (*Primeiros Analíticos*), livro 2, cap. 24 (69a1). A discussão mais extensa de paradigma encontra-se na *Rhetóric* (*Retórica*; *e. g.*, ver livro 1, cap. 2 [1356b] para uma descrição e o livro 2. cap. 20 [1393a-b] para outro exemplo militar). Eu supersimplifiquei Aristóteles, desejando apenas pontuar a antiguidade da ideia.

24. Eu devo essa informação a Stefano Gattei, *Thomas Kuhn's "Linguistic Turn" and the Legacy of Logical Positivism*, Aldershot; 2008, p. 19, nota 65.

Depois, na década em que a *Estrutura* estava amadurecendo, certos filósofos analíticos ingleses promoveram essa palavra. Isso ocorreu, em parte, porque o filósofo profundamente vienense que foi Ludwig Wittgenstein fizera largo uso dela em suas preleções na Universidade de Cambridge, nos anos de 1930. Suas aulas em Cambridge foram obsessivamente discutidas por todos os que caíram sob o encanto de sua fala. A palavra aparece inúmeras vezes nas suas *Investigações Filosóficas* (outro grande livro, que só veio à luz em 1953). O primeiro emprego da palavra nesse livro (§ 20) fala de um "paradigma de nossa gramática", embora a ideia de gramática de Wittgenstein seja muito mais abrangente do que a usual. Mais tarde ele a aplicou em conexão com "jogos de linguagem", uma frase alemã, originalmente obscura, que ele tornou parte da cultura geral.

Eu não sei quando Kuhn leu pela primeira vez Wittgenstein, mas, antes em Harvard e depois em Berkeley, o autor da *Estrutura* manteve várias conversações com Stanley Cavell, um pensador fascinantemente original, cujas ideias estavam profundamente embebidas no pensamento de Wittgenstein. Cada qual, tanto Kuhn quanto Cavell, reconheceu a importância que teve naquele momento de suas vidas o fato de compartilharem suas atitudes e problemas intelectuais[25]. E o termo *paradigma* emergiu definitivamente como algo problemático em suas discussões[26].

Ao mesmo tempo, alguns filósofos britânicos em 1957, creio, inventaram um assim chamado *argumento de caso paradigmático*, que felizmente teve vida curta. Ele foi muito discutido, pois parecia ser um argumento novo e geral contra as várias espécies de ceticismo filosófico. Eis uma bela paródia da ideia: você não pode pretender que nós carecemos de livre-arbítrio (por exemplo), porque devemos aprender o uso da expressão "livre-arbítrio" a partir de exemplos, e eles

25. Quanto à gratidão de Kuhn a Cavell, ver T.S. Kuhn, *Structure*, xiv. Com respeito às reminiscências de algumas discussões, ver Stanley Cavell, *Little Did I Know: Excerpts from Memory*, Stanford, 2010.

26. S. Cavell, op. cit., p. 354.

são os paradigmas. Uma vez que aprendemos essa expressão a partir dos paradigmas, os quais existem, o livre-arbítrio existe[27]. De modo que, precisamente na época em que Kuhn escrevia a *Estrutura*, a palavra *paradigma* encontrava-se em grande circulação nessa atmosfera especializada[28].

A palavra estava lá para ser usada, e usada ela foi.

Você encontrará a palavra introduzida na página 72, no início do cap. 1, intitulado "A Rota Para a Ciência Normal". A ciência normal baseia-se em realizações científicas anteriores, reconhecidas por alguma comunidade científica. No "Second Thoughs on Paradigms", de 1974, Kuhn tornou a enfatizar que a palavra *paradigma* entrou no livro de mãos dadas com a *comunidade científica*[29]. As realizações serviram como exemplos exemplares do que fazer, do tipo de questões a elaborar, de aplicações bem-sucedidas, e de "observações e experimentos exemplares"[30].

27. Devo enfatizar que, embora alguns hajam atribuído a ideia de argumento a Wittgenstein, ele a teria achado repelente, um paradigma de má filosofia.

28. A autorizada *Encyclopedia of Philosophy* dedicou seis cuidadosas e informativas páginas ao argumento caso-paradigma. Keith S. Donellan, Paradigm-Case Argument, em Paul Edwards (ed.), *The Encyclopedia of Philosophy*, Nova York, 1967, v. 6, p. 39-44. O argumento desapareceu agora de vista. A atual *Standford Encyclopedia of Philosophy, on line* em parte alguma o menciona pelo título em suas verazes páginas.

29. Muitos aspectos da análise de Kuhn foram prefigurados por Ludwik Fleck (1896-1961), que publicou em 1935 uma análise da ciência, talvez mais radical que a de Kuhn. *Genesis and Development of a Scientific Fact*, traduzido para o inglês por Fred Bradley e Thaddeus J. Trenn, Chicago, 1979. O subtítulo alemão foi omitido nessa tradução e estava em ingles, Introduction to the Theory of the Thought-Style and the Thought-Collective. A comunidade científica de Kuhn casa-se com a noção de Fleck de um "pensamento coletivo", caracterizado por um "estilo de pensar", que muitos leitores encaram hoje como o análogo de um paradigma. Kuhn confessou que o ensaio de Fleck "antecipou muitas de minhas próprias ideias" (*Structure*, x1i). Kuhn colaborou para que o livro fosse finalmente traduzido para o inglês. Bem mais tarde em sua vida ele afirmou que estava desconcertado com o escrito de Fleck em termos de "pensamentos", algo mais interno à mente de um indivíduo do que de comunidade. Discussion with Thomas S. Kuhn, p. 283.

30. T.S. Kuhn, *The Essential Tension*, p. 284.

Na página 71 os exemplos de conquistas aparecem em escala heroica. Newton e similares. Kuhn passou a se interessar crescentemente por eventos de menor escopo, concernentes a pequenas comunidades de pesquisadores. Há comunidades científicas muito grandes – de genética ou de física da matéria condensada (estado sólido), por exemplo. Mas, dentro delas, existem grupo menores, bem menores, de modo que no fim a análise deveria aplicar-se a "comunidades de talvez uma centena de membros e, algumas vezes, significantemente menores ainda"[31]. Cada uma terá seu próprio grupo de compromissos, seus próprios modelos de como proceder.

Ademais, as realizações não são exatamente algo de notável. Elas são:

1. "suficientemente sem precedente para atrair um grupo duradouro de partidários" longe daquilo que estava em andamento; e

2. possuem questões em aberto com uma profusão de problemas para serem resolvidos pelo "grupo redefinido de praticantes da ciência".

Kuhn concluía: "Daqui por diante referir-me-ei às realizações que partilham essas duas características como paradigmas" (p. 71-72, grifo nosso.).

Exemplos aceitos de prática científica, incluindo leis, teorias, aplicações, experimento e instrumentação proporcionam os modelos que criam uma tradição coerente e servem de compromissos que compõem a comunidade científica em primeiro lugar. As poucas sentenças que acabamos de citar estabelecem a ideia fundamental da *Estrutura*. Paradigmas são integrais para a ciência normal e uma ciência normal, praticada por uma comunidade científica, continua enquanto houver uma profusão de coisas a fazer, problemas abertos que levam à pesquisa utilizando métodos (leis, instrumentos etc.) reconhecidos pela tradição. Perto do fim da página 32 navegamos num mar de almirante.

---

31. T.S. Kuhn, Second Thoughts on Paradigms, p. 297.

A ciência normal é caracterizada por um paradigma, que legitima quebra-cabeças e problemas sobre os quais a comunidade trabalha. Tudo vai bem até que os métodos legitimados pelo paradigma não conseguem enfrentar o aglomerado de anomalias; daí resultam e persistem crises até que uma nova realização redirecione a pesquisa e sirva como um novo paradigma. Isto é, um deslocamento de paradigma (no livro você verificará que o texto usa mais amiúde a expressão "mudança de paradigma", mas o termo deslocamento mostrou ser mais atraente).

Como se constata ao prosseguir na leitura do livro, essa nítida ideia torna-se crescentemente borrada, pois há aí um problema inicial. Analogias naturais e semelhanças podem ser encontradas no interior de quase qualquer grupo de itens; um paradigma não é apenas uma realização, mas também um modo específico de modelar a prática futura sobre ele. Como Masterman pode ter sido a primeira pessoa a salientar esse fato, após o arrolamento de sua assombrosa lista de 21 utilizações da palavra *paradigma* na *Estrutura*, devemos reexaminar toda a ideia sobre analogia[32]. Como é que uma comunidade perpetua modos particulares de continuar o seu trabalho a partir de uma realização? No "Second Thoughts on Paradigms" Kuhn respondeu, como de costume, de uma maneira nova, discutindo "que problemas no fim dos capítulos dos textos de ciência são os principais". O que pode acontecer se os alunos aprendem enquanto os resolvem?[33] Como ele diz, a maior parte de seus "Second Thoughts on Paradigms" dirige-se a essa inesperada pergunta, pois era a sua principal resposta ao problema de haver aí um número demasiado grande de analogias naturais capazes de habilitar uma realização para definir uma tradição. Observe-se, de passagem, que ele estava pensando nos compêndios de física e matemática de sua juventude, e não nos de biologia.

32. M. Masterman, op. cit.
33. T.S. Kuhn, Second Thoughts on Paradigms, p. 301.

É preciso adquirir uma "habilidade para enxergar semelhanças entre problemas aparentemente díspares"[34]. Sim, os compêndios apresentam uma porção de fatos e técnicas. Mas eles não capacitam ninguém a tornar-se um cientista. Você é introduzido não pelas leis e teorias, mas pelos problemas que aparecem nos finais dos capítulos. Você deve aprender que um grupo de tais problemas, aparentemente díspares, pode ser solucionado com o uso de técnicas similares. Ao resolvê-los você capta a maneira de levar à frente a questão utilizando as semelhanças "corretas". "O aluno descobre um meio de ver o seu problema como um problema similar ao que ele já encontrou uma vez. Uma vez que essas semelhanças ou analogias tenham sido notadas, restam somente dificuldades manipulativas"[35].

Antes de ele se voltar a esse tópico central dos "problemas que estão no fim do livro", Kuhn admitiu no "Second Thoughts on Paradigms" que ele fora demasiado generoso no emprego do vocábulo *paradigma*. Assim, distinguiu duas famílias de usos da ideia, uma global e outra local. Os usos locais são vários tipos de exemplo exemplar. O uso global focaliza primeiro a ideia de uma comunidade científica.

Pelo fato de publicar em 1974, ele pôde dizer que o trabalho na sociologia da ciência desenvolvido nos anos de 1960 capacita a pessoa a dispor de ferramentas empíricas precisas para distinguir comunidades científicas. Não há questionamento a respeito do que uma comunidade científica "é". A questão é: o que liga seus membros num conjunto e os leva a considerar que trabalham na mesma disciplina? Embora ele não diga assim, essa é a questão sociológica fundamental a ser inquirida acerca de qualquer grupo identificado, grande ou pequeno, seja ele político, religioso, étnico, seja simplesmente um clube de futebol juvenil ou grupo de voluntários que entregam, de bicicleta, refeições para

34. Ibidem, p. 306.
35. Ibidem, p. 305.

idosos. O que mantém um grupo unido como grupo? O que leva um grupo a dividir-se em seitas ou simplesmente a desfazer-se? Kuhn respondeu em termos de paradigmas.

Quais elementos compartilhados explicam o caráter relativamente não problemático da comunicação profissional e a relativa unanimidade do julgamento profissional? Para essa indagação *A Estrutura das Revoluções Científicas* patenteia a resposta: "um paradigma" ou um "conjunto de paradigmas"[36].

Esse é o sentido global da palavra, e ele é constituído por vários tipos de comprometimentos e práticas, entre as quais Kuhn enfatiza generalizações simbólicas, modelos e exemplos. Tudo isso é sugerido, mas não plenamente desenvolvido na *Estrutura*. Você pode querer percorrer o livro para verificar como desenvolver a ideia. Poder-se-ia enfatizar o modo pelo qual, quando o paradigma é ameaçado por uma crise, a própria comunidade encontra-se em desordem. Na página 167 há comovedoras citações de Wolfgang Pauli, uma delas que antecede em alguns meses a álgebra matricial de Heisenberg e outra que a sucede de alguns meses. Na primeira, Pauli sente que a física está desmoronando e ele gostaria de estar em outro negócio; alguns meses depois, o caminho à frente é claro. Muitos nutrem o mesmo sentimento e no auge da crise a comunidade foi se desfazendo à medida que o paradigma se viu desafiado.

Há um segundo ensinamento radical engastado numa nota de rodapé do "Second Thoughts on Paradigms"[37]. Na *Estrutura*, uma ciência normal começa com uma realização que serve de paradigma. Antes, então, temos um período de especulação pré-paradigma, por exemplo, discussões prévias dos fenômenos do calor, do magnetismo, da eletricidade, antes que "a segunda revolução científica" trouxesse com ela uma onda de paradigmas para esses campos. Francis Bacon, no estudo do calor, inclui o sol e o esterco

36. Ibidem, p. 297.
37. Ibidem, p. 295 nota 4.

em putrefação, não havia simplesmente meio de resolver as coisas, nenhum conjunto de problemas acordados para se trabalhar, precisamente porque não existia paradigma.

Na nota 4 dos "Second Thoughts" Kuhn retratou-se completamente. Ele chamou isso como "a mais danosa" das consequências do "uso que fizera da palavra 'paradigma' ao distinguir um período anterior e posterior no desenvolvimento de uma ciência particular". Sim, há uma diferença entre o estudo do calor na época de Bacon e o estudo do calor na época de Joule, mas ele agora afirmou: ele não consiste na presença ou ausência de um paradigma. "Não importa o que sejam os paradigmas, eles são propriedade de qualquer comunidade científica, incluindo as escolas do assim chamado período pré-paradigma"[38]. O papel do pré-paradigma na *Estrutura* não é limitado ao início da ciência normal; ele volta a aparecer em todo o livro (até na página 261). Essas partes teriam de ser reescritas à luz dessa retratação. Você terá de decidir se esse é o melhor caminho a palmilhar. Os segundos ensinamentos não são necessariamente melhores do que os primeiros ensinamentos.

Anomalia
(Cap. 5)

O título completo dessa seção é "A Anomalia e a Emergência das Descobertas Científicas". O capítulo 6 apresenta um título paralelo: "As Crises e a Emergência das Teorias Científicas". Esses pareamentos singulares são necessários para integrar a explicação de ciência de Kuhn.

A ciência normal não visa à novidade, mas a clarear o *status quo*. Ela tende a descobrir o que espera descobrir. A descoberta não surge quando algo caminha corretamente, mas quando alguma coisa se desvia; uma inovação que vai contra o que é esperado. Em resumo, o que parece ser uma anomalia.

38. Ibidem.

O *a* em anomalia é o *a* que significa "não", como em "amoral" ou "ateísta". O *nome* provém da palavra "lei" em grego. Anomalias são contrárias às regularidades do tipo leis, e, de modo mais geral, contrárias às expectativas. Como acabamos de ver, Popper, já convertera a refutação no cerne de sua filosofia. Kuhn esforçou-se especialmente em dizer que raramente existe algo como simples refutação. Nós temos a tendência de ver o que esperamos, mesmo quando a coisa não está lá. Amiúde leva muito tempo para que uma anomalia seja vista pelo que ela é: algo contrário à ordem estabelecida.

Nem toda anomalia é levada a sério. Em 1827, Robert Brown percebeu que grãos flutuantes de pólen, quando observados através do microscópio, ficam tremelicando constantemente. Isso era uma coisa discrepante, que simplesmente não fazia qualquer sentido até que foi incorporada à teoria do movimento de moléculas. Uma vez entendido, o movimento constituiu uma poderosa evidência para a teoria molecular, mas antes era mera curiosidade. O mesmo é verdade em relação a muitos fenômenos que vão contra a teoria, mas que são apenas postos de lado. Há sempre discrepâncias entre teoria e dados, muitas delas bem grandes. O reconhecimento de algo como sendo uma anomalia significante que deve ser explicada – mais do que uma discrepância que irá se resolver sozinha com o tempo – é, por sua vez, um evento histórico complexo, e não uma simples refutação.

Crise
(Caps. 6 e 7)

Crise e mudança de teoria caminham, portanto, de mãos dadas. As anomalias tornam-se intratáveis. Nenhum montante de improvisos poderá ajustá-las para caber na ciência estabelecida. Mas Kuhn é incisivo em afirmar de que isso, em si mesmo, não leva à rejeição de teoria existente. "Decidir rejeitar um paradigma é sempre decidir simultaneamente aceitar outro e o juízo que conduz a essa decisão envolve a comparação de ambos os paradigmas com a natureza, *bem como* sua comparação mútua" (p. 160). Uma enunciação ainda mais forte é efetuada na página seguinte: "Rejeitar um paradigma sem simultaneamente substituí-lo por outro é rejeitar a própria ciência".

Uma crise envolve um período de pesquisa extraordinária, mais do que normal, com uma "proliferação de articulações concorrentes, a disposição de tentar qualquer coisa, a expressão de descontentamento explícito, o recurso à filosofia e ao debate sobre os fundamentos" (p. 176). Desse fermento surgem novas ideias, novos métodos e, finalmente, uma nova teoria. Kuhn fala no capítulo 8 da necessidade de revoluções científicas. Ele parece sugerir fortemente que sem esse padrão de anomalia – crise e novo paradigma – estaríamos atolados na lama. Simplesmente não conseguiríamos novas teorias. A inovação, para Kuhn, era marca registrada da ciência; sem revolução a ciência degeneraria. Você pode querer considerar se ele está certo a esse respeito. Será que a maioria das inovações profundas surgidas na historia da ciência provieram de uma revolução com a estrutura da *Estrutura*? Talvez todas as inovações reais sejam, no novo linguajar publicitário, "revolucionárias". A questão é se a *Estrutura* é um gabarito correto para o entendimento de como elas surgem.

Mudanças de Concepção de Mundo
(Cap. 9)

A maioria das pessoas não tem problema com a ideia segundo a qual as visões de mundo de uma comunidade ou de um indivíduo podem mudar com o tempo. No máximo, a gente pode sentir-se infeliz com a excessivamente grandiosa expressão *concepção de mundo*, derivada do alemão *weltanschauung*, que é ela própria quase uma palavra do inglês. Por certo, se houver um deslocamento de paradigma, uma revolução de ideias, conhecimento e projetos de pesquisa, a nossa visão da espécie de mundo em que vivemos mudará. O precavido dirá de bom grado que a nossa visão de mundo muda, mas o mundo permanece o mesmo.

Kuhn queria dizer algo mais interessante. Após uma revolução, os cientistas, no campo que foi modificado, trabalham em um mundo diferente. O mais cauteloso entre nós dirá que se trata apenas de uma metáfora. Falando literalmente, existe apenas um mundo, o mesmo de agora e de tempos passados. Nós podemos alimentar a esperança de um mundo melhor no futuro, porém, em um sentido estrito favorecido pelos filósofos analíticos, ele será o mesmo mundo, melhorado. Na época dos navegadores europeus, os exploradores encontraram o que denominaram Nova França, Nova Inglaterra, Nova Escócia, Nova Guiné e assim por diante; e, sem dúvida, estas não eram a velha França, Inglaterra ou Escócia. Nós falamos a respeito do velho mundo e do novo mundo no sentido geográfico e cultural, mas quando pensamos acerca do mundo inteiro, de tudo, há apenas um. E, por certo, existem muitos mundos: eu vivo num mundo diferente do das divas da ópera ou dos grandes *rappers*. Claramente tem-se aí muito espaço para confusão se a gente começa a falar sobre diferentes mundos. Pode-se aludir a todo tipo de coisas.

No capítulo 9, intitulado "As Revoluções Como Mudanças de Concepção de Mundo", Kuhn briga com a metáfora no que denomino modo de "teste", não afirmando assim e assim, mas dizendo "podemos querer dizer" assim e assim. Kuhn, porém, tenciona ir além de qualquer das metáforas que acabo de mencionar.

1. "pode fazer com que nos sintamos tentados a afirmar que, após Copérnico, os astrônomos passaram a viver em um mundo diferente" (p. 208).

2. "nos instará a dizer que, após ter descoberto o oxigênio, Lavoisier passou a trabalhar em um mundo diferente" (p. 210).

3. "Quando isso foi feito [a revolução química] [...] Os próprios dados haviam mudado. Esse é o ultimo dos sentidos no qual desejamos dizer que, após uma revolução, os cientistas trabalham em um mundo diferente" (p. 230).

Na primeira citação ele está impressionado pela facilidade com que astrônomos podem observar novos fenômenos, "ao olhar para objetos antigos com velhos instrumentos" (p. 208).

Na segunda citação ele se delimita: "na impossibilidade de recorrermos a essa natureza fixa e hipotética que ele [Lavoisier] 'viu de maneira diferente'", nós precisaremos dizer que "Lavoisier passou a trabalhar em um mundo diferente" (p. 210). Aqui o critico fastidioso (eu, no caso) há de dizer, nós não necessitamos de uma "natureza fixa". Sim, de fato, a natureza está em fluxo; as coisas não são exatamente as mesmas agora, enquanto labuto em meu jardim, que eram há cinco minutos. Eu arranquei ervas daninhas. Porém, não é uma "hipótese" haver apenas um mundo em que eu estou jardinando, o mesmo em que Lavoisier foi para a guilhotina. (Mas que mundo diferente era aquele!) Espero que você esteja vendo quão confusas as coisas podem ficar.

Quanto à terceira citação, Kuhn explicou que não tinha em mente experimentos mais sofisticados, capazes de fornecer melhores dados, embora eles não sejam irrelevantes. Em questão estava a tese de Dalton, segundo a qual os elementos se combinam em proporções definidas para formar compostos em oposição às misturas simples. Durante muitos anos isso não foi compatível com as melhores análises químicas. Mas, sem dúvida, os conceitos tinham que mudar: se uma combinação de substâncias não se encontrasse mais ou menos em proporções fixas, esta não era um processo químico. Para conseguir que tudo fosse resolvido, os químicos "tinham que forçar a natureza a conformar-se a ela [a teoria]" (p. 230). Isso realmente não soa como mudar o mundo, embora também queiramos dizer que as substâncias com as quais os químicos trabalhavam eram idênticas àquelas que existiram na face de nosso planeta durante os éons em que ele esfriava.

Lendo esse capítulo, torna-se claro o que Kuhn estava buscando. O leitor deve, entretanto, decidir que forma de palavra é apropriada para expressar os pensamentos dele. A máxima "diga o que você quiser, desde que saiba o que está querendo dizer", parece adequada. Mas não totalmente; uma pessoa precavida pode concordar que após uma revolução em seu campo, um cientista pode ver o mundo de maneira diferente, ter um sentimento diferente sobre como ele funciona, perceber fenômenos diferentes, ficar intrigado por novas dificuldades e interagir com ele de novos modos. Kuhn queria dizer mais que isso, mas na página impressa ele ficou preso ao modo de teste, daquilo que se "pode querer dizer". Ele nunca afirmou, na fria página impressa que, após Lavoisier (1743-1794), os químicos viveram em um mundo diferente e em outro ainda mais diferente depois de Dalton (1766-1844).

Incomensurabilidade

Nunca fez uma tempestade a respeito dos diferentes mundos, porém um assunto intimamente relacionado desencadeou um tufão de debates. Quando a *Estrutura* estava sendo escrita, Kuhn encontrava-se em Berkeley. Eu mencionei Stanley Cavell como sendo um colega muito achegado. Havia também o iconoclasta Paul Feyerabend, mais conhecido por seu livro *Contra o Método* (1975) e sua aparente defesa da anarquia na pesquisa científica ("tudo serve"). Os dois homens puseram a palavra *incomensurável* na mesa de discussão. Cada um deles parecia sentir satisfação com o fato de que o outro, por um momento, estivesse trilhando uma estrada paralela, mas, depois disso, seus caminhos divergiram. Todavia, a consequência foi uma imensa luta filosófica acerca da questão de se saber em que medida sucessivas teorias científicas – pré e pós-revolução – poderiam ser comparadas umas com as outras. Eu creio que as extravagantes declarações de Feyerabend tenham mais a ver com o calor da disputa do que com qualquer coisa dita por Kuhn. Além disso, Feyerabend abandonou o tópico, ao passo que Kuhn se preocupou com ele até seus últimos dias.

Talvez a controvérsia à respeito da incomensurabilidade pudesse ter ocorrido somente no cenário estabelecido pelo empirismo lógico, a ortodoxia que era corrente na filosofia da ciência quando Kuhn estava redigindo a *Estrutura*. Eis uma paródia simplista de uma linha de pensamento que é carregadamente linguística, ou seja, enfocada em significados. Não afirmo que alguém tenha dito algo de um modo tão simplório, mas o que digo capta a ideia. Pensava-se que os nomes das coisas observáveis por você poderiam ser aprendidos quando apontados. Mas como ficariam as entidades teóricas, como os elétrons, que não podem ser apontadas? Elas obtêm seu significado, pensava-se, unicamente do contexto da teoria em que ocorrem. Daí por que uma mudança na teoria deve acarretar uma mudança no significado. Daí por que uma afirmação acerca dos elétrons no contexto de uma teoria pode significar algo diferente da mesma sequência de palavras no contexto de outra teoria. Se uma teoria diz que a sentença é verdadeira e a outra diz que é falsa, não há contradição, pois a sentença expressa diferentes enunciações nas duas teorias e elas não podem ser comparadas.

A questão foi com frequência debatida usando-se o exemplo da massa. O termo é essencial tanto para Newton quanto para Einstein. A única sentença de Newton que todo mundo lembra é $f = ma$. A única de Einstein é $E = mc^2$. Mas essa última não faz sentido na mecânica clássica, portanto (instavam alguns) você não pode realmente comparar as duas teorias, e "portanto" (ainda pior) não há base racional para preferir uma teoria em detrimento da outra.

E assim Kuhn foi acusado, em algumas instâncias, de negar a própria racionalidade da ciência. Em outras, ele foi saudado como o profeta do novo relativismo. Ambos os pensamentos são absurdos, Kuhn aborda essas questões diretamente[39]. As teorias devem ser acuradas em suas previsões consistentes, amplas em escopo, além de apresentar os fenômenos de um modo ordenado e coerente, e serem frutíferas ao sugerir novos fenômenos ou o relacionamento entre fenômenos, Kuhn subscreve todos os cinco valores que ele compartilha com a comunidade inteira de cientistas (para não mencionar historiadores). Essa é a parte de tudo aquilo que envolve racionalidade científica, e Kuhn, nesse aspecto, é um "racionalista". Nós temos de ser cuidadosos com a doutrina da incomensurabilidade. Alunos no curso médio aprendem a mecânica newtoniana, aqueles que estudam a física seriamente na faculdade estudam a relatividade. Foguetes são dirigidos para o alvo de acordo com a teoria de Newton; sabemos que a mecânica newtoniana é um caso especial da mecânica relativista, e todos que se converteram às ideias de Einstein nos primeiros tempos sabiam de cor a mecânica newtoniana. Assim sendo, o que é incomensurável?

Ao fim de "Objetividade, Juízo de Valor e Escolha de Teoria", Kuhn "simplesmente assevera" o que ele sempre disse. Há "limites significativos para aquilo que os proponentes de diferentes teorias podem comunicar um ao outro". Além disso, "uma transferência individual de fidelidade de uma teoria para outra é, amiúde, mais bem descrita como conversão do que escolha"[40]. Naquele tempo reinava grande furor a respeito da escolha de teoria; de fato, muitos participantes do debate argumentavam que a tarefa primária dos filósofos da ciência era afirmar e analisar os princípios da escolha racional da teoria.

Kuhn estava pondo em questão a própria ideia da escolha de teoria. É, em geral, algo próximo ao contrassenso falar de um investigador que se põe a escolher uma teoria

39. T.S. Kuhn, Objectivity, Value Judgement, and Theory Choice, *The Essential Tension*, 1973, p. 320-339.
40. Ibidem, p. 338.

dentro da qual irá trabalhar. Iniciantes que entram na graduação ou na pós-graduação têm de escolher o laboratório em que eles hão de dominar as ferramentas de seu mestre, sim. Porém, nem por isso eles estão escolhendo uma teoria, mesmo se estiverem escolhendo o curso de sua vida futura.

A limitação da fácil comunicação entre os defensores de diferentes teorias não significa que eles não possam comparar resultados técnicos. "Por mais incompreensível que seja a nova teoria aos proponentes da tradição, a exibição de resultados concretos impressionantes persuadirá, ao menos, alguns poucos, que eles têm de descobrir como tais resultados foram obtidos"[41]. Há outro fenômeno que não se teria percebido não fossem as ideias de Kuhn. As investigações em larga escala, por exemplo, na física de alta energia, usualmente requerem a colaboração entre muitas especialidades que, em detalhe, são opacas uma à outra. Como isso é possível? Elas envolvem uma "zona de comércio" análoga aos dialetos criolos que emergem quando dois grupos linguísticos muitos diferentes, comerciam[42].

Kuhn chegou a compreender, de um modo inesperado, que a ideia de incomensurabilidade é de grande ajuda. A especialização é um fato da civilização humana, é um fato das ciências. No século XVII podia-se progredir lendo revistas para todos os fins, cujo protótipo era os *Philosophical Transactions of the Royal Society of London*. A ciência multidisciplinar continua, como é atestado pelos semanários *Science* e *Nature*. Mas houve uma constante proliferação de revistas científicas mesmo antes de termos entrado na era da publicação eletrônica e cada revista representa uma comunidade disciplinar. Kuhn pensou que isso era previsível. A ciência, disse ele, é darwiniana e as revoluções são, com frequência, como eventos de especiação, em que uma espécie se parte em duas ou em que uma espécie tem continuidade, porém com uma variante ao lado seguindo sua

41. Ibidem, p. 339.
42. Peter Galison, *Image and Logic: A Material Culture of Microphysics*, Chicago, 1977, cap. 9.

própria trajetória. Na crise, mais de um paradigma pode emergir, cada qual capaz de incorporar um grupo diferente de anomalias e ramificar-se em novas direções de pesquisa. À medida que essas novas subdisciplinas se desenvolvem, cada uma com suas próprias realizações sobre as quais a pesquisa é modelada, torna-se crescentemente difícil para os praticantes de uma entender o que a outra está fazendo. Isso não constitui um ponto profundo de metafísica; trata-se de um fato familiar de vida de qualquer cientista atuante.

Assim como novas espécies são caracterizadas pelo fato de que elas não são híbridas, do mesmo modo novas disciplinas são, até certo ponto, mutuamente incompreensíveis. Esse é um emprego da ideia de incomensurabilidade que possui conteúdo real. Ele nada tem a ver com pseudoquestões a respeito de escolha de teoria. Kuhn devotou o fim de sua carreira à tentativa e explicar essa e outras espécies de incomensurabilidade em termos de uma nova teoria da linguagem científica. Ele sempre foi um físico, e o que ele propôs tem a mesma característica de tentar reduzir tudo a uma estrutura simples, mais do que abstrata. Trata-se de uma estrutura totalmente diferente da *Estrutura*, embora dê esta como certa, mas dotada da mesma avidez do físico por uma organização perspícua dos diversos fenômenos. Tal obra não foi ainda publicada[43]. Diz-se com frequência que Kuhn subverteu completamente a filosofia do Círculo de Viena e de seus sucessores, que ele inaugurou o "pós-positivismo". No entanto, ele perpetuou muitos de seus pressupostos. O mais famoso livro de Rudolf Carnap intitula-se *A Sintaxe Lógica da Linguagem*. Pode-se afirmar que a obra dos últimos anos de Kuhn estava empenhada na sintaxe lógica da linguagem da ciência.

---

43. Ver J. Conant e J. Haugeland, Editor's Introduction, *Road since Structure*, 2. Muito desse material está planejado para uma próxima publicação organizada por James Conant, *The Plurality of Worlds*.

O Progresso Através de Revoluções
(Cap. 12)

As ciências progrediram aos trancos e barrancos. Para muita gente, o avanço científico é a própria epítome do progresso. Imaginem se a vida política ou moral pudesse ser assim! O conhecimento científico é cumulativo, vai construindo sobre prévias marcas de nível para escalar novos picos.

Essa é exatamente a imagem de Kuhn da ciência normal. Ela é verdadeiramente cumulativa, mas uma revolução destrói a continuidade. Muitas coisas que uma ciência mais antiga fazia bem podem ser esquecidas quando um novo conjunto de problemas é colocado por um novo paradigma. Isso constitui, de fato, uma espécie não problemática de incomensurabilidade. Após uma revolução pode haver um deslocamento substancial nos tópicos estudados de modo que a nova ciência não se endereça a todos os velhos tópicos. Ela pode modificar ou abandonar muitos dos conceitos que, um dia, foram apropriados.

Onde fica então o progresso? Nós havíamos pensado a respeito de uma ciência que progredia em direção da verdade em seu domínio. Kuhn não desafia essa concepção de uma ciência normal. Sua análise é uma explicação original de como, exatamente, a ciência normal é uma instituição social que progride de modo veloz em seus próprios termos. As revoluções, entretanto, são diferentes, e elas são essenciais para um diferente tipo de progresso.

Uma revolução modifica o domínio, modifica até (de acordo com Kuhn) a própria linguagem em que falamos acerca de algum aspecto da natureza. De qualquer modo ela deflete para uma nova porção da natureza a estudar. Assim, Kuhn cunhou seu aforismo segundo o qual as revoluções progridem *para longe* das concepções prévias de mundo, que se precipitam em dificuldades cataclísmicas. Isso não é progresso rumo a uma meta preestabelecida. É progresso que se afasta de algo que outrora funcionava bem, mas não mais manipula com competência seus próprios problemas.

O "para longe de" parece pôr em questão o arco de abrangência da noção de que a ciência visa à verdade acerca do universo. O pensamento segundo o qual há uma e somente uma explicação verdadeiramente completa de tudo está profundamente enraizado na tradição ocidental. Ele descende daquilo que Comte, o fundador do positivismo, denominava "o estágio teológico da investigação humana"[44]. Nas versões populares da cosmologia judaica, cristã e muçulmana, há uma verdadeira e completa explicação de tudo, ou seja, o que Deus conhece (Ele sabe tudo a respeito da morte do ultimo pardal).

Essa imagem é transportada para a física básica, na qual muitos profissionais, que se autodenominam orgulhosamente ateus, dão como certo haver, esperando para ser descoberta, uma explicação plena e completa da natureza. Se você pensa que isso faz sentido, então ela se oferece como um ideal *em direção* do qual as ciências estão progredindo. Ao passo que o progresso nos termos de Kuhn, *para longe*, parecerá totalmente desencaminhado.

Kuhn rejeitou tal quadro: "Será realmente útil", perguntou ele na página 275, "conceber a existência de uma explicação completa, objetiva e verdadeira da natureza, julgando as realizações científicas de acordo com sua capacidade para nos aproximar daquele objetivo último?" Muitos cientistas diriam que sim, é útil; esse posicionamento fundamenta a imagem que eles têm do que estão fazendo e de por que vale a pena fazê-lo. Kuhn foi demasiado breve com

44. Auguste Comte (1798-1857) escolheu o nome de "positivismo" para a sua filosofia porque pensava que a palavra *positivo* tinha conotações positivas em todas as línguas europeias. Com otimismo típico e fé no progresso, sustentava que a raça humana compreendeu seu lugar no universo, primeiro por invocar deuses, depois pela metafísica, mas finalmente (1840) ela entrara na era positiva, na qual nós seríamos responsáveis pelo nosso próprio destino, ajudados pela pesquisa científica. O Círculo de Viena, inspirado por Comte e Bertrand Russell, chamou a si próprio de positivista lógico e, posteriormente, de empirista lógico. Hoje é comum referir-se aos positivistas lógicos, como "positivistas", e eu sigo esse costume no texto. Falando estritamente, o positivismo refere-se às ideias antimetafísicas de Comte.

sua questão retórica. Trata-se de um tópico para o leitor dar prosseguimento. (Eu mesmo compartilho do ceticismo de Kuhn, mas são questões difíceis que não devem ser decididas apressadamente.)

Verdade

Kuhn não pode levar a sério que haja "uma explicação completa, objetiva e verdadeira da natureza". Significa isso que ele não leva a sério a verdade? De modo algum. Como Kuhn observou, ele próprio nada disse acerca da verdade no livro, exceto quando cita Bacon (p. 274). Sábios amantes dos fatos, que tentam determinar a verdade sobre alguma coisa, não enunciam uma "teoria da verdade". Nem deveriam fazê-lo. Qualquer pessoa familiarizada com a filosofia analítica contemporânea há de saber que existem miríades de teorias que competem entre si.

Kuhn rejeitou uma simples "teoria da correspondência", segundo a qual verdadeiras enunciações correspondem a fatos acerca do mundo. A maior parte dos teimosos filósofos analíticos provavelmente faz o mesmo, ainda que apenas sobre a base óbvia da circularidade – não há meio de especificar o fato ao qual corresponde um enunciado arbitrário exceto afirmando-se a afirmação.

Na onda de ceticismo que varreu os estudos acadêmicos norte-americanos no fim do século XX, muitos intelectuais tomaram Kuhn como um aliado na negação que faziam da verdade como virtude. Refiro-me aos pensadores do tipo que não pode grafar ou proferir a palavra *verdade*, exceto envolvendo-a, literal ou figurativamente, em citações – para indicar que estremecem diante do mero pensamento de uma noção tão danosa. Vários cientistas ponderados, que admiram muito do que Kuhn disse a respeito da ciência, acreditam que ele encorajou os negadores.

É verdade que a *Estrutura* deu enorme ímpeto aos estudos sociológicos da ciência. Algo desse trabalho, com sua ênfase na ideia de que os fatos são "socialmente construídos" e sua aparente participação na denegação da "verdade", é exatamente aquilo contra o qual os cientistas conservadores protestam. Kuhn deixou claro que ele próprio detestava esse desenvolvimento de seu trabalho[45].

Note que *não* há sociologia no livro. As comunidades científicas e suas práticas encontram-se, entretanto, em seu cerne, introduzindo paradigmas como vimos, na página 72 e continuando até a página final do livro. Houve sociologia do conhecimento científico antes de Kuhn, mas, após a *Estrutura,* ela floresceu, levando ao que agora é chamado de estudos da ciência. Esse é um campo autogerador (por certo, com suas próprias revistas e sociedade), que inclui alguns trabalhos na história e na filosofia das ciências e da tecnologia, mas cuja ênfase incide em abordagens sociológicas de vários tipos, algumas observacionais, algumas teóricas. Muito, e talvez a maior parte, do pensar realmente original a respeito das ciências, depois de Kuhn, tem uma propensão sociológica.

Kuhn era hostil a tais desenvolvimentos[46]. Na opinião de muitos praticantes jovens, isso é lamentável. Coloquemos isso na conta da insatisfação com as dores do crescimento do campo, mais do que nos aventuremos em tediosas metáforas sobre pais e filhos. Um dos melhores legados de Kuhn são os estudos de ciência como nós os conhecemos hoje.

Sucesso

A *Estrutura* foi publicada primeiramente como volume 2, número 2, da *International Encyclopedia of Unified Science.* Na primeira e segunda edições, tanto a página de rosto, página i, como o índice, página iii, continham o mesmo título. A página ii proporcionava alguns fatos acerca da

45. T.S. Kuhn, The Trouble with the Historical Philosophy of Science, *Road since Structure,* 1991, p. 105-120.
46. Ibidem.

Encyclopedia; 28 nomes de editores e conselheiros estavam arrolados. Em sua maioria, nomes ainda bem conhecidos, mesmo cinquenta anos mais tarde – Alfred Tarski, Bertrand Russell, John Dewey, Rudolf Carnap, Neils Bohr.

A *Encyclopedia* era parte de um projeto encetado por Otto Neurath e membros associados do Círculo de Viena. Com o êxodo causado pelo nazismo, muitos mudaram-se da Europa para Chicago[47]. Neurath planejava a publicação de pelo menos quarenta volumes que consistiam de várias breves monografias escritas por especialistas. Ele não havia passado do volume 2, monografia 1, quando Kuhn submeteu-lhe seu manuscrito. Depois disso, a *Encyclopedia* ficou moribunda. A maioria dos observadores julgou o lugar em que Kuhn publicou o livro um tanto irônico – pois a obra minava todas as doutrinas positivistas implícitas naquele projeto. Eu já sugeri uma visão discordante, a de que Kuhn era herdeiro de pressupostos do Círculo de Viena e de seus contemporâneos; ele perpetuou seus fundamentos. As tiragens em separatas das monografias anteriores da *Internacional Encyclopedia* se destinavam a um pequeno grupo de especialistas. Será que a University of Chicago Press sabia que tinha uma bomba na mão? Em 1962-1963 foram vendidas 919 cópias, e 774 em 1963-1964. No ano seguinte a edição em brochura vendeu 4.825 exemplares e, depois, o sucesso foi cada vez maior. Por volta de 1971, a primeira edição havia vendido mais de 90 mil exemplares e, depois, a segunda edição – com o pós-escrito – se impôs. O total geral em meados de 1987, após 25 anos de publicação, era de pouco menos de 650 mil exemplares[48].

Por algum tempo as pessoas falavam sobre o livro como sendo umas das obras mais citadas acerca de qualquer coisa – no topo da lista junto aos costumeiros suspeitos,

---

47. Com respeito à história desse fascinante projeto, ver Charles Morris, On the History of the *International Encyclopedia of Unified Science, Synthese*, n. 12, 1960, p. 517-521.

48. Dos arquivos da University of Chicago Press, recuperados por Karen Merikangas Darling.

ou seja, a Bíblia e Freud. Quando, no fim do milênio, a mídia estava despejando suas efêmeras listas dos "melhores livros do século xx", a *Estrutura* com frequência, aparecia.

Porém, muito mais importante é que este livro mudou realmente "a imagem da ciência que agora nós possuímos". Para sempre.

Ian Hacking
[Tradução de Gita K. Guinsburg]

PREFÁCIO

O ensaio a seguir é o primeiro relatório completo publicado sobre um projeto concebido originalmente há quase quinze anos. Naquele tempo eu era um estudante de pós-graduação em física teórica tendo já em vista o fim da minha dissertação. Um envolvimento afortunado com um curso experimental da universidade, que apresentava a ciência física para os não cientistas, proporcionou-me a primeira exposição à história da ciência. Para minha completa surpresa, essa exposição a teorias e práticas científicas antiquadas minou radicalmente algumas das minhas concepções básicas a respeito da natureza da ciência e das razões de seu sucesso incomum.

Eu retirara essas concepções em parte do próprio treino científico e em parte de um antigo interesse recreativo na filosofia da ciência. De alguma maneira, quaisquer que fossem sua utilidade pedagógica e sua plausibilidade abstrata, tais noções não se adaptavam às exigências do empreendimento apresentado pelo estudo histórico. Todavia, essas noções foram e são fundamentais para muitas discussões científicas. Em vista disso parecia valer a pena perseguir detalhadamente suas carências de verossimilhança. O resultado foi uma mudança drástica nos meus planos profissionais, uma mudança da física para a história da ciência e a partir daí, gradualmente, de problemas históricos relativamente simples às preocupações mais filosóficas que, de início, me haviam levado à história. Com exceção de alguns artigos, este ensaio é a primeira de minhas publicações na qual essas preocupações iniciais são dominantes. Em parte este ensaio é uma tentativa de explicar a mim mesmo e a amigos como me aconteceu ter sido lançado da ciência para a sua história.

Minha primeira oportunidade de aprofundar algumas das ideias expostas a seguir foi-me proporcionada por três anos como um Junior Fellow da Society of Fellows da Universidade de Harvard. Sem esse período de liberdade, a transição para um novo campo de estudos teria sido bem mais difícil e poderia não se ter realizado. Parte do meu tempo durante esses anos foi devotada à história da ciência propriamente dita. Continuei a estudar especialmente os escritos de Alexandre Koyré e encontrei pela primeira vez os de Émile Meyerson, Hélène Metzger e Anneliese Maier[1]. Mais claramente do que muitos outros eruditos recentes, esse grupo mostrou o que era pensar de maneira científica, numa época em que os cânones do pensamento científico eram muito diferentes dos atualmente em voga. Embora eu questione cada vez mais algumas de suas interpretações históricas particulares, seus trabalhos, junto ao *Great Chain of Being* de A.O. Lovejoy, foram decisivos na formação de minha concepção do que pode ser a história das ideias científicas. Sua

---

1. Exerceram influência especial: Alexandre Koyré, *Etudes Galiléennes*, 3 v., Paris, 1939; Émile Meyerson, *Identity and Reality*, trad. Kate Loewenberg, Nova York, 1930; Hélène Metzger, *Les Doctrines chimiques en France du début du XVIIe à la fin du XVIIIe siècle*, Paris, 1923; e *Newton, Stahl, Boerhaave et la doctrine chimique*, Paris, 1930; Anneliese Maier, Studien zur Naturphilosophie der Spätscholastik, *Die Vorlärfer Galileis im 14. Jahrhundert*, Roma, 1949.

importância é secundária somente quando comparada com os materiais provenientes de fontes primárias.

Contudo, muito do meu tempo durante esses anos foi gasto explorando campos sem relação aparente com a história da ciência, mas nos quais a pesquisa atual revela problemas similares aos que a história vinha trazendo à minha atenção. Uma nota de rodapé, encontrada ao acaso, conduziu-me às experiências por meio das quais Jean Piaget iluminou os vários mundos da criança em crescimento e o processo de transição de um para outro[2]. Um colega fez-me ler textos de psicologia da percepção e em especial os psicólogos da Gestalt; outro introduziu-me às especulações de B.L. Whorf acerca do efeito da linguagem sobre as concepções de mundo; W.V.O. Quine franqueou-me o acesso aos quebra-cabeças filosóficos da distinção analítico-sintética[3]. Esse é o tipo de exploração ao acaso que a Society of Fellows permite. Apenas através dela eu poderia ter encontrado a monografia quase desconhecida de Ludwik Fleck, *Entstehung und Entwicklung einer wissenschaftlichen Tatsache* (Basileia, 1935), um ensaio que antecipa muitas de minhas próprias ideias. O trabalho de Fleck, juntamente a uma observação de outro Junior Fellow, Francis x. Sutton, fez-me compreender que essas ideias podiam necessitar de um estudo no âmbito da sociologia da comunidade científica. Embora os leitores encontrem poucas referências a qualquer desses trabalhos ou conversas, devo a eles mais do que me seria possível reconstruir ou avaliar neste momento.

2. Dois conjuntos de investigações de Piaget foram particularmente importantes, porque apresentavam conceitos e processos que também provêm diretamente da história da ciência: *The Child's Conception of Causality,* trad. Marjorie Gabain, Londres, 1930; e *Les Notions de mouvement et de vitesse chez l'enfant,* Paris, 1946.

3. Desde então os escritos de Whorf foram reunidos por John B. Carroll em *Language, Thought and Reality – Selected Writings of Benjamin Lee Whorf,* Nova York, 1956. Quine apresentou suas concepções em Two Dogmas of Empiricism, reimpresso na sua obra *From a Logical Point of View,* Cambridge, 1953, p. 20-46.

Durante meu último ano como Junior Fellow, um convite para fazer conferências para o Lowell Institute de Boston proporcionou-me a primeira oportunidade para testar minha concepção de ciência, que ainda estava em desenvolvimento. Do convite resultou uma série de oito conferências públicas sobre A Busca da Teoria Física (*The Quest for Physical Theory*), apresentadas em março de 1951. No ano seguinte comecei a lecionar história da ciência propriamente dita. Os problemas de ensino de uma disciplina que eu nunca estudara sistematicamente ocuparam-me por quase uma década, deixando-me pouco tempo para uma articulação explícita das ideias que me haviam levado a esse campo de estudos. Contudo, afortunadamente, essas ideias demonstraram ser uma fonte de orientação implícita e de estruturação de problemas para grande parte de minhas aulas mais avançadas. Por isso devo agradecer a meus alunos pelas lições inestimáveis, tanto acerca da viabilidade das minhas concepções, como a respeito das técnicas apropriadas a sua comunicação eficaz. Os mesmos problemas e a mesma orientação dão unidade à maioria dos estudos predominantemente históricos e aparentemente diversos que publiquei desde o fim de minha bolsa de pesquisa. Vários deles tratam do papel decisivo desempenhado por uma ou outra metafísica na pesquisa científica criadora. Outros examinam a maneira pela qual as bases experimentais de uma nova teoria são acumuladas e assimiladas por homens comprometidos com uma teoria mais antiga, incompatível com aquela. Ao fazer isso, esses estudos descrevem o tipo de desenvolvimento que adiante chamarei de "emergência" de uma teoria ou descoberta nova. Além disso são apresentados outros vínculos do mesmo tipo.

O estágio final do desenvolvimento deste ensaio começou com um convite para passar o ano de 1958-1959 no Center for Advanced Studies in the Behavioral Sciences. Mais uma vez tive a oportunidade de dirigir toda a minha atenção aos problemas discutidos adiante. Ainda mais importante foi passar o ano numa comunidade composta predominantemente de cientistas sociais. Esse contato confrontou-me com problemas que não antecipara, relativos às diferenças entre essas comunidades e as dos cientistas ligados às ciências naturais, entre os quais eu fora treinado. Fiquei especialmente impressionado com o número e a extensão dos desacordos expressos existentes entre os cientistas sociais no que diz respeito à natureza dos métodos e problemas científicos legítimos. Tanto a história como meus conhecimentos fizeram-me duvidar de que os praticantes das ciências naturais possuam respostas mais firmes ou mais permanentes para tais questões do que seus colegas das ciências sociais. E contudo, de algum modo, a prática da astronomia, da física, da química ou da biologia normalmente não evoca as controvérsias sobre fundamentos que atualmente parecem endêmicas entre, por exemplo, psicólogos ou sociólogos. A tentativa de descobrir a fonte dessa diferença levou-me ao reconhecimento do papel desempenhado na pesquisa científica por aquilo que, desde então, chamo de "paradigmas". Considero "paradigmas" as realizações científicas universalmente reconhecidas que, durante algum tempo, fornecem problemas e soluções modelares para uma comunidade de praticantes de uma ciência. Quando esta peça do meu quebra-cabeça encaixou no seu lugar, um esboço preliminar deste ensaio emergiu rapidamente.

Não é necessário recontar aqui a história subsequente desse esboço, mas algumas palavras devem ser ditas a respeito da forma que ele manteve através das revisões. Antes de terminar e revisar extensamente uma primeira versão, eu pensava que o manuscrito apareceria exclusivamente como um volume da *Encyclopedia of Unified Science*. Os editores dessa obra pioneira primeiramente solicitaram-me o ensaio, depois mantiveram-me firmemente ligado a um compromisso e finalmente esperaram com extraordinário tato e paciência por um resultado. Estou em dívida para com eles, particularmente com Charles Morris, por ter-me dado o estímulo necessário e ter-me aconselhado sobre o manuscrito resultante. Contudo, as limitações de espaço da *Encyclopedia* tornaram necessário apresentar minhas concepções numa forma extremamente condensada e esquemática. Embora acontecimentos subsequentes tenham relaxado um tanto essas restrições, tornando possível uma publicação independente simultânea, este trabalho permanece antes um ensaio do que o livro de amplas proporções que o assunto acabará exigindo.

O caráter esquemático desta primeira apresentação não precisa ser necessariamente uma desvantagem, já que meu objetivo fundamental é instar uma mudança na percepção e avaliação de dados familiares. Ao contrário, os leitores preparados por suas próprias pesquisas para a espécie de reorientação advogada aqui poderão achar a forma do ensaio mais sugestiva e mais fácil de assimilar. Mas essa forma também possui desvantagens, e estas podem justificar que eu ilustre desde o começo os tipos de ampliação em alcance e profundidade, que mais tarde espero incluir numa versão mais extensa. A evidência histórica disponível é muito maior do que o espaço que tive para explorá-la. Além disso a evidência provém tanto da história da biologia como da física. Minha decisão de ocupar-me aqui apenas com a última foi parcialmente baseada na intenção de aumentar a coerência deste ensaio e parcialmente na minha competência atual. A par disso, a concepção de ciência desenvolvida aqui sugere a fecundidade potencial de uma quantidade de novas espécies de pesquisa, tanto históricas como sociológicas. Por exemplo, necessitamos estudar detalhadamente o modo pelo qual as anomalias ou violações de expectativa atraem a crescente atenção de uma comunidade científica, bem como a maneira pela qual o fracasso repetido na tentativa de ajustar uma anomalia pode induzir à emergência de uma crise. Ou ainda: se tenho razão ao afirmar que cada revolução científica altera a perspectiva histórica da comunidade que a experimenta, então essa mudança de perspectiva deveria afetar a estrutura das publicações de pesquisa e dos manuais do período pós-revolucionário. Um desses efeitos – uma alteração na distribuição da literatura técnica citada nas notas de rodapé dos relatórios de pesquisa – deve ser estudado como um índice possível da ocorrência de revoluções.

A necessidade de uma condensação rápida forçou-me igualmente a abandonar a discussão de um bom número de problemas importantes. Por exemplo, minha distinção entre os períodos pré e pós-paradigmáticos no desenvolvimento da ciência é demasiado esquemática. Cada uma das escolas cuja competição caracteriza o primeiro desses períodos é guiada por algo muito semelhante a um paradigma; existem circunstâncias, embora eu pense que são raras, nas quais dois paradigmas podem coexistir pacificamente nos períodos pós-paradigmáticos. A simples posse de um paradigma não é um critério suficiente para a transição de desenvolvimento discutida no capítulo 1. Mais importante ainda, com exceção de breves notas laterais, eu nada disse a respeito do papel do avanço tecnológico ou das condições sociais, econômicas e intelectuais externas no desenvolvimento das ciências. Contudo, não é preciso ir além de Copérnico e do calendário para descobrir que as condições externas podem ajudar a transformar uma simples anomalia numa fonte de crise aguda. O mesmo exemplo ilustraria a maneira pela qual condições exteriores às ciências podem influenciar o quadro de alternativas disponíveis àquele que procura acabar com uma crise propondo uma ou outra reforma revolucionária[4]. Penso que a

---

4. Esses fatores são discutidos em T.S. Kuhn, *The Copernican Revolution: Planetary Astronomy in the Development of Western Thought,* Cambridge, 1957, p. 122-132 e 270-271. Outros efeitos de condições externas intelectuais e econômicas estão ilustrados em meus trabalhos: Conservation of Energy as an Example of Simultaneous Discovery, em Marshall Clagett (ed.), *Critical Problems in the History of Science,* Madison, 1959, p. 321-356; Engineering Precedent for the Work of Sadi Carnot, *Archives internationales d'histoire des sciences,* XIII, 1960, p. 247-251; Sadi Carnot and the Cagnard Engine, *Isis,* n. 52, 1961, p. 567-574. Portanto, considero que o papel desempenhado pelos fatores externos é de menor importância apenas em relação aos problemas discutidos neste ensaio.

consideração explícita de exemplos desse tipo não modificaria as teses principais desenvolvidas neste ensaio, mas certamente adicionaria uma dimensão analítica primordial para a compreensão do avanço científico.

E, por fim, o que talvez seja o mais importante: as limitações de espaço afetaram drasticamente meu tratamento das implicações filosóficas da concepção de ciência historicamente orientada que é apresentada neste ensaio. Tais implicações certamente existem e tentei tanto apontar como documentar as principais. Mas, ao fazer isso, abstive-me em geral da discussão detalhada das várias posições assumidas por filósofos contemporâneos no tocante a esses assuntos. Onde demonstrei ceticismo, este esteve mais frequentemente dirigido a uma atitude filosófica do que a qualquer de suas expressões plenamente articuladas. Em consequência disso, alguns dos que conhecem e trabalham a partir de alguma dessas posições articuladas poderão achar que não compreendi suas posições. Penso que estarão errados, mas este ensaio não foi projetado para convencê-los. Uma tentativa dessa ordem teria exigido um livro bem mais extenso e de tipo muito diferente.

Os fragmentos autobiográficos que abrem este prefácio servem para dar testemunho daquilo que reconheço como minha dívida principal, tanto para com os trabalhos especializados como para com as instituições que me ajudaram a dar forma ao meu pensamento. Nas páginas seguintes procurarei desembaraçar-me do restante dessa dívida por meio de citações. Contudo, nada do que foi dito acima ou abaixo fará mais do que sugerir o número e a natureza de minhas obrigações pessoais para com muitos indivíduos cujas sugestões ou críticas sustentaram e dirigiram meu desenvolvimento intelectual, numa época ou noutra. Muito tempo passou desde que as ideias deste ensaio começaram a tomar forma; uma lista de todos que podem, justificadamente, encontrar alguns sinais de sua influência nestas páginas seria quase tão extensa quanto a lista de meus amigos e conhecidos. Nas circunstâncias presentes, tenho que me restringir às poucas influências mais significativas que mesmo uma memória falha nunca suprimirá inteiramente.

Foi James B. Conant, então presidente da Universidade de Harvard, quem primeiro me introduziu na história da ciência e desse modo iniciou a transformação de minha concepção da natureza do progresso científico. Desde que esse processo começou, ele tem sido generoso com suas ideias, críticas e tempo – inclusive o tempo necessário para ler e sugerir mudanças importantes na primeira versão de meu manuscrito. Leonard K. Nash, com o qual lecionei durante cinco anos o curso historicamente orientado que o Dr. Conant iniciara, foi um colaborador ainda mais ativo durante os anos em que minhas ideias começaram a tomar forma. Sua ausência foi muito sentida durante os últimos estágios do desenvolvimento de concepções. Felizmente, contudo, depois de minha partida de Cambridge, seu lugar como caixa de ressonância criadora foi assumido por Stanley Cavell, meu colega em Berkeley. Para mim foi uma fonte de constante estímulo e encorajamento o fato de Cavell, um filósofo preocupado principalmente com a ética e a estética, ter chegado a conclusões tão absolutamente congruentes com as minhas. Além disso, foi a única pessoa com a qual fui capaz de explorar minhas ideias por meio de sentenças incompletas. Esse modo de comunicação atesta uma compreensão que o capacitou a indicar-me como ultrapassar ou contornar vários obstáculos importantes que encontrei durante a preparação de meu primeiro manuscrito.

Depois que esta versão foi esboçada, muitos outros amigos auxiliaram na sua reformulação. Penso que me perdoarão se nomear apenas quatro, cujas contribuições demonstraram ser as mais decisivas e de mais longo alcance: Paul K. Feyerabend, de Berkeley, Ernest Nagel, de Columbia, H. Pierre Noyes, do Lawrence Radiation Laboratory, e meu aluno, John L. Heilbron, que trabalhou em estreita colaboração comigo na preparação de uma versão final para a publicação. Todas as suas sugestões ou reservas pareceram-me extremamente úteis, mas não tenho razões para acreditar (e tenho algumas para duvidar) de que nem eles nem os outros mencionados acima aprovem o manuscrito resultante na totalidade.

Meus agradecimentos finais a meus pais, esposa e filhos precisam ser de um tipo bastante diferente. Cada um deles também contribuiu com ingredientes intelectuais para meu trabalho, de maneiras que provavelmente sou o último a reconhecer. Mas em graus variados, fizeram algo mais importante. Deixaram que minha devoção fosse levada adiante e até mesmo a encorajaram. Qualquer um que tenha lutado com um projeto como este reconhecerá o que isto eventualmente lhes custou. Não sei como agradecer-lhes.

T.S.K.
Berkeley, Califórnia
Fevereiro de 1962

INTRODUÇÃO:
UM PAPEL PARA A HISTÓRIA

Se a história fosse vista como um repositório para algo mais do que anedotas ou cronologias, poderia produzir uma transformação decisiva na imagem de ciência que atualmente nos domina. Mesmo os próprios cientistas têm haurido essa imagem principalmente no estudo das realizações científicas acabadas, tal como estão registradas nos clássicos e, mais recentemente, nos manuais que cada nova geração utiliza para aprender seu ofício. Contudo, o objetivo de tais livros é inevitavelmente persuasivo e pedagógico; um conceito de ciência deles haurido terá tantas probabilidades de assemelhar-se ao empreendimento que os produziu como a imagem de uma cultura nacional obtida por meio de um folheto turístico ou um manual de línguas. Este ensaio tenta mostrar que esses livros nos têm enganado em aspectos fundamentais. Seu objetivo é esboçar um conceito de ciência bastante diverso que pode emergir dos registros históricos da própria atividade de pesquisa.

Contudo, mesmo se partirmos da história, esse novo conceito não surgirá se continuarmos a procurar e perscrutar os dados históricos, sobretudo para responder a questões postas pelo estereótipo a-histórico extraído dos textos científicos. Por exemplo, esses textos frequentemente parecem implicar que o conteúdo da ciência é exemplificado de maneira ímpar pelas observações, leis e teorias descritas em suas páginas. Com quase igual regularidade, os mesmos livros têm sido interpretados como se afirmassem que os métodos científicos são simplesmente aqueles ilustrados pelas técnicas de manipulação empregadas na coleta de dados de manuais, juntamente às operações lógicas utilizadas ao relacionar esses dados às generalizações teóricas desses manuais. O resultado tem sido um conceito de ciência com implicações profundas no que diz respeito à sua natureza e desenvolvimento.

Se a ciência é a reunião de fatos, teorias e métodos reunidos nos textos atuais, então os cientistas são homens que, com ou sem sucesso, empenharam-se em contribuir com um ou outro elemento para essa constelação específica. O desenvolvimento torna-se o processo gradativo através do qual esses itens foram adicionados, isoladamente ou em combinação, ao estoque sempre crescente que constitui o conhecimento e a técnica científicos. E a história da ciência torna-se a disciplina que registra tanto esses aumentos sucessivos como os obstáculos que inibiram sua acumulação. Preocupado com o desenvolvimento científico, o historiador parece então ter duas tarefas principais. De um lado deve determinar quando e por quem cada fato, teoria ou lei científica contemporânea foi descoberta ou inventada. De outro lado, deve descrever e explicar os amontoados de erros, mitos e superstições que inibiram a acumulação mais rápida dos elementos constituintes do moderno texto científico. Muita pesquisa foi dirigida para esses fins e alguma ainda é.

60

Contudo, nos últimos anos, alguns historiadores estão encontrando mais e mais dificuldades para preencher as funções que lhes são prescritas pelo conceito de desenvolvimento-por-acumulação. Como cronistas de um processo de aumento, descobrem que a pesquisa adicional torna mais difícil (e não mais fácil) responder a perguntas como: quando foi descoberto o oxigênio? Quem foi o primeiro a conceber a conservação da energia? Cada vez mais, alguns deles suspeitam de que esses simplesmente não são os tipos de questões a serem levantadas. Talvez a ciência não se desenvolva pela acumulação de descobertas e invenções individuais. Simultaneamente, esses mesmos historiadores confrontam-se com dificuldades crescentes para distinguir o componente "científico" das observações e crenças passadas daquilo que seus predecessores rotularam prontamente de "erro" e "superstição". Quanto mais cuidadosamente estudam, digamos, a dinâmica aristotélica, a química flogística ou a termodinâmica calórica, tanto mais certos tornam-se de que, como um todo, as concepções de natureza outrora correntes não eram nem menos científicas, nem menos o produto da idiossincrasia do que as atualmente em voga. Se essas crenças obsoletas devem ser chamadas de mitos, então os mitos podem ser produzidos pelos mesmos tipos de métodos e mantidos pelas mesmas razões que hoje conduzem ao conhecimento científico. Se, por outro lado, elas devem ser chamadas de ciências, então a ciência inclui conjuntos de crenças totalmente incompatíveis com as que hoje mantemos. Dadas essas alternativas, o historiador deve escolher a última. Teorias obsoletas não são em princípio acientíficas simplesmente porque foram descartadas. Contudo, essa escolha torna difícil conceber o desenvolvimento científico como um processo de acréscimo. A mesma pesquisa histórica, que mostra as dificuldades para isolar invenções e descobertas individuais, dá margem a profundas dúvidas a respeito do processo cumulativo que se empregou para pensar como teriam se formado essas contribuições individuais à ciência.

O resultado de todas essas dúvidas e dificuldades foi uma revolução historiográfica no estudo da ciência, embora essa revolução ainda esteja em seus primeiros estágios. Os historiadores da ciência, gradualmente e muitas vezes sem se aperceberem completamente de que o estavam fazendo, começaram a se fazer novas espécies de questões e a traçar linhas diferentes, frequentemente não cumulativas, de desenvolvimento para as ciências. Em vez de procurar as contribuições permanentes de uma ciência mais antiga para nossa perspectiva privilegiada, eles procuram apresentar a integridade histórica daquela ciência a partir de sua própria época. Por exemplo, perguntam não pela relação entre as concepções de Galileu e as da ciência moderna, mas antes pela relação entre as concepções de Galileu e aquelas partilhadas por seu grupo, isto é, seus professores, contemporâneos e sucessores imediatos nas ciências. Além disso, insistem em estudar as opiniões desse grupo e de outros similares a partir da perspectiva – usualmente muito diversa daquela da ciência moderna – que dá a essas opiniões o máximo de coerência interna e a maior adequação possível à natureza. Vista através das obras que daí resultaram, cujo melhor exemplo talvez sejam os escritos de Alexandre Koyré, a ciência não parece em absoluto ser o mesmo empreendimento que foi discutido pelos escritores da tradição historiográfica mais antiga. Pelo menos implicitamente, esses estudos históricos sugerem a possibilidade de uma nova imagem da ciência. Este ensaio visa delinear essa imagem ao tornar explícitas algumas das implicações da nova historiografia.

Que aspectos da ciência revelar-se-ão como proeminentes no desenrolar desse esforço? Em primeiro lugar, ao menos na ordem de apresentação, está a insuficiência das diretrizes metodológicas para ditarem, por si só, uma única conclusão substantiva para várias espécies de questões científicas. Tendo sido instruído para examinar fenômenos elétricos ou químicos, o homem que desconhece essas áreas, mas sabe como proceder cientificamente, pode atingir de modo legítimo qualquer uma dentre muitas conclusões incompatíveis. Entre essas possibilidades legítimas, as conclusões particulares a que ele chegar serão provavelmente determinadas por sua experiência prévia em outras áreas, por acidentes de sua investigação e por sua própria formação individual. Por exemplo, que crenças a respeito das estrelas ele traz para o estudo da química e da eletricidade? Dentre muitas experiências relevantes, quais ele escolhe para executar em primeiro lugar? Quais aspectos do fenômeno complexo que daí resulta o impressionam como particularmente relevantes para uma elucidação da natureza das transformações químicas ou das afinidades elétricas? Respostas a questões como essas são frequentemente determinantes essenciais para o desenvolvimento científico, pelo menos para o indivíduo e ocasionalmente para a comunidade científica. Por exemplo, haveremos de observar no capítulo 1 que os primeiros estágios do desenvolvimento da maioria das ciências têm se caracterizado pela contínua competição entre diversas concepções de natureza distintas; cada uma delas parcialmente derivada e todas apenas aproximadamente compatíveis com os ditames da observação e do método científico. O que diferenciou essas várias escolas não foi um ou outro insucesso do método – todas elas eram "científicas" – mas aquilo que chamaremos a incomensurabilidade de suas maneiras de ver o mundo e nele praticar a ciência. A observação e a experiência podem e devem restringir drasticamente a extensão das crenças admissíveis, porque de outro modo não haveria ciência. Mas não podem, por si só, determinar um conjunto específico de semelhantes crenças. Um elemento aparentemente arbitrário, composto de acidentes pessoais e históricos, é sempre um ingrediente formador das crenças esposadas por uma comunidade científica específica numa determinada época.

Contudo, esse elemento de arbitrariedade não indica que algum grupo possa praticar seu ofício sem um conjunto dado de crenças recebidas. Nem torna menos cheia de consequências a constelação particular com a qual o grupo está realmente comprometido num dado momento. A pesquisa eficaz raramente começa antes que uma comunidade científica pense ter adquirido respostas seguras para perguntas como as seguintes: Quais são as entidades fundamentais que compõem o universo? Como interagem essas entidades umas com as outras e com os sentidos? Que questões podem ser legitimamente feitas a respeito de tais entidades e que técnicas podem ser empregadas na busca de soluções? Ao menos nas ciências plenamente desenvolvidas, respostas (ou substitutos integrais para as respostas) a questões como essas estão firmemente engastadas na iniciação profissional que prepara e autoriza o estudante para a prática científica. Uma vez que essa educação é ao mesmo tempo rígida e rigorosa, essas respostas chegam a exercer uma influência profunda sobre o espírito científico. O fato de as respostas poderem ter esse papel auxilia-nos a dar conta tanto da eficiência peculiar da atividade de pesquisa normal, como da direção na qual essa prossegue em qualquer momento considerado. Ao examinar a ciência normal nos capítulos 2, 3 e 4, buscaremos descrever essa forma de pesquisa como uma tentativa vigorosa e devotada de forçar a natureza a esquemas conceituais fornecidos pela educação profissional. Nós perguntaremos simultaneamente se a pesquisa poderia ter seguimento sem tais esquemas, qualquer que seja o elemento de arbitrariedade contido nas suas origens históricas e, ocasionalmente, no seu desenvolvimento posterior.

No entanto esse elemento de arbitrariedade está presente e tem também um efeito importante no desenvolvimento científico. Esse efeito será examinado detalhadamente nos capítulos 5, 6 e 7. A ciência normal, atividade na qual a maioria dos cientistas emprega inevitavelmente quase todo seu tempo, é baseada no pressuposto de que a comunidade científica sabe como é o mundo. Grande parte do sucesso do empreendimento deriva da disposição da comunidade para defender esse pressuposto – com custos consideráveis, se necessário. Por exemplo, a ciência normal com frequência suprime novidades fundamentais, porque estas subvertem necessariamente seus compromissos básicos. Não obstante, na medida em que esses compromissos retêm um elemento de arbitrariedade, a própria natureza da pesquisa normal assegura que a novidade não será suprimida por muito tempo. Algumas vezes um problema comum, que deveria ser resolvido por meio de regras e procedimentos conhecidos, resiste ao ataque violento e reiterado dos membros mais hábeis do grupo em cuja área de competência ele ocorre. Em outras ocasiões, uma peça de equipamento, projetada e construída para fins de pesquisa normal, não funciona segundo a maneira antecipada, revelando uma anomalia que não pode ser ajustada às expectativas profissionais, não obstante esforços repetidos. Dessa e de outras maneiras, a ciência normal desorienta-se seguidamente. E quando isso ocorre – isto é, quando os membros da profissão não podem mais esquivar-se das anomalias que subvertem a tradição existente da prática científica –, então, começam as investigações extraordinárias que finalmente conduzem a profissão a um novo conjunto de compromissos, a uma nova base para a prática da ciência. Os episódios extraordinários nos quais ocorre essa alteração de compromissos profissionais são denominados, neste ensaio, de revoluções científicas. Elas são os complementos desintegradores da tradição à atividade da ciência normal, ligada à tradição.

Os exemplos mais óbvios de revoluções científicas são aqueles episódios famosos do desenvolvimento científico que, no passado, foram frequentemente rotulados de revoluções. Por isso, nos capítulos 8 e 9, onde pela primeira vez a natureza das revoluções científicas é diretamente examinada, nos ocuparemos repetidamente com os momentos decisivos essenciais do desenvolvimento científico associado aos nomes de Copérnico, Newton, Lavoisier e Einstein. Mais claramente que muitos outros, esses episódios exibem aquilo que constitui todas as revoluções científicas, pelo menos no que concerne à história das ciências físicas. Cada um deles forçou a comunidade a rejeitar a teoria científica anteriormente aceita em favor de uma outra incompatível com aquela. Como consequência, cada um desses episódios produziu uma alteração nos problemas à disposição do escrutínio científico e nos padrões pelos quais a profissão determinava o que deveria ser considerado como um problema ou como uma solução de problema legítimo. Precisaremos descrever as maneiras pelas quais cada um desses episódios transformou a imaginação científica, apresentando-os como uma transformação do mundo no interior do qual era realizado o trabalho científico. Tais mudanças, juntamente às controvérsias que quase sempre as acompanham, são características definidoras das revoluções científicas.

Essas características aparecem com particular clareza no estudo das revoluções newtoniana e química. Contudo, uma tese fundamental deste ensaio é que essas características podem ser igualmente recuperadas através do estudo de muitos outros episódios que não foram tão obviamente revolucionários. As equações de Maxwell, que afetaram um grupo profissional bem mais reduzido do que as de Einstein, foram consideradas tão revolucionárias como estas e como tal encontraram resistência. Regularmente e de maneira apropriada, a invenção de novas teorias evoca a mesma resposta por parte de alguns especialistas que veem sua área de competência infringida por essas teorias. Para esses homens, a nova teoria implica uma mudança nas regras que governavam a prática anterior da ciência normal. Por isso, a nova teoria repercute inevitavelmente sobre muitos trabalhos científicos já concluídos com sucesso. É por isso que uma nova teoria, por mais particular que seja seu âmbito de aplicação, nunca ou quase nunca é um mero incremento ao que já é conhecido. Sua assimilação requer a reconstrução da teoria precedente e a reavaliação dos fatos anteriores. Esse processo intrinsecamente revolucionário raramente é completado por um único homem e nunca de um dia para o outro. Não é de admirar que os historiadores tenham encontrado dificuldades para datar com precisão esse processo prolongado, ao qual, impelidos por seu vocabulário, veem como um evento isolado.

Invenções de novas teorias não são os únicos acontecimentos científicos que têm um impacto revolucionário sobre os especialistas do setor em que ocorrem. Os compromissos que governam a ciência normal especificam não apenas as espécies de entidades que o universo contém, mas também, implicitamente, aquelas que ele não contém. Embora esse ponto exija uma discussão prolongada, segue-se que uma descoberta como a do oxigênio ou do raio x não adiciona apenas mais um item à população do mundo do cientista. Esse é o efeito final da descoberta – mas somente depois de a comunidade profissional ter reavaliado os procedimentos experimentais tradicionais, alterado sua concepção a respeito de entidades com as quais estava de há muito familiarizada e, no decorrer desse processo, modificado a rede de teorias com as quais lida com o mundo. Teoria e fato científicos não são categoricamente separáveis, exceto talvez no interior de uma única tradição da prática científica normal. É por isso que uma descoberta inesperada não possui uma importância simplesmente fatual. O mundo do cientista é tanto qualitativamente transformado como quantitativamente enriquecido pelas novidades fundamentais de fatos ou teorias.

Essa concepção ampliada da natureza das revoluções científicas é delineada nas páginas seguintes. Não há dúvida de que essa ampliação força o sentido costumeiro da concepção. Não obstante, continuarei a falar até mesmo de descobertas como sendo revolucionárias. Para mim, o que faz a concepção ampliada tão importante é precisamente a possibilidade de relacionar a estrutura de tais descobertas com, por exemplo, aquela da revolução copernicana. A discussão precedente indica como serão desenvolvidas as noções complementares de ciência normal e revolução científica nos nove capítulos imediatamente seguintes. O resto do ensaio tenta equacionar as três questões centrais que sobram. Ao discutir a tradição do manual, o capítulo 10 examina por que as revoluções científicas têm sido tão dificilmente reconhecidas como tais. O capítulo 11 descreve a competição revolucionária entre os defensores da velha tradição científica normal e os partidários da nova. Desse modo, o capítulo examina o processo que, numa teoria da investigação científica, deveria substituir de algum modo os procedimentos de falsificação ou confirmação que a nossa imagem usual de ciência tornou familiares. A competição entre segmentos da comunidade científica é o único processo histórico que realmente resulta na rejeição de uma teoria ou na adoção de outra. Finalmente, o capítulo 12 perguntará como o desenvolvimento através de revoluções pode ser compatível com o caráter aparentemente ímpar do progresso científico. Todavia, este ensaio não fornecerá mais do que os contornos principais de uma resposta a essa questão. Tal resposta depende das características da comunidade científica, assunto que requer muita exploração e estudo adicionais.

Sem dúvida alguns leitores já se terão perguntado se um estudo histórico poderá produzir o tipo de transformação conceitual que é visado aqui. Um arsenal inteiro de dicotomias está disponível, sugerindo que isso não pode ser adequadamente realizado dessa maneira. Dizemos muito frequentemente que a história é uma disciplina puramente descritiva. Contudo, as teses sugeridas acima são frequentemente interpretativas e, algumas vezes, normativas. Além disso, muitas de minhas generalizações dizem respeito à sociologia ou à psicologia social dos cientistas. Ainda assim, pelo menos algumas das minhas conclusões pertencem tradicionalmente à lógica ou à epistemologia. Pode até mesmo parecer que, no parágrafo anterior, eu tenha violado a muito influente distinção contemporânea entre o "contexto da descoberta" e o "contexto da justificação". Pode algo mais do que profunda confusão estar indicado nessa mescla de diversas áreas e interesses?

Tendo me formado intelectualmente a partir dessas e de outras distinções semelhantes, dificilmente poderia estar mais consciente de sua importância e força. Por muitos anos tomei-as como sendo a própria natureza do conhecimento. Ainda suponho que, adequadamente reelaboradas, tenham algo importante a nos dizer. Todavia, muitas das minhas tentativas de aplicá-las, mesmo *grosso modo*, às situações reais nas quais o conhecimento é obtido, aceito e assimilado, fê-las parecer extraordinariamente problemáticas. Em vez de serem distinções lógicas ou metodológicas elementares, que seriam anteriores à análise do conhecimento científico, elas parecem agora ser partes de um conjunto tradicional de respostas substantivas às próprias questões a partir das quais elas foram elaboradas. Essa circularidade não as invalida de forma alguma. Mas torna-as parte de uma teoria e, ao fazer isso, sujeita-as ao mesmo escrutínio que é regularmente aplicado a teorias em outros campos. Para que elas tenham como conteúdo mais do que puras abstrações, esse conteúdo precisa ser descoberto através da observação. Examinar-se-ia então a aplicação dessas distinções aos dados que elas pretendem elucidar. Como poderia a história da ciência deixar de ser uma fonte de fenômenos, aos quais podemos exigir a aplicação das teorias sobre o conhecimento?

1. A ROTA PARA A CIÊNCIA NORMAL

Neste ensaio, "ciência normal" significa a pesquisa firmemente baseada em uma ou mais realizações científicas passadas. Essas realizações são reconhecidas durante algum tempo por alguma comunidade científica específica como proporcionando os fundamentos para sua prática posterior. Embora raramente na sua forma original, hoje em dia essas realizações são relatadas pelos manuais científicos elementares e avançados. Tais livros expõem o corpo da teoria aceita, ilustram muitas (ou todas) das suas aplicações bem-sucedidas e comparam essas aplicações com observações e experiências exemplares. Uma vez que tais livros se tornaram populares no começo do século XIX (e mesmo mais recentemente, como no caso das ciências amadurecidas há pouco), muitos dos clássicos famosos da ciência desempenham uma função similar. A *Física* de Aristóteles, o *Almagesto* de Ptolomeu, os *Principia* e a *Óptica* de Newton, a *Eletricidade* de Franklin, a *Química* de Lavoisier e a *Geologia* de Lyell – esses e muitos outros trabalhos serviram, por algum tempo, para definir implicitamente os problemas e métodos legítimos de um campo de pesquisa para as gerações posteriores de praticantes da ciência. Puderam fazer isso porque partilhavam duas características essenciais. Suas realizações foram suficientemente sem precedentes para atrair um grupo duradouro de partidários, afastando-os de outras formas de atividade científica dissimilares. Simultaneamente, suas realizações eram suficientemente abertas para deixar que toda espécie de problemas fosse resolvida pelo grupo redefinido de praticantes da ciência.

Daqui por diante referir-me-ei às realizações que partilham essas duas características como "paradigmas", um termo estreitamente relacionado com "ciência normal". Com a escolha do termo pretendo sugerir que alguns exemplos aceitos na prática científica real – exemplos que incluem, ao mesmo tempo, lei, teoria, aplicação e instrumentação – proporcionam modelos dos quais brotam as tradições coerentes e específicas da pesquisa científica. São essas tradições que o historiador descreve com rubricas como: "astronomia ptolomaica" (ou "copernicana"); "dinâmica aristotélica" (ou "newtoniana"), "óptica corpuscular" (ou "óptica ondulatória"), e assim por diante. O estudo dos paradigmas, muitos dos quais bem mais especializados do que os indicados acima, é o que prepara basicamente o estudante para ser membro de determinada comunidade científica na qual atuará mais tarde. Uma vez que ali o estudante reúne-se a homens que aprenderam as bases de seu campo de estudo a partir dos mesmos modelos concretos, sua prática subsequente raramente irá provocar desacordo declarado sobre pontos fundamentais. Homens cuja pesquisa está baseada em paradigmas compartilhados estão comprometidos com as mesmas regras e padrões para a prática científica. Esse comprometimento e o consenso aparente que produz são pré-requisitos para a ciência normal, isto é, para a gênese e a continuação de uma tradição de pesquisa determinada.

Será necessário acrescentar mais sobre as razões da introdução do conceito de paradigma, uma vez que neste ensaio ele substituirá uma variedade de noções familiares. Por que a realização científica, como um lugar de comprometimento profissional, é anterior aos vários conceitos, leis, teorias e pontos de vista que dela podem ser abstraídos? Em que sentido o paradigma partilhado é uma unidade fundamental para o estudo do desenvolvimento científico, uma unidade que não pode ser totalmente reduzida a componentes atômicos lógicos que poderiam funcionar em seu lugar? Quando as encontrarmos, no capítulo 4, as respostas a essas questões e outras similares demonstrarão ser básicas para a compreensão, tanto da ciência normal como do conceito associado de paradigma. Contudo, essa discussão mais abstrata vai depender da exposição prévia de exemplos da ciência normal ou de paradigmas em atividade. Mais especificamente, esses dois conceitos relacionados serão esclarecidos indicando-se a possibilidade de uma espécie de pesquisa científica sem paradigmas ou pelo menos sem aqueles de tipo tão inequívoco e obrigatório como os nomeados acima. A aquisição de um paradigma e do tipo de pesquisa mais esotérico que ele permite é um sinal de maturidade no desenvolvimento de qualquer campo científico que se queira considerar.

Se o historiador segue, desde a origem, a pista do conhecimento científico de qualquer grupo selecionado de fenômenos interligados, provavelmente encontrará alguma variante menor de um padrão ilustrado aqui a partir da história da óptica física. Os manuais atuais de física ensinam ao estudante que a luz é composta de fótons, isto é, entidades quântico-mecânicas que exibem algumas características de ondas e outras de partículas. A pesquisa é realizada de acordo com esse ensinamento, ou melhor, de acordo com as caracterizações matemáticas mais elaboradas a partir das quais é derivada essa verbalização usual. Contudo, essa caracterização da luz mal tem meio século. Antes de ter sido desenvolvida por Planck, Einstein e outros no começo do século xx, os textos de física ensinavam que a luz era um movimento ondulatório transversal, concepção que em última análise derivava dos escritos ópticos de Young e Fresnel, publicados no início do século xix. Além disso, a teoria ondulatória não foi a primeira das concepções a ser aceita pelos praticantes da ciência óptica. Durante o século xviii, o paradigma para esse campo de estudos foi proporcionado pela *Óptica* de Newton, a qual ensinava que a luz era composta de corpúsculos de matéria. Naquela época os físicos procuravam provas da pressão exercida pelas partículas de luz ao colidir com os corpos sólidos, algo que não foi feito pelos primeiros teóricos da concepção ondulatória[1].

Essas transformações de paradigmas da óptica física são revoluções científicas e a transição sucessiva de um paradigma a outro, por meio de uma revolução, é o padrão usual de desenvolvimento da ciência amadurecida. No entanto, esse não é o padrão usual do período anterior aos trabalhos de Newton. É esse contraste que nos interessa aqui. Nenhum período entre a Antiguidade remota e o fim do século xvii exibiu uma única concepção da natureza da luz que fosse geralmente aceita. Em vez disso havia um bom número de escolas e subescolas em competição, a maioria das quais esposava uma ou outra variante das teorias de Epicuro, Aristóteles ou Platão. Um grupo considerava a luz como sendo composta de partículas que emanavam dos corpos materiais; para outro, era a modificação do meio que intervinha entre o corpo e o olho; um outro ainda explicava a luz em termos de uma interação do meio com uma emanação do olho; e haviam outras combinações e modificações além dessas. Cada uma das escolas retirava forças de sua relação com alguma metafísica determinada. Cada uma delas enfatizava, como observações paradigmáticas, o conjunto particular de fenômenos ópticos que sua própria teoria podia explicar melhor. Outras observações eram

---

1. Joseph Priestley, *The History and Present State of Discoveries Relating to Vision Light and Colours*, Londres, 1772, p. 385-390.

examinadas através de elaborações *ad hoc* ou permaneciam como problemas especiais para a pesquisa posterior[2].

Em épocas diferentes, todas essas escolas fizeram contribuições significativas ao corpo de conceitos, fenômenos e técnicas dos quais Newton extraiu o primeiro paradigma quase uniformemente aceito na óptica física. Qualquer definição do cientista que exclua os membros mais criadores dessas várias escolas excluirá igualmente seus sucessores modernos. Aqueles homens eram cientistas. Contudo, qualquer um que examine uma amostra da óptica física anterior a Newton poderá perfeitamente concluir que, embora os estudiosos dessa área fossem cientistas, o resultado líquido de suas atividades foi algo menos que ciência. Por não ser obrigado a assumir um corpo qualquer de crenças comuns, cada autor de óptica física sentia-se forçado a construir novamente seu campo de estudos desde os fundamentos. A escolha das observações e experiências que sustentavam tal reconstrução era relativamente livre. Não havia qualquer conjunto padrão de métodos ou de fenômenos que todos os estudiosos da óptica se sentissem forçados a empregar e explicar. Nessas circunstâncias, o diálogo dos livros resultantes era frequentemente dirigido aos membros das outras escolas tanto como à natureza. Atualmente esse padrão é familiar a numerosos campos de estudos criadores e não é incompatível com invenções e descobertas significativas. Contudo, esse não é o padrão de desenvolvimento que a óptica física adquiriu depois de Newton nem aquele que outras ciências da natureza tornaram familiar hoje em dia.

A história da pesquisa elétrica na primeira metade do século XVIII proporciona um exemplo mais concreto e mais bem conhecido da maneira como uma ciência se desenvolve antes de adquirir seu primeiro paradigma universalmente aceito. Durante aquele período houve quase

---

2. Vasco Ronch, *Histoire de la lumière*, trad. Jean Taton, Paris, 1956, caps. I-IV.

tantas concepções sobre a natureza da eletricidade como experimentadores importantes nesse campo, homens como Hauksbee, Gray, Desaguliers, Du Fay, Nollet, Watson, Franklin e outros. Todos os seus numerosos conceitos de eletricidade tinham algo em comum – eram parcialmente derivados de uma ou outra versão da filosofia mecânico-corpuscular que orientava a pesquisa científica da época. Além disso, eram todos componentes de teorias científicas reais, teorias que tinham sido parcialmente extraídas de experiências e observações e que determinaram em parte a escolha e a interpretação de problemas adicionais enfrentados pela pesquisa. Entretanto, embora todas as experiências fossem elétricas e a maioria dos experimentadores lessem os trabalhos uns dos outros, suas teorias não tinham mais do que uma semelhança de família[3].

Um primeiro grupo de teorias, seguindo a prática do século XVII, considerava a atração e a geração por fricção como os fenômenos elétricos fundamentais. Esse grupo tendia a tratar a repulsão como um efeito secundário devido a alguma espécie de rebote mecânico. Tendia igualmente a postergar por tanto tempo quanto possível tanto a discussão como a pesquisa sistemática sobre o novo efeito descoberto por Gray – a condução elétrica. Outros "eletricistas" (o termo é deles mesmo) consideravam a atração e a repulsão como manifestações igualmente elementares da eletricidade e modificaram suas teorias e pesquisas de acordo com

3. D. Roller; D.H.D. Roller, *Harvard Case Histories in Experimental Science*, Case 8, *The Development of the Concept of Electric Charge: Electricity from the Greeks to Coulomb*, Cambridge, 1954; e I.B. Cohen, *Franklin and Newton: An Inquiry into Speculative Newtonian Experimental Science and Franklin's Work in Electricity as an Example Thereof*, Filadélfia, 1956, caps. VII-XII. Estou em dívida com um trabalho ainda não publicado de meu aluno John L. Heilbron no que diz respeito a alguns detalhes analíticos do parágrafo seguinte. Enquanto se aguarda sua publicação, pode-se encontrar uma apresentação de certo modo mais extensa e mais precisa do surgimento do paradigma de Franklin em The Function of Dogma in Scientific Research, de Thomas S. Kuhn, publicado em A.C. Crombie (ed.), *Symposium on the History of Science*, University of Oxford, jul. 9-15, 1961, que será publicado por Heinemann Educational Books.

tal concepção. (Na realidade esse grupo é extremamente pequeno – mesmo a teoria de Franklin nunca explicou completamente a repulsão mútua de dois corpos carregados negativamente.) Mas estes tiveram tanta dificuldade como o primeiro grupo para explicar simultaneamente qualquer coisa que não fosse os efeitos mais simples da condução. Contudo, esses efeitos proporcionaram um ponto de partida para um terceiro grupo, grupo que tendia a falar da eletricidade mais como um "fluido" que podia circular através de condutores do que como um "eflúvio" que emanasse de não condutores. Por seu turno, esse grupo tinha dificuldade para reconciliar sua teoria com numerosos efeitos de atração e repulsão. Somente através dos trabalhos de Franklin e de seus sucessores imediatos surgiu uma teoria capaz de dar conta, com quase igual facilidade, de aproximadamente todos esses efeitos. Em vista disso essa teoria podia e de fato realmente proporcionou um paradigma comum para a pesquisa de uma geração subsequente de "eletricistas".

Excluindo áreas como a matemática e a astronomia, nas quais os primeiros paradigmas estáveis datam da pré-história, e também aquelas, como a bioquímica, que surgiram da divisão e combinação de especialidades já amadurecidas, as situações esboçadas acima são historicamente típicas. Sugiro que desacordos fundamentais de tipo similar caracterizaram, por exemplo, o estudo do movimento antes de Aristóteles e da estática antes de Arquimedes, o estudo do calor antes de Black, da química antes de Boyle e Boerhaave e da geologia histórica antes de Hutton – embora isso envolva de minha parte o emprego continuado de simplificações infelizes que rotulam um extenso episódio histórico com um único nome, um tanto arbitrariamente escolhido (por exemplo, Newton ou Franklin). Em partes da biologia – por exemplo, no estudo da hereditariedade – os primeiros paradigmas universalmente aceitos são ainda mais recentes. Permanece em aberto a questão a respeito de que áreas da ciência social já adquiriram tais paradigmas. A história sugere que a estrada para um consenso estável na pesquisa é extraordinariamente árdua.

Contudo, a história sugere igualmente algumas razões para as dificuldades encontradas ao longo desse caminho. Na ausência de um paradigma ou de algum candidato a paradigma, todos os fatos que possivelmente pertencem ao desenvolvimento de determinada ciência têm a probabilidade de parecerem igualmente relevantes. Como consequência disso, as primeiras coletas de fatos se aproximam muito mais de uma atividade ao acaso do que daquelas que o desenvolvimento subsequente da ciência torna familiar. Além disso, na ausência de uma razão para procurar alguma forma de informação mais recôndita, a coleta inicial de fatos é usualmente restrita à riqueza de dados que estão prontamente à nossa disposição. A resultante soma de fatos contém aqueles acessíveis à observação e à experimentação casuais, mais alguns dos dados mais esotéricos procedentes de ofícios estabelecidos, como a medicina, a metalurgia e a confecção de calendários. A tecnologia desempenhou muitas vezes um papel vital no surgimento de novas ciências, já que os ofícios são uma fonte facilmente acessível de fatos que não poderiam ter sido descobertos casualmente.

Embora essa espécie de coleta de fatos tenha sido essencial para a origem de muitas ciências significativas, qualquer pessoa que examinar, por exemplo, os escritos enciclopédicos de Plínio ou as histórias naturais de Bacon descobrirá que ela produz uma situação de perplexidade. De certo modo hesita-se em chamar de científica a literatura resultante. As "histórias" baconianas de calor, cor, vento, mineração, e assim por diante, estão repletas de informações, algumas das quais recônditas. Mas justapõem fatos que mais tarde demonstrarão ser reveladores (por exemplo, o aquecimento por mistura) com outros (o calor dos montes de esterco) que continuarão demasiado complexos para serem integrados na teoria[4]. Além disso, visto que qualquer descrição tem que ser parcial, a história natural típica omite

4. Compare-se o esboço de uma história natural do calor no *Novum Organum* de Bacon, em J. Spedding; R.L. Ellis; D.D. Heath (eds.), *The Works of Francis Bacon*, v. VIII, Nova York, 1869, p. 179-203.

com frequência de seus relatos imensamente circunstanciais exatamente aqueles detalhes que cientistas posteriores considerarão fontes de iluminações importantes. Por exemplo, quase nenhuma das primeiras "histórias" da eletricidade mencionam que o farelo, atraído por um bastão de vidro coberto de borracha, é repelido novamente. Esse efeito parecia mecânico e não elétrico[5]. Além do mais, visto que o coletor de dados casual raramente possui o tempo ou os instrumentos para ser crítico, as histórias naturais justapõem frequentemente descrições como as mencionadas acima como outras de, digamos, aquecimento por antiperístase (ou por esfriamento), que hoje em dia não temos condição alguma de confirmar[6]. Apenas muito ocasionalmente, como no caso da estática, dinâmica e óptica geométrica antigas, fatos coletados com tão pouca orientação por parte de teorias preestabelecidas falam com suficiente clareza para permitir o surgimento de um primeiro paradigma.

As escolas características dos primeiros estágios do desenvolvimento de uma ciência criam essa situação. Nenhuma história natural pode ser interpretada na ausência de pelo menos algum corpo implícito de crenças metodológicas e teóricas interligadas que permita seleção, avaliação e crítica. Se esse corpo de crenças já não está implícito na coleção de fatos – quando então temos à disposição mais do que "meros fatos" – precisa ser suprido externamente, talvez por uma metafísica em voga, por outra ciência ou por um acidente pessoal e histórico. Não é de admirar que nos primeiros estágios do desenvolvimento de qualquer ciência, homens diferentes confrontados com a mesma gama de fenômenos – mas em geral não com os

5. D. Roller; D.H.D. Roller, op. cit., p. 14, 22, 28 e 43. Somente depois do aparecimento do trabalho mencionado na última dessas citações é que os efeitos repulsivos foram reconhecidos como inequivocamente elétricos.

6. Bacon, op. cit., p. 235, 337, diz: "A água ligeiramente morna gela mais rapidamente do que a totalmente fria". Para uma apresentação parcial da história inicial dessa estranha observação, ver Marshall Clagett, *Giovanni Marliani and Late Medieval Physics*, Nova York, 1941, cap. IV.

mesmos fenômenos particulares – os descrevam e interpretem de maneiras diversas. É surpreendente (e talvez também único, dada a proporção em que ocorrem) que tais divergências iniciais possam em grande parte desaparecer nas áreas que chamamos ciência.

As divergências realmente desaparecem em grau considerável e então, aparentemente, de uma vez por todas. Além disso, em geral seu desaparecimento é causado pelo triunfo de uma das escolas pré-paradigmáticas, a qual, devido às suas próprias crenças e preconceitos característicos, enfatizava apenas alguma parte especial do conjunto de informações demasiado numeroso e incoativo. Os eletricistas que consideravam a eletricidade um fluido, e por isso davam uma ênfase especial à condução, proporcionam um exemplo típico excelente. Conduzidos por essa crença, que mal e mal podia dar conta da conhecida multiplicidade de efeitos de atração e repulsão, muitos deles conceberam a ideia de engarrafar o fluido elétrico. O fruto imediato de seus esforços foi a garrafa de Leyden, um artifício que nunca poderia ter sido descoberto por alguém que explorasse a natureza fortuitamente ou ao acaso. Entretanto, esse artifício foi desenvolvido independentemente pelo menos por dois investigadores no início da década de 1740[7]. Quase desde o começo de suas pesquisas elétricas, Franklin estava especialmente interessado em explicar aquele estranho e, no caso, tão particularmente revelador aparelho. O sucesso na explicação proporcionou o argumento mais efetivo para a transformação de sua teoria em paradigma, apesar de ele ser ainda incapaz de explicar todos os casos conhecidos de repulsão elétrica[8]. Para ser aceita como paradigma, uma teoria deve parecer melhor que suas competidoras, mas não precisa (e de fato isso nunca acontece) explicar todos os fatos com os quais pode ser confrontada.

7. D. Roller; D.H.D. Roller, op. cit., p. 51-54.
8. O caso mais problemático era a mútua repulsão de corpos carregados negativamente. A esse respeito ver I.B. Cohen, op. cit., p. 491-494 e 531-543.

Aquilo que a teoria do *fluido elétrico* fez pelo subgrupo que a defendeu, o paradigma de Franklin fez mais tarde por todo o grupo dos eletricistas. Este sugeria as experiências que valeriam a pena ser feitas e as que não tinham interesse por serem dirigidas a manifestações de eletricidade secundárias ou muito complexas. Entretanto, o paradigma realizou essa tarefa bem mais eficientemente do que a teoria do fluido elétrico, em parte porque o fim do debate entre as escolas deu um fim à reiteração constante de fundamentos e em parte porque a confiança de estar no caminho certo encorajou os cientistas a empreender trabalhos de um tipo mais preciso, esotérico e extenuante[9]. Livre da preocupação com todo e qualquer fenômeno elétrico, o grupo unificado dos eletricistas pôde ocupar-se bem mais detalhadamente de fenômenos selecionados, projetando equipamentos especiais para a tarefa e empregando-os mais sistemática e obstinadamente do que jamais fora feito antes. Tanto a acumulação de fatos como a articulação da teoria tornaram-se atividades altamente orientadas. O rendimento e a eficiência da pesquisa elétrica aumentaram correspondentemente, proporcionando provas para uma versão societária do agudo dito metodológico de Francis Bacon: "A verdade surge mais facilmente do erro do que da confusão"[10].

No próximo capítulo examinaremos a natureza dessa pesquisa precisamente orientada ou baseada em paradigma, mas antes indicaremos brevemente como a emergência de

---

9. Deve-se notar que a aceitação da teoria de Franklin não terminou com todo o debate. Em 1759, Robert Symmer propôs uma versão dessa teoria que envolvia dois fluidos e por muitos anos os eletricistas estiveram divididos a respeito da questão de se a eletricidade compunha-se de um ou dois fluidos. Mas os debates sobre esse assunto apenas confirmaram o que foi dito acima a respeito da maneira como uma realização universalmente aceita une a profissão. Os eletricistas, embora continuassem divididos a esse respeito, concluíram rapidamente que nenhum teste experimental poderia distinguir as duas versões da teoria e portanto elas eram equivalentes. Depois disso, ambas as escolas puderam realmente explorar todos os benefícios oferecidos pela teoria de Franklin (ibidem, p. 543-546, 548-554).

10. Bacon, op. cit., p. 210.

um paradigma afeta a estrutura do grupo que atua nesse campo. Quando, pela primeira vez no desenvolvimento de uma ciência da natureza, um indivíduo ou grupo produz uma síntese capaz de atrair a maioria dos praticantes de ciência da geração seguinte, as escolas mais antigas começam a desaparecer gradualmente. Seu desaparecimento é em parte causado pela conversão de seus adeptos ao novo paradigma. Mas sempre existem alguns que se aferram a uma ou outra das concepções mais antigas; são simplesmente excluídos da profissão e seus trabalhos são ignorados. O novo paradigma implica uma definição nova e mais rígida do campo de estudos. Aqueles que não desejam ou não são capazes de acomodar seu trabalho a ele têm que proceder isoladamente ou unir-se a algum grupo[11]. Historicamente, tais pessoas têm frequentemente permanecido em departamentos de filosofia, dos quais têm brotado tantas ciências especiais. Como sugerem essas indicações, algumas vezes é simplesmente a recepção de um paradigma que transforma numa profissão ou pelo menos numa disciplina um grupo que anteriormente interessava-se pelo estudo da natureza. Nas ciências (embora não em campos como a medicina, a tecnologia e o direito, que têm a sua *raison d'être* numa necessidade social exterior) a criação de publicações

---

11. A história da eletricidade proporciona um excelente exemplo que poderia ser duplicado a partir das carreiras de Priestley, Kelvin e outros. Franklin assinala que Nollet, que era o mais influente dos eletricistas europeus na metade do século, "viveu o bastante para chegar a ser o último membro de sua seita, com a exceção do Sr. B. – seu discípulo e aluno mais imediato" (Max Farrand [ed.], *Benjamin Franklin's Memoirs*, Berkeley, 1949, p. 384-386). Mais interessante é o fato de escolas inteiras terem sobrevivido isoladas da ciência profissional. Consideremos, por exemplo, o caso da astrologia, que fora uma parte integral da astronomia. Ou pensemos na continuação durante o fim do século XVIII e começo do XIX, de uma tradição anteriormente respeitada de química "romântica". Essa tradição é discutida por Charles C. Gillispie em "The *Encyclopédie* and the Jacobin Philosophy of Science: A Study in Ideas and Consequences", em Marshall Clagett (ed.), *Critical Problems in the History of Science*, Madison, 1959, p. 255-289; e "The Formation of Lamarck's Evolutionary Theory", *Archives internationales d'histoire des sciences*, n. 37, 1956, p. 323-338.

especializadas, a fundação de sociedades de especialistas e a reivindicação de um lugar especial nos currículos de estudo têm geralmente estado associadas com o momento em que um grupo aceita pela primeira vez um paradigma único. Pelo menos foi isso que ocorreu, há século e meio, durante o período que vai desde o desenvolvimento de um padrão institucional de especialização científica até a época mais recente, quando a parafernália de especializações adquiriu prestígio próprio.

A definição mais estrita de grupo científico tem outras consequências. Quando um cientista pode considerar um paradigma como certo, não tem mais necessidade, nos seus trabalhos mais importantes, de tentar construir seu campo de estudos começando pelos primeiros princípios e justificando o uso de cada conceito introduzido. Isso pode ser deixado para os autores de manuais. Mas, dado o manual, o cientista criador pode começar suas pesquisa onde o manual a interrompe e desse modo concentrar-se exclusivamente nos aspectos mais sutis e esotéricos dos fenômenos naturais que preocupam o grupo. Na medida em que fizer isso, seus relatórios de pesquisa começarão a mudar, seguindo tipos de evolução que têm sido muito pouco estudados, mas cujos resultados finais modernos são óbvios para todos e opressivos para muitos. Suas pesquisas já não serão habitualmente incorporadas a livros como *Experiências... sobre a Eletricidade* de Franklin ou a *Origem das Espécies* de Darwin, que eram dirigidos a todos os possíveis interessados no objeto de estudo do campo examinado. Em vez disso, aparecerão sob a forma de artigos breves, dirigidos apenas aos colegas de profissão, homens que certamente conhecem o paradigma partilhado e que demonstram ser os únicos capazes de ler os escritos a eles endereçados.

Hoje em dia os livros científicos são geralmente ou manuais ou reflexões retrospectivas sobre um ou outro aspecto da vida científica. O cientista que escreve um livro tem mais probabilidades de ver sua reputação comprometida do que aumentada. De uma maneira regular, somente nos primeiros estágios do desenvolvimento das ciências, anteriores ao paradigma, o livro possuía a mesma relação com a realização profissional que ainda conserva em outras áreas abertas à criatividade. É somente naquelas áreas em que o livro, com ou sem o artigo, mantém-se como um veículo para a comunicação das pesquisas que as linhas de profissionalização permanecem ainda muito tenuemente traçadas. Somente nesses casos pode o leigo esperar manter-se a par dos progressos realizados fazendo a leitura dos relatórios originais dos especialistas. Tanto na matemática como na astronomia, já na Antiguidade os relatórios de pesquisas deixaram de ser inteligíveis para um auditório dotado de cultura geral. Na dinâmica, a pesquisa tornou-se igualmente esotérica nos fins da Idade Média, recapturando sua inteligibilidade mais generalizada apenas por um breve período, durante o início do século XVII, quando um novo paradigma substituiu o que havia guiado a pesquisa medieval. A pesquisa elétrica começou a exigir uma tradução para leigos no fim do século XVIII. Muitos outros campos da ciência física deixaram de ser acessíveis no século XIX. Durante esses mesmos dois séculos transições similares podem ser identificadas nas diferentes áreas das ciências biológicas. Podem muito bem estar ocorrendo hoje em determinados setores das ciências sociais. Embora se tenha tornado costumeiro (e certamente apropriado) lamentar o hiato cada vez maior que separa o cientista profissional de seus colegas de outras disciplinas, pouca atenção tem sido prestada à relação essencial entre aquele hiato e os mecanismos intrínsecos ao progresso científico.

Desde a Antiguidade um campo de estudos após o outro tem cruzado a divisa entre o que o historiador poderia chamar de sua pré-história como ciência e sua história propriamente dita. Essas transições à maturidade raramente têm sido tão repentinas ou tão inequívocas como minha discussão necessariamente esquemática pode ter dado a entender. Mas tampouco foram historicamente graduais, isto é, coextensivas com o desenvolvimento total dos campos de estudo em que ocorreram. Os que escreveram sobre a eletricidade durante as primeiras décadas do século XVIII possuíam muito mais informações sobre os fenômenos elétricos que seus predecessores do século XVI. Poucos fenômenos elétricos foram acrescentados a seus conhecimentos durante o meio século posterior a 1740. Apesar disso, em pontos importantes, a distância parece maior entre os trabalhos sobre a eletricidade de Cavendish, Coulomb e Volta (produzidos nas três últimas décadas do século XVIII) e os de Gray, Du Fay e mesmo Franklin (início do mesmo século), do que entre esses últimos e os do século XVI[12]. Em algum momento entre 1740 e 1780, os eletricistas tornaram-se capazes de, pela primeira vez, dar por estabelecidos os fundamentos de seu campo de estudo. Daí para a frente orientaram-se para problemas mais recônditos e concretos e passaram cada vez mais a relatar os resultados de seus trabalhos em artigos endereçados a outros eletricistas, ao invés de em livros endereçados ao mundo instruído em geral. Alcançaram, como grupo, o que fora obtido pelos astrônomos na Antiguidade, pelos estudantes do movimento na Idade Média, pela óptica física no século XVII e pela geologia histórica nos princípios do século XIX. Elaboraram um paradigma capaz de orientar as pesquisas de todo o grupo. Se não se tem o poder de considerar os eventos retrospectivamente, torna-se difícil encontrar outro critério que revele tão claramente que um campo de estudos tornou-se uma ciência.

---

12. Os desenvolvimentos posteriores a Franklin incluem um aumento enorme na sensibilidade dos detectores de carga, as primeiras técnicas dignas de confiança e largamente difundidas para medir as cargas, a evolução do conceito de capacidade e sua relação com a noção de tensão elétrica, que fora recentemente refinada e ainda a quantificação da força eletrostática. Com respeito a todos esses pontos, consulte-se D. Roller; D.H.D. Roller, op. cit., p. 66-81; W.C. Walker, The Detection and Estimation of Electric Charges in the Eighteenth Century, *Annals of Science*, n. 1, 1936, p. 66-100; e Edmund Hoppe, *Geschichte der Eletrizität*, Leipzig, 1884, parte I, caps. III-IV.

2. A NATUREZA DA CIÊNCIA NORMAL

Qual é então a natureza dessa pesquisa mais especializada e esotérica permitida pela aceitação de um paradigma único por parte de um grupo? Se o paradigma representa um trabalho que foi completado de uma vez por todas, que outros problemas deixa para serem resolvidos pelo grupo por ele unificado? Essas questões parecerão ainda mais urgentes se observarmos um aspecto no qual os termos utilizados até aqui podem ser enganadores. No seu uso estabelecido, um paradigma é um modelo ou padrão aceito. Esse aspecto de seu significado permitiu-me, na falta de termo melhor, servir-me dele aqui. Mas dentro em pouco ficará claro que o sentido de "modelo" ou "padrão" não é o mesmo que o habitualmente empregado na definição de "paradigma". Por exemplo, na gramática, *amo, amas, amat* é um paradigma porque apresenta um padrão a ser usado na conjugação de um grande número de outros verbos latinos – para produzir, entre outros, *laudo, laudas, laudat*. Nessa aplicação costumeira, o paradigma funciona ao permitir a reprodução de exemplos, cada um dos quais poderia, em princípio, substituir aquele. Por outro lado, na ciência, um paradigma raramente é suscetível de reprodução. Tal como uma decisão judicial aceita no direito costumeiro, o paradigma é um objeto a ser melhor articulado e precisado em condições novas ou mais rigorosas.

Para que se compreenda como isso é possível, devemos reconhecer que um paradigma pode ser muito limitado, tanto no âmbito como na precisão, quando de sua primeira aparição. Os paradigmas adquirem seu *status* porque são mais bem-sucedidos que seus competidores na resolução de alguns problemas que o grupo de cientistas reconhece como graves. Contudo, ser bem-sucedido não significa nem ser totalmente bem-sucedido com um único problema, nem notavelmente bem-sucedido com um grande número. De início, o sucesso de um paradigma – seja a análise aristotélica do movimento, os cálculos ptolomaicos das posições planetárias, o emprego da balança por Lavoisier, seja a matematização do campo eletromagnético por Maxwell – é, a princípio, em grande parte, uma promessa de sucesso que pode ser descoberta em exemplos selecionados e ainda incompletos. A ciência normal consiste na atualização dessa promessa, atualização que se obtém ampliando o conhecimento daqueles fatos que o paradigma apresenta como particularmente relevantes, aumentando a correlação entre esses fatos e as predições do paradigma e articulando ainda mais o próprio paradigma.

Poucos dos que não trabalham realmente com uma ciência amadurecida dão-se conta de quanto trabalho de acabamento desse tipo resta por fazer depois do estabelecimento do paradigma ou de quão fascinante é a execução desse trabalho. Esses pontos precisam ser bem compreendidos. A maioria dos cientistas, durante toda a sua carreira, ocupa-se com operações de acabamento. Elas constituem o que chamo de ciência normal. Examinado de perto, seja historicamente, seja no laboratório contemporâneo, esse empreendimento parece ser uma tentativa de forçar a natureza a encaixar-se dentro dos limites preestabelecidos e relativamente inflexíveis fornecidos pelo paradigma. A ciência normal não tem como objetivo trazer à tona novas espécies de fenômeno; na verdade, aqueles que não se ajustam aos limites do paradigma frequentemente nem são vistos. Os cientistas também não estão constantemente procurando inventar novas teorias; frequentemente mostram-se intolerantes com aquelas inventadas por outros[1]. Em vez disso, a pesquisa científica normal está dirigida para a articulação daqueles fenômenos e teorias já fornecidos pelo paradigma.

Talvez essas características sejam defeitos. As áreas investigadas pela ciência normal são certamente minúsculas; ela restringe drasticamente a visão do cientista. Mas essas restrições, nascidas da confiança no paradigma, revelaram-se essenciais para o desenvolvimento da ciência. Ao concentrar a atenção numa faixa de problemas relativamente esotéricos, o paradigma força os cientistas a investigar alguma parcela da natureza com uma profundidade e de uma maneira tão detalhada que de outro modo seria inimaginável. E a ciência normal possui um mecanismo interno que assegura o relaxamento das restrições que limitam a pesquisa toda vez que o paradigma do qual derivam deixa de funcionar efetivamente. Nessa altura os cientistas começam a comportar-se de maneira diferente e a natureza dos problemas de pesquisa muda. No intervalo, entretanto, durante o qual o paradigma foi bem-sucedido, os membros da profissão terão resolvido problemas que mal poderiam ter imaginado e cuja solução nunca teriam empreendido sem o comprometimento com o paradigma. E pelo menos parte dessas realizações sempre demonstra ser permanente.

Para mostrar mais claramente o que entendemos por pesquisa normal ou baseada em paradigma, tentarei agora classificar e ilustrar os problemas que constituem

---

1. Bernard Barber, Resistance by Scientists to Scientific Discovery, *Science*, n. 134, 1961, p. 596-602.

essencialmente a ciência normal. Por conveniência, adio o estudo da atividade teórica e começo com a coleta de fatos, isto é, com as experiências e observações descritas nas revistas técnicas, através das quais os cientistas informam seus colegas dos resultados de suas pesquisas em curso. De que aspectos da natureza tratam geralmente esses relatórios? O que determina suas escolhas? E, dado que a maioria das observações científicas consome muito tempo, equipamento e dinheiro, o que motiva o cientista a perseguir essa escolha até uma conclusão?

Penso que existem apenas três focos normais para a investigação científica dos fatos e eles não são nem sempre nem permanentemente distintos. Em primeiro lugar, temos aquela classe de fatos que o paradigma mostrou ser particularmente revelador da natureza das coisas. Ao empregá-los na resolução de problemas, o paradigma tornou-os merecedores de uma determinação mais precisa, numa variedade maior de situações. Numa época ou noutra, essas determinações significativas de fatos incluíram: na astronomia – a posição e magnitude das estrelas, os períodos dos eclipses das estrelas duplas e dos planetas; na física – as gravidades e as compressibilidades específicas dos materiais, comprimentos de onda e intensidades espectrais, condutividades elétricas e potenciais de contato; na química – os pesos de composição e combinação, pontos de ebulição e a acidez das soluções, as fórmulas estruturais e as atividades ópticas. As tentativas de aumentar a acuidade e extensão de nosso conhecimento sobre esses fatos ocupam uma fração significativa da literatura da ciência experimental e da observação. Muitas vezes, complexos aparelhos especiais têm sido projetados para tais fins. A invenção, a construção e o aperfeiçoamento desses aparelhos exigiram talentos de primeira ordem, além de muito tempo e um respaldo financeiro considerável. Os sincrotrons e os radiotelescópios são apenas os exemplos mais recentes de até onde os investigadores estão dispostos a ir, se um paradigma os assegurar da importância dos fatos que pesquisam. De Tycho Brahe até

E.O. Lawrence, alguns cientistas adquiriram grandes reputações, não por causa da novidade de suas descobertas, mas pela precisão, segurança e alcance dos métodos que desenvolveram visando à redeterminação de categoria de fatos anteriormente conhecida.

Uma segunda classe usual, porém mais restrita, de fatos a serem determinados diz respeito àqueles fenômenos que, embora frequentemente sem muito interesse intrínseco, podem ser diretamente comparados com as predições da teoria do paradigma. Como veremos em breve, quando passamos dos problemas experimentais aos problemas teóricos da ciência normal, raramente encontramos áreas nas quais uma teoria científica pode ser diretamente comparada com a natureza, especialmente se é expressa numa forma predominantemente matemática. Até agora não mais do que três dessas áreas são acessíveis à Teoria Geral da Relatividade de Einstein[2]. Além disso, mesmo nas áreas onde a aplicação é possível, frequentemente requer-se aproximações teóricas e instrumentais que limitam severamente a concordância a ser esperada. Aperfeiçoar ou encontrar novas áreas nas quais a concordância possa ser demonstrada coloca um desafio constante à habilidade e à imaginação do observador e experimentador. Telescópios especiais para demonstrar a paralaxe anual predita por Copérnico; a máquina de Atwood, inventada quase um século depois dos *Principia* para fornecer a primeira demonstração inequívoca da

---

2. O único índice de verificação conhecido de há muito e ainda geralmente aceito é a precessão do periélio de Mercúrio. A mudança para o vermelho no espectro de luz das estrelas distantes pode ser derivada de considerações mais elementares do que a relatividade geral, e o mesmo parece possível para a curvatura da luz em torno do Sol, um ponto atualmente em discussão. De qualquer modo, medições desse último fenômeno permanecem equívocas. Foi possível, mais recentemente, estabelecer um índice de verificação adicional: o deslocamento gravitacional da radiação de Mossbauer. Talvez em breve tenhamos outros índices nesse campo atualmente ativo, mas adormecido de há muito. Para uma apresentação resumida e atualizada do problema, ver L.I. Schiff, A Report on the NASA Conference on Experimental Tests of Theories of Relativity, *Physics Today*, n. 14, 1961, p. 42-48.

segunda lei de Newton; o aparelho de Foucault para mostrar que a velocidade da luz é maior no ar do que na água; ou o gigantesco medidor de cintilações, projetado para a existência do neutrino – esses aparelhos especiais e muitos outros semelhantes ilustram o esforço e a engenhosidade imensos que foram necessários para estabelecer um acordo cada vez mais estreito entre a natureza e a teoria[3]. Essa tentativa de demonstrar esse acordo representa um segundo tipo de trabalho experimental normal que depende do paradigma de uma maneira ainda mais óbvia do que o primeiro tipo mencionado. A existência de um paradigma coloca o problema a ser resolvido. Frequentemente a teoria do paradigma está diretamente implicada no trabalho de concepção da aparelhagem capaz de resolver o problema. Sem os *Principia*, por exemplo, as medições feitas com a máquina de Atwood não teriam qualquer significado.

Creio que uma terceira classe de experiências e observações esgota as atividades de coleta de fatos na ciência normal. Consiste no trabalho empírico empreendido para articular a teoria do paradigma, resolvendo algumas de suas ambiguidades residuais e permitindo a solução de problemas para os quais ela anteriormente só tinha chamado a atenção. Essa classe revela-se a mais importante de todas e para descrevê-la é necessário subdividi-la. Nas ciências mais matemáticas, algumas das experiências que visam à articulação são orientadas para a determinação de constantes físicas. Por exemplo, a obra de Newton indicava que a força entre duas unidades de massa e uma unidade de

---

3. No que toca aos telescópios de paralaxe, ver Abraham Wolf, *A History of Science, Technology, and Philosophy in the Eighteenth Century*, 2. ed., Londres, 1952, p. 103-105. Para a máquina de Atwood, ver N.R. Hanson, *Patterns of Discovery*, Cambridge, 1958, p. 100-102, 207-208. Quanto aos dois últimos tipos de aparelhos especiais, ver L. Foucault, Méthode générale pour mesurer la vitesse de la lumière dans l'air et les milieux transparents. Vitesses relatives de la lumière dans l'air et dans l'eau..., *Comptes rendus... de l'Académie des sciences*, n. 30, 1850, pp, 551-560; e C.L. Cowan, Jr. *et al.*, "Detection of the Free Neutrino: A Confirmation", *Science* n. 124, 1956, p. 103-104.

distância seria a mesma para todos os tipos de matéria, em todas as posições do universo. Mas os problemas que Newton examinava podiam ser resolvidos sem nem mesmo estimar o tamanho dessa atração, a constante da gravitação universal. E durante o século que se seguiu ao aparecimento dos *Principia*, ninguém imaginou um aparelho capaz de determinar essa constante. A famosa determinação de Cavendish, na última década do século XVIII, tampouco foi a última. Desde então, em vista de sua posição central na teoria física, a busca de valores mais precisos para a constante gravitacional tem sido objeto de repetidos esforços de numerosos experimentadores de primeira qualidade[4]. Outros exemplos de trabalhos do mesmo tipo incluiriam determinações da unidade astronômica, do número de Avogadro, do coeficiente de Joule, de carga elétrica, e assim por diante. Poucos desses complexos esforços teriam sido concebidos e nenhum teria sido realizado sem uma teoria do paradigma para definir o problema e garantir a existência de uma solução estável.

Contudo, os esforços para articular um paradigma não estão restritos à determinação de constantes universais. Podem, por exemplo, visar a leis quantitativas: a lei de Boyle, que relaciona a pressão do gás ao volume, a lei de Coulomb sobre a atração elétrica, e a fórmula de Joule, que relaciona o calor produzido à resistência e à corrente elétrica – todas estão nessa categoria. Talvez não seja evidente que um paradigma é um pré-requisito para a descoberta de leis como essas. Ouvimos frequentemente dizer que elas são encontradas por meio do exame de medições empreendidas sem outro objetivo que a própria medida e sem compromissos teóricos. Mas a história não oferece nenhum respaldo para um método tão excessivamente baconiano. As experiências de Boyle não eram concebíveis (e se concebíveis teriam

---

4. J.H. P[oynting] examina umas duas dúzias de medidas da constante gravitacional efetuadas entre 1741 e 1901 em Gravitational Constant and Mean Density of the Earth, *Encyclopaedia Britannica*, 11. ed. Cambridge, 1910-11, n. 12, p. 385-389.

recebido uma outra interpretação ou mesmo nenhuma) até o momento em que o ar foi reconhecido como um fluido elétrico ao qual poderiam ser aplicados todos os elaborados conceitos de hidrostática[5]. O sucesso de Coulomb dependeu do fato de ter construído um aparelho especial para medir a força entre cargas pontuais. (Aqueles que anteriormente tinham medido forças elétricas com balanças de pratos comuns etc., não encontraram nenhuma regularidade simples ou coerente.) Mas essa concepção do aparelho dependeu do reconhecimento prévio de que cada partícula do fluido elétrico atua a distância sobre todas as outras. Era a força entre tais partículas – a única força que podia, com segurança, ser considerada uma simples função da distância – que Coulomb estava buscando[6]. As experiências de Joule também poderiam ser usadas para ilustrar como leis quantitativas surgem da articulação do paradigma. De fato: a relação entre paradigma qualitativo e lei quantitativa é tão geral e tão estreita que, desde Galileu, essas leis com frequência têm sido corretamente adivinhadas com o auxílio de um paradigma, anos antes que um aparelho possa ter sido projetado para sua determinação experimental[7].

Finalmente, existe uma terceira espécie de experiência que visa à articulação de um paradigma. Essa, mais do que as anteriores, pode assemelhar-se à exploração e predomina especialmente naqueles períodos e ciências que tratam mais dos aspectos qualitativos das regularidades da natureza do que dos quantitativos. Frequentemente um paradigma que

5. Para a transplantação dos conceitos de hidrostática para a pneumática ver *The Physical Treatises of Pascal*, traduzido por I.H.B. Spiers e A.G.H. Spiers com introdução e notas de F. Barry, Nova York, 1937. Na p. 164 encontramos a introdução original de Torricelli ao paralelismo ("Nós vivemos submergidos no fundo de um oceano do elemento ar"). Seu rápido desenvolvimento é apresentado nos dois tratados principais.

6. Duane Roller; Duane H.D. Roller, Harvard Case Histories in Experimental Science, Case 8, *The Development of the Concept of Electric Charge: Electricity from the Greeks to Coulomb*, Cambridge, 1954, p. 66-80.

7. Para exemplos, ver T.S. Kuhn, "The Function of Measurement in Modern Physical Science", *Isis*, n. 52, 1961, p. 161-193.

foi desenvolvido para um determinado conjunto de problemas é ambíguo na sua aplicação a outros fenômenos estreitamente relacionados. Nesse caso experiências são necessárias para permitir uma escolha entre modos alternativos de aplicação do paradigma à nova área de interesse. Por exemplo, as aplicações do paradigma da teoria calorífica referiam-se ao aquecimento e resfriamento por meio de misturas e mudança de estado. Mas o calor podia ser liberado ou absorvido de muitas outras maneiras – por exemplo, por combinação química, por fricção e por compressão ou absorção de um gás – e a cada um desses fenômenos a teoria podia ser aplicada de diversas maneiras. Por exemplo, se o vácuo tivesse uma capacidade térmica, o aquecimento por compressão poderia ser explicado como sendo o resultado da mistura do gás com o vazio. Ou poderia ser devido a uma mudança no calor específico de gases sob uma pressão variável. E existem várias outras explicações além dessas. Muitas experiências foram realizadas para elaborar essas várias possibilidades e distinguir entre elas; todas essas experiências brotaram da teoria calórica como paradigma e todas a exploraram no planejamento de experiências e na interpretação dos resultados[8]. Uma vez estabelecido o fenômeno do aquecimento por compressão, todas as experiências ulteriores nessa área foram determinadas pelo paradigma. Dado o fenômeno, de que outra maneira se poderia ter escolhido uma experiência para elucidá-lo?

Voltemos agora aos problemas teóricos da ciência normal, que pertencem aproximadamente à mesma classe que os da experimentação e da observação. Uma parte (embora pequena) do trabalho teórico normal consiste simplesmente em usar a teoria existente para prever informações fatuais dotadas de valor intrínseco. O estabelecimento de calendários astronômicos, a computação das características das lentes e a produção de curvas de propagação das ondas de

---

8. T.S. Kuhn, The Caloric Theory of Adiabatic Compression, *Isis*, n. 49, 1958, p. 132-140.

rádio são exemplos de problemas desse tipo. Contudo, em geral os cientistas os consideram um trabalho enfadonho, que deve ser relegado a engenheiros ou técnicos. Muitos desses problemas nunca aparecem em periódicos científicos importantes. Mas esses periódicos contêm numerosas discussões teóricas de problemas que, para o não cientista, devem parecer quase idênticas: são manipulações da teoria, empreendidas não porque as predições que delas resultam sejam intrinsecamente valiosas, mas porque podem ser verificadas diretamente através de experiências. Seu objetivo é apresentar uma nova aplicação do paradigma ou aumentar a precisão de uma aplicação já feita.

A necessidade de trabalhos dessa espécie brota das dificuldades imensas que com frequência são encontradas no estabelecimento de pontos de contato entre uma teoria e a natureza. Tais dificuldades podem ser sucintamente ilustradas pela história da dinâmica depois de Newton. No início do século XVIII, aqueles cientistas que tomavam os *Principia* por paradigma aceitaram como válida a totalidade de suas conclusões. Possuíam todas as razões possíveis para fazê-lo. Nenhum outro trabalho conhecido na história da ciência permitiu simultaneamente uma ampliação tão grande do âmbito e da precisão da pesquisa. Com relação aos céus, Newton derivara as leis do movimento planetário de Kepler e explicara também alguns dos aspectos já observados, nos quais a Lua não obedecia a essas leis. Com relação à Terra, derivara os resultados de algumas observações esparsas sobre os pêndulos e as marés. Com auxílio de pressupostos adicionais, embora *ad hoc,* fora capaz de derivar a lei de Boyle e uma fórmula importante para a velocidade do som no ar. Dado o estado da ciência na época, o sucesso das demonstrações foi sumamente impressionante. Contudo, dada a universalidade presumível das leis de Newton, o número dessas aplicações não era grande. Newton quase não desenvolveu outras. Além disso, se comparadas com o que hoje em dia qualquer estudante graduado de física pode obter com as mesmas leis, as poucas aplicações de

Newton não foram nem mesmo desenvolvidas com precisão. Finalmente, os *Principia* tinham sido planejados para serem aplicados sobretudo a problemas de mecânica celeste. Não era de modo algum claro como se deveria adaptá-lo para aplicações terrestres e em especial aos problemas do movimento violento. De qualquer modo, os problemas terrestres já estavam sendo atacados com grande sucesso com auxílio de um conjunto de técnicas bem diferentes, desenvolvidas originalmente por Galileu e Huygens e ampliadas no continente europeu durante o século XVIII por Bernoulli, d'Alembert e muitos outros. Presumivelmente essas técnicas e as dos *Principia* poderiam ser apresentadas como casos especiais de uma formulação mais geral, mas durante algum tempo ninguém percebeu como fazê-lo[9].

Limitemos nossa atenção ao problema da precisão por um momento. Já ilustramos seu aspecto empírico. Equipamentos especializados – como o aparelho de Cavendish, a máquina de Atwood ou telescópios aperfeiçoados – foram necessários para obter os dados especiais exigidos pelas aplicações concretas do paradigma de Newton. Do lado da teoria existiam dificuldades semelhantes para a obtenção de um acordo. Por exemplo, ao aplicar suas leis aos pêndulos, Newton foi forçado a tratar a bola do pêndulo como uma massa pontual, a fim de dar uma definição única do comprimento do pêndulo. A maioria de seus teoremas também ignoraram o efeito da resistência do ar, afora poucas exceções hipotéticas preliminares. Essas eram aproximações físicas fundamentadas. Não obstante isso, como aproximações elas limitavam o que se poderia esperar entre as predições de Newton e as experiências reais. As mesmas dificuldades aparecem ainda mais claramente na aplicação

9. C. Truesdell, A Program toward Rediscovering the Rational Mechanics of the Age of Reason, *Archive for History of the Exact Sciences*, n. 1, 1960, p. 3-36; e Reactions of the Late Baroque Mechanics to Success, Conjecture, Error, and Failure in Newton's *Principia, Texas Quarterly*, n. 10, 1967, p. 281-297. T.L. Hankins, The Reception of Newton's Second Law of Motion in the Eighteenth Century, *Archives internationales d'histoire des sciences*, n. 20, 1967, p. 42-65.

astronômica da teoria de Newton. Simples observações telescópicas quantitativas indicam que os planetas não obedecem completamente às Leis de Kepler e de acordo com a teoria de Newton não deveriam obedecer. Para derivar essas leis, Newton foi forçado a negligenciar toda a atração gravitacional, exceção feita àquela entre os planetas individuais e o Sol. Uma vez que os planetas também se atraem reciprocamente, somente se poderia esperar um acordo aproximado entre a teoria aplicada e a observação telescópica[10].

O acordo obtido foi, evidentemente, mais do que satisfatório para aqueles que o alcançaram. Com a exceção de alguns problemas relativos à Terra, nenhuma teoria podia apresentar resultados comparáveis. Nenhum dos que questionaram a validez da obra de Newton o fizeram por causa do acordo limitado entre a experiência e a observação. Não obstante isso, essas limitações do acordo deixaram muitos problemas teóricos fascinantes para os sucessores de Newton. Por exemplo, técnicas teóricas eram necessárias para tratar dos movimentos simultâneos de mais de dois corpos que se atraem mutuamente e para investigar a estabilidade das órbitas perturbadas. Problemas dessa natureza preocuparam muitos dos melhores matemáticos europeus durante o século XVIII e o começo do XIX. Euler, Lagrange, Laplace e Gauss, todos consagraram alguns de seus trabalhos mais brilhantes a problemas que visavam aperfeiçoar a adequação entre o paradigma de Newton e a observação celeste. Muitas dessas figuras trabalharam simultaneamente para desenvolver a matemática necessária a aplicações que nem mesmo Newton ou a escola de mecânica europeia, sua contemporânea, haviam considerado. Produziram, por exemplo, uma imensa literatura e algumas técnicas matemáticas muito poderosas para a hidrodinâmica e para as cordas vibratórias. Esses problemas de aplicação são responsáveis por aquilo que provavelmente é o trabalho

10. A. Wolf, op. cit., p. 75-81, 96-101; e William Whenvell, *History of the Inductive Sciences*, v. II, ed. rev., Londres, 1847, p. 213-271.

científico mais brilhante e esgotante do século XVIII. Outros exemplos poderiam ser descobertos através de um exame do período pós-paradigmático no desenvolvimento da termodinâmica, na teoria ondulatória da luz, na teoria eletromagnética ou em qualquer outro ramo da ciência cujas leis fundamentais são totalmente quantitativas. Pelo menos nas ciências mais matemáticas, a maior parte do trabalho teórico pertence a esse tipo.

Mas nem sempre é assim. Mesmo nas ciências matemáticas existem problemas teóricos relacionados com a articulação do paradigma. Durante aqueles períodos em que o desenvolvimento científico é sobretudo qualitativo, esses problemas são dominantes. Alguns dos problemas, tanto nas ciências mais quantitativas como nas mais qualitativas, visam simplesmente à clarificação do paradigma por meio de sua reformulação. Os *Principia*, por exemplo, nem sempre se revelaram uma obra de fácil aplicação, em parte porque retinham algo do desajeitamento inevitável de uma primeira aventura, em parte porque uma fração considerável de seu significado estava apenas implícito nas suas aplicações. Seja como for, um conjunto de técnicas da Europa, aparentemente sem relação entre si, parecia muito mais poderoso para muitas aplicações terrestres. Por isso, desde Euler e Lagrange no século XVIII até Hamilton, Jacobi e Hertz no século XIX, muitos dos mais brilhantes físicos-matemáticos da Europa esforçaram-se repetidamente para reformular a teoria mecânica sob uma forma equivalente, mas lógica e esteticamente mais satisfatória. Ou seja: desejavam exibir as lições explícitas e implícitas dos *Principia* e da mecânica europeia numa versão logicamente mais coerente, versão que seria ao mesmo tempo mais uniforme e menos equívoca nas suas aplicações aos problemas recentemente elaborados pela mecânica[11].

Reformulações similares de um paradigma ocorreram repetidamente em todas as ciências, mas a maioria

---

11. René Dugas, *Histoire de la mécanique*, livros IV-V, Neuchâtel, 1950.

delas produziu mais mudanças substanciais no paradigma do que as reformulações dos *Principia* citadas acima. Tais transformações resultaram do trabalho empírico previamente descrito como dirigido à articulação do paradigma. Na verdade, é arbitrário classificar essa espécie de trabalho como empírico. Mais do que qualquer outra espécie de pesquisa normal, os problemas apresentados pela articulação do paradigma são simultaneamente teóricos e experimentais; os exemplos apresentados anteriormente servirão igualmente bem neste caso. Coulomb, antes de poder construir seu equipamento e utilizá-lo em medições, teve que empregar a teoria elétrica para determinar como seu equipamento deveria ser construído. Suas medições tiveram como consequência um refinamento daquela teoria. Dito de outra maneira: os homens que conceberam as experiências para distinguir entre as várias teorias do aquecimento por compressão foram geralmente os mesmos que haviam elaborado as versões a serem comparadas. Estavam trabalhando tanto com fatos como com teorias e seus trabalhos produziram não apenas novas informações, mas um paradigma mais preciso, obtido com a eliminação das ambiguidades que haviam sido retidas na versão original que utilizavam. Em muitas ciências, a maior parte do trabalho normal é desse tipo.

Essas três classes de problemas – determinação do fato significativo, harmonização dos fatos com a teoria e articulação da teoria – esgotam, creio, a literatura da ciência normal, tanto teórica como empírica. Certamente não esgotam toda a literatura da ciência. Existem também problemas extraordinários e bem pode ser que sua resolução seja o que torna o empreendimento científico como um todo tão particularmente valioso. Mas os problemas extraordinários não surgem gratuitamente. Emergem apenas em ocasiões especiais, geradas pelo avanço da ciência normal. Por isso, inevitavelmente, a maioria esmagadora dos problemas que ocupam os melhores cientistas coincidem com uma das três categorias delineadas acima. O trabalho orientado por um paradigma só pode ser conduzido dessa maneira. Abandonar o paradigma é deixar de praticar a ciência que ele define. Descobriremos em breve que tais deserções realmente ocorrem. São os pontos de apoio em torno dos quais giram as revoluções científicas. Mas antes de começar o estudo de tais revoluções, necessitamos de uma visão mais panorâmica das atividades da ciência normal que lhes preparam o caminho.

3. A CIÊNCIA NORMAL COMO RESOLUÇÃO DE QUEBRA-CABEÇAS

Talvez a característica mais impressionante dos problemas normais da pesquisa que acabamos de examinar seja seu reduzido interesse em produzir grandes novidades, seja no domínio dos conceitos, seja no dos fenômenos. Algumas vezes, como no caso da medição de um comprimento de onda, tudo é conhecido de antemão, exceto o detalhe mais esotérico. Por sua vez, o quadro típico de expectativas é apenas um pouco menos determinado. Talvez as medições de Coulomb não precisassem ter sido ajustadas à lei do quadrado inverso; com frequência, aqueles que trabalhavam no problema do aquecimento por compressão não ignoravam que muitos outros resultados diferentes eram possíveis. Contudo, mesmo em casos desse tipo, a gama de resultados esperados (e, portanto, assimiláveis) é sempre pequena se comparada com as alternativas que a imaginação pode conceber. Em geral, o projeto cujo resultado não

103

coincide com essa margem estreita de alternativas é considerado apenas uma pesquisa fracassada, fracasso que não se reflete sobre a natureza, mas sobre o cientista.

No século XVIII, por exemplo, prestava-se pouca atenção a experiências que medissem a atração elétrica utilizando instrumentos como a balança de pratos. Tais experiências não podiam ser empregadas para articular o paradigma do qual derivavam, pois produziam resultados que não eram nem coerentes, nem simples. Por isso, continuavam sendo *simples* fatos, desprovidos de relação e sem conexão possível com o progresso contínuo da pesquisa elétrica. Apenas retrospectivamente, já na posse de um paradigma posterior, é que podemos ver as características dos fenômenos elétricos que essas experiências nos apresentam. Sem dúvida alguma Coulomb e seus contemporâneos possuíam esse último paradigma ou um outro, o qual aplicado ao problema da atração permitia esperar os mesmos resultados. É por isso que Coulomb foi capaz de conceber um aparelho que produziu resultados assimiláveis por meio de uma articulação do paradigma. É por isso também que esse resultado não surpreendeu a ninguém e vários contemporâneos de Coulomb foram capazes de predizê-lo de antemão. Até mesmo o projeto cujo objetivo é a articulação de um paradigma não visa produzir uma novidade *inesperada*.

Mas mesmo se o objetivo da ciência normal não consiste em descobrir novidades substantivas de importância capital – e se o fracasso em aproximar-se do resultado antecipado é geralmente considerado como um fracasso pessoal do cientista – então por que dedicar tanto trabalho a esses problemas? Parte da resposta já foi apresentada. Pelo menos para os cientistas, os resultados obtidos pela pesquisa normal são significativos porque contribuem para aumentar o alcance e a precisão com os quais o paradigma pode ser aplicado. Entretanto, essa resposta não basta para explicar o entusiasmo e a devoção que os cientistas demonstram pelos problemas da pesquisa normal. Ninguém consagra anos, por exemplo, ao desenvolvimento de espectrômetro mais preciso, ou à produção de uma solução mais elaborada para o problema das cordas vibratórias, simplesmente pela importância da informação a ser obtida. Os dados que podem ser alcançados por meio do cálculo de calendários ou por meio de medições suplementares realizadas com um instrumento já existente são, com frequência, tão significativos como os obtidos nos casos mencionados acima, mas essas atividades são habitualmente menosprezadas pelos cientistas, pois são repetições de procedimentos empregados anteriormente. Essa rejeição proporciona uma pista para entendermos o fascínio exercido pelos problemas da pesquisa normal. Embora seu resultado possa, em geral, ser antecipado de maneira tão detalhada que o que fica por conhecer perde todo o interesse, a maneira de alcançar tal resultado permanece muito problemática. Resolver um problema da pesquisa normal é alcançar o antecipado de uma nova maneira. Isso requer a solução de todo tipo de complexos quebra-cabeças instrumentais, conceituais e matemáticos. O indivíduo que é bem-sucedido nessa tarefa prova que é um perito na resolução de quebra-cabeças. O desafio apresentado pelo quebra-cabeça constitui uma parte importante da motivação do cientista para o trabalho.

Os termos "quebra-cabeça" e "solucionador de quebra-cabeças" colocam em evidência vários dos temas que adquiriram uma importância crescente nas páginas precedentes. Quebra-cabeça indica, no sentido corriqueiro em que empregamos o termo, aquela categoria particular de problemas que servem para testar nossa engenhosidade ou habilidade na resolução de problemas. Os dicionários dão como exemplos de quebra-cabeças as expressões "jogo de quebra-cabeça"* e "palavras cruzadas". Precisamos agora isolar as características que esses exemplos partilham com os problemas da ciência normal. Acabamos de mencionar

---

* Em inglês, *jigsaw puzzle*. A palavra refere-se aos quebra-cabeças compostos por peças, com as quais o jogador deve formar uma figura qualquer. Cada uma das peças é parte da figura desejada possuindo uma, e somente uma, posição adequada no todo a ser formado (N. do T.).

um desses traços comuns. O critério que estabelece a qualidade de um bom quebra-cabeça nada tem a ver com o fato de seu resultado ser intrinsecamente interessante ou importante. Ao contrário, os problemas realmente importantes em geral não são quebra-cabeças (veja-se o exemplo da cura do câncer ou o estabelecimento de uma paz duradoura), em grande parte porque talvez não tenham nenhuma solução possível. Consideremos um jogo de quebra-cabeças cujas peças são selecionadas ao acaso em duas caixas contendo peças de jogos diferentes. Tal problema provavelmente colocará em xeque (embora isso possa não acontecer) o mais engenhoso dos homens e por isso não pode servir como teste para determinar a habilidade de resolver problemas. Esse não é de forma alguma um quebra-cabeças no sentido usual do termo. Embora o valor intrínseco não seja critério para um quebra-cabeça é a certeza de que este possui uma solução.

Já vimos que uma comunidade científica, ao adquirir um paradigma, adquire igualmente um critério para a escolha de problemas que, enquanto o paradigma for aceito podem ser considerados como dotados de uma solução possível. Numa larga medida, esses são os únicos problemas que a comunidade admitirá como científicos ou encorajará seus membros a resolver. Outros problemas, mesmo muitos dos que eram anteriormente aceitos, passam a ser rejeitados como metafísicos ou como parte de outra disciplina. Podem ainda ser rejeitados como demasiado problemáticos para merecerem o dispêndio de tempo. Assim, um paradigma pode até mesmo afastar uma comunidade daqueles problemas sociais relevantes que não são redutíveis à forma de quebra-cabeças, pois não podem ser enunciados nos termos compatíveis com os instrumentos e conceitos proporcionados pelo paradigma. Tais problemas podem constituir-se numa distração para os cientistas, fato que é brilhantemente ilustrado por diversas facetas do baconismo do século XVIII e por algumas das ciências sociais contemporâneas. Uma das razões pelas quais a ciência normal parece progredir tão rapidamente é a de que seus praticantes concentram-se em problemas que somente a sua falta de engenho pode impedir de resolver.

Entretanto, se os problemas da ciência normal são quebra-cabeças no sentido acima mencionado, não precisamos mais perguntar por que os cientistas os enfrentam com tal paixão ou devoção. Um homem pode sentir-se atraído pela ciência por todo tipo de razões. Entre essas estão o desejo de ser útil, a excitação advinda da exploração de um novo território, a esperança de encontrar ordem e o impulso para testar o conhecimento estabelecido. Esses motivos e muitos outros também auxiliam a determinação dos problemas particulares com os quais o cientista se envolverá posteriormente. Além disso, existem boas razões para que motivos dessa natureza o atraiam e passem a guiá-lo, embora ocasionalmente possam levá-lo a uma frustração[1]. O empreendimento científico, no seu conjunto, revela sua utilidade de tempos em tempos, abre novos territórios, instaura ordem e testa crenças estabelecidas há muito tempo. Não obstante isso, o *indivíduo* empenhado num problema de pesquisa normal *quase nunca está fazendo qualquer dessas coisas*. Uma vez engajado em seu trabalho, sua motivação passa a ser bastante diversa. O que o incita ao trabalho é a convicção de que, se for suficientemente habilidoso, conseguirá solucionar um quebra-cabeças que ninguém até então resolveu ou, pelo menos, não resolveu tão bem. Muitos dos grandes espíritos científicos dedicaram toda a sua atenção profissional a complexos problemas dessa natureza. Em muitas situações, os diferentes campos de especialização nada mais oferecem do que esse tipo de dificuldades. Nem por isso esses quebra-cabeças passam a ser menos fascinantes para os indivíduos que a eles se dedicam com aplicação.

---

1. Contudo as frustrações induzidas pelo conflito entre o papel do indivíduo e o padrão global do desenvolvimento científico podem ocasionalmente tornar-se sérias. Sobre esse assunto, ver Lawrence S. Kubie, Some Unsolved Problems of the Scientific Career, *American Scientist*, n. 41, 1953, p. 596-613; e n. 42, 1954, p. 104-112.

107

Consideremos agora um outro aspecto, mais difícil e revelador, do paralelismo entre os quebra-cabeças e os problemas da ciência normal. Para ser classificado como quebra-cabeça, não basta um problema possuir uma solução assegurada. Ele deve obedecer a regras que limitam tanto a natureza das soluções aceitáveis como os passos necessários para obtê-las. Solucionar um jogo de quebra-cabeça não é, por exemplo, simplesmente "montar um quadro". Qualquer criança ou artista contemporâneo poderia fazer isso, espalhando peças selecionadas sobre um fundo neutro, como se fossem formas abstratas. O quadro assim produzido pode ser bem melhor (e certamente seria mais original) que aquele construído a partir do quebra-cabeça. Não obstante isso, tal quadro não seria uma solução. Para que isso aconteça todas as peças devem ser utilizadas (o lado liso deve ficar para baixo) e entrelaçadas de tal modo que não fiquem espaços vazios entre elas. Essas são algumas das regras que governam a solução de jogos de quebra-cabeça. Restrições similares concernentes às soluções admissíveis para palavras cruzadas, charadas, problemas de xadrez etc. podem ser descobertas facilmente.

Se aceitarmos uma utilização consideravelmente mais ampla do termo "regra" – identificando-o eventualmente com "ponto de vista estabelecido" ou "concepção prévia" – então os problemas acessíveis a uma determinada tradição de pesquisa apresentam características muito similares às dos quebra-cabeças. O indivíduo que constrói um instrumento para determinar o comprimento de ondas ópticas não se deve contentar com um equipamento que não faça mais do que atribuir números a determinadas linhas espectrais. Ele não é apenas um explorador ou medidor, mas, ao contrário, alguém que deve mostrar (utilizando a teoria óptica para analisar seu equipamento) que os números obtidos coincidem com aqueles que a teoria prescreve para os comprimentos de onda. Se alguma indeterminação residual da teoria ou algum componente não analisado de seu equipamento impedi-lo de completar sua demonstração, seus colegas poderão perfeitamente concluir que ele não mediu absolutamente nada. Por exemplo, os índices máximos de dispersão de elétrons que mais tarde seriam vistos como índices do comprimento de onda dos elétrons não possuíam nenhuma significação aparente quando foram observados e registrados pela primeira vez. Antes de se tornarem medida de alguma coisa, foi necessário relacioná-los a uma teoria que predissesse o comportamento ondulatório da matéria em movimento. E mesmo depois de essa relação ter sido estabelecida, o equipamento teve que ser reorganizado para que os resultados experimentais pudessem ser correlacionados sem equívocos com a teoria[2]. Enquanto essas condições não foram satisfeitas, nenhum problema foi resolvido.

Restrições semelhantes ligam as soluções admissíveis aos problemas teóricos. Durante todo o século XVIII, os cientistas que tentaram deduzir o movimento observado da Lua partindo das leis de Newton de movimento e gravitação fracassaram sistematicamente. Em vista disso, alguns deles sugeriram a substituição da lei do quadrado das distâncias por uma lei que se afastasse dessa quando se tratasse de pequenas distâncias. Contudo, fazer isso seria modificar o paradigma, definir um novo quebra-cabeça e deixar sem solução o antigo. Nessa situação, os cientistas preferiram manter as regras até que, em 1750, um deles descobriu como se poderia utilizá-las com sucesso[3]. Somente uma modificação nas regras do jogo poderia ter oferecido uma outra alternativa.

O estudo das tradições da ciência normal revela muitas outras regras adicionais. Tais regras proporcionam uma quantidade de informações adicionais a respeito dos compromissos que os cientistas derivam de seus paradigmas. Quais são as principais categorias sob as quais podem ser

2. Para um breve relato da evolução dessas experiências, ver a p. 4 da conferência de C.J. Davasson em *Les Prix Nobel en 1937*, Estocolmo, 1938.
3. W. Whewell, *History of the Inductive Sciences*, v. II, ed. rev., Londres, 1847, p. 101-105; 220-222.

subsumidas essas regras?[4] A mais evidente e provavelmente a mais coercitiva pode ser exemplificada pelas generalizações que acabamos de mencionar, isto é, os enunciados explícitos das leis, conceitos e teorias científicos. Enquanto são reconhecidos, tais enunciados auxiliam na formulação de quebra-cabeças e na limitação das soluções aceitáveis. Por exemplo, as leis de Newton desempenharam tais funções durante os séculos XVIII e XIX. Enquanto essa situação perdurou, a quantidade de matéria foi uma categoria antológica fundamental para os físicos e as forças que atuam entre pedaços de matéria constituíram-se num dos tópicos dominantes para a pesquisa[5]. Na química, as leis das proporções fixas e definidas tiveram, durante muito tempo, uma importância equivalente – para estabelecer o problema dos pesos atômicos, fixar os resultados admissíveis das análises químicas e informar aos químicos o que eram os átomos e as moléculas, os compostos e as misturas[6]. As equações de Maxwell e as leis da termodinâmica estatística possuem atualmente a mesma influência e desempenham idêntica função.

Contudo, regras dessa natureza não são as únicas e nem mesmo a variedade mais interessante dentre as reveladas pelo estudo histórico. Num nível inferior (ou mais concreto) que o das leis e teorias existe, por exemplo, uma multidão de compromissos relativos a tipos de instrumentos preferidos e as maneiras adequadas para utilizá-los. Mudanças de atitudes com relação ao papel do fogo nas análises químicas tiveram uma importância capital no desenvolvimento da química do século XVII[7]. Helmholtz,

4. Essa questão foi-me sugerida por W.O. Hagstrom, cujos trabalhos sobre a sociologia da ciência coincidem algumas vezes com os meus.

5. Com relação a esses aspectos do newtonismo, ver I.B. Cohen, *Franklin and Newton: An Inquiry into Speculative Newtonian Experimental Science and Franklin's Work in Electricity as an Example Thereof*, Filadélfia, 1956, cap. VII, especialmente p. 255-257; 275-277.

6. Esse exemplo é discutido detalhadamente no fim do cap. 9.

7. H. Metzger, *Les Doctrines chimiques en France du début du XVIIe siècle à la fin du XVIIIe siècle*, Paris, 1923, p. 359-361; Marie Boas, *Robert Boyle and Seventeenth-Century Chemistry*, Cambridge, 1958, p. 112-115.

no século XIX, encontrou grande resistência por parte dos fisiologistas no tocante à ideia de que a experimentação física pudesse trazer esclarecimentos para seu campo de estudos[8]. Durante o mesmo século, a curiosa história da cromatografia apresenta um outro exemplo da persistência dos compromissos dos cientistas com tipos de instrumentos, os quais, tanto como as leis e teorias, proporcionam as regras do jogo para os cientistas[9]. Quando analisamos a descoberta dos raios X, encontramos razões para compromissos dessa natureza.

Os compromissos de nível mais elevado (de caráter quase metafísico) que o estudo histórico revela com tanta regularidade, embora não sejam características imutáveis da ciência, são menos dependentes de fatores locais e temporários que os anteriormente mencionados. Por exemplo, depois de 1630 e especialmente após o aparecimento dos trabalhos imensamente influentes de Descartes, a maioria dos físicos começou a partir do pressuposto de que o Universo era composto por corpúsculos microscópicos e que todos os fenômenos naturais poderiam ser explicados em termos da forma, do tamanho do movimento e da interação corpusculares. Esse conjunto de compromissos revelou possuir tanto dimensões metafísicas como metodológicas. No plano metafísico, indicava aos cientistas que espécies de entidades o Universo continha ou não continha – não havia nada além de matéria dotada de forma e em movimento. No plano metodológico, indicava como deveriam ser as leis definitivas e as explicações fundamentais: leis devem especificar o movimento e a interação corpusculares; a explicação deve reduzir qualquer fenômeno natural a uma ação corpuscular regida por essas leis. O que é ainda mais importante, a concepção corpuscular do Universo indicou aos cientistas um grande número de problemas

8. Leo Königsberger, *Hermann von Helmholtz,* trad. Francis A. Welby, Oxford, 1906, p. 65-66.

9. James E. Meinhard, Chromatography: A Perspective, *Science,* n. 110, 1949, p. 387-392.

que deveriam ser pesquisados. Por exemplo, um químico que, como Boyle, abraçou a nova filosofia, prestava atenção especial àquelas reações que podiam ser interpretadas como transmutações. Isso porque, mais claramente do que quaisquer outras, tais reações apresentavam o processo de reorganização corpuscular que deve estar na base de toda transformação química[10]. Outros efeitos similares da teoria corpuscular podem ser observados no estudo da mecânica, da óptica e do calor.

Finalmente, num nível mais elevado, existe um outro conjunto de compromissos ou adesões sem os quais nenhum homem pode ser chamado de cientista. Por exemplo, o cientista deve preocupar-se em compreender o mundo e ampliar a precisão e o alcance da ordem que lhe foi imposta. Esse compromisso, por sua vez, deve levá-lo a perscrutar com grande minúcia empírica (por si mesmo ou através de colegas) algum aspecto da natureza. Se esse escrutínio revela bolsões de aparente desordem, esses devem desafiá--lo a um novo refinamento de suas técnicas de observação ou a uma maior articulação de suas teorias. Sem dúvida alguma existem ainda outras regras desse gênero aceitas pelos cientistas em todas as épocas.

A existência dessa sólida rede de compromissos ou adesões – conceituais, teóricas, metodológicas e instrumentais – é fonte principal da metáfora que relaciona ciência normal a resolução de quebra-cabeças. Esses compromissos proporcionam ao praticante de uma especialidade amadurecida regras que lhe revelam a natureza do mundo e de sua ciência, permitindo-lhe assim concentrar-se com segurança nos problemas esotéricos definidos por tais regras e pelos conhecimentos existentes. Nessa situação, encontrar a solução de um quebra-cabeça residual constitui um desafio

---

10. Para as teorias corpusculares em geral, ver Marie Boas, The Establishment of the Mechanical Philosophy, *Osiris*, n. 10, 1952, p. 412-541. No que diz respeito a seus efeitos sobre a química de Boyle, ver T.S. Kuhn, Robert Boyle and Structural Chemistry in the Seventeenth Century, *Isis*, n. 43, 1952, p. 12-36.

pessoal para o cientista. Nesse e noutros aspectos, uma discussão a respeito dos quebra-cabeças e regras permite esclarecer a natureza da prática científica normal. Contudo, de um outro ponto de vista, esse esclarecimento pode ser significativamente enganador. Embora obviamente existam regras às quais todos os praticantes de uma especialidade científica aderem em um determinado momento, essas regras não podem por si mesmas especificar tudo aquilo que a prática desses especialistas tem em comum. A ciência normal é uma atividade altamente determinada, mas não precisa ser inteiramente determinada por regras. É por isso que, no início deste ensaio, introduzi a noção de paradigmas compartilhados, em vez das noções de regras, pressupostos e pontos de vistas compartilhados como sendo a fonte da coerência para as tradições da pesquisa normal. As regras, segundo minha sugestão, derivam de paradigmas, mas os paradigmas podem dirigir a pesquisa mesmo na ausência de regras.

4. A PRIORIDADE DOS PARADIGMAS

Para descobrir a relação existente entre regras, paradigmas e a ciência normal começaremos considerando a maneira pela qual o historiador isola os pontos específicos de compromissos que acabamos de descrever como sendo regras aceitas. A investigação histórica cuidadosa de uma determinada especialidade num determinado momento revela um conjunto de ilustrações recorrentes e quase padronizadas de diferentes teorias nas suas aplicações conceituais, instrumentais e na observação. Essas são os paradigmas da comunidade, revelados nos seus manuais, conferências e exercícios de laboratório. Ao estudá-los e utilizá-los na prática, os membros da comunidade considerada aprendem seu ofício. Não há dúvida de que além disso o historiador descobrirá uma área de penumbra ocupada por realizações cujo *status* ainda está em dúvida, mas habitualmente o núcleo dos problemas resolvidos e das técnicas será claro. Apesar das ambiguidades ocasionais, os paradigmas de uma

115

comunidade científica amadurecida podem ser determinados com relativa facilidade.

Contudo, a determinação de paradigmas compartilhados não coincide com a determinação das regras comuns ao grupo. Isso exige uma segunda etapa, de natureza um tanto diferente. Ao empreendê-la, o historiador deve comparar entre si os paradigmas da comunidade e em seguida compará-los com os relatórios de pesquisa habituais do grupo. Com isso o historiador visa descobrir que elementos isoláveis, explícitos ou implícitos, os membros dessa comunidade podem ter *abstraído* de seus paradigmas mais globais, empregando-os depois em suas pesquisas. Quem quer que tenha tentado descrever ou analisar a evolução de uma tradição científica particular terá necessariamente procurado esse gênero de princípios e regras aceitos. Quase certamente, como mostra o capítulo anterior, terá tido um sucesso pelo menos parcial. Mas, se sua experiência se assemelha com a minha, a busca de regras revelar-se-á ao mesmo tempo mais difícil e menos satisfatória do que a busca de paradigmas. Algumas das generalizações que ele emprega para descrever as crenças comuns da comunidade não apresentarão problemas. Outras, contudo, inclusive algumas das utilizadas acima como ilustrações, parecerão um pouco forçadas. Enunciadas dessa maneira (ou em qualquer outra que o historiador possa imaginar), teriam sido rejeitadas quase certamente por alguns membros do grupo que ele estuda. Não obstante, se a coerência da tradição de pesquisa deve ser entendida em termos de regras, é necessário determinar um terreno comum na área correspondente. Em vista disso, a busca de um corpo de regras capaz de constituir uma tradição determinada da ciência normal torna-se uma fonte de frustração profunda e contínua.

Contudo, o reconhecimento dessa frustração torna possível diagnosticar sua origem. Cientistas podem concordar que um Newton, um Lavoisier, um Maxwell ou um Einstein produziram uma solução aparentemente duradoura para um grupo de problemas especialmente importantes e mesmo assim discordar, algumas vezes sem estarem conscientes disso, a respeito das características abstratas específicas que tornam essas soluções permanentes. Isto é, podem concordar na *identificação* de um paradigma, sem entretanto entrar num acordo (ou mesmo tentar obtê-lo) quanto a uma *interpretação* ou *racionalização* completa a respeito daquele. A falta de uma interpretação padronizada ou de uma redução a regras que goze de unanimidade não impede que um paradigma oriente a pesquisa. A ciência normal pode ser parcialmente determinada através da inspeção direta dos paradigmas. Esse processo é frequentemente auxiliado pela formulação de regras e suposições, mas não depende dela. Na verdade, a existência de um paradigma nem mesmo precisa implicar a existência de qualquer conjunto completo de regras[1].

O primeiro resultado dessas afirmações é inevitavelmente o de levantar problemas. Na ausência de um corpo adequado de regras, o que limita o cientista a uma tradição específica da ciência normal? O que pode significar a expressão "inspeção direta dos paradigmas"? Respostas parciais a questões desse tipo foram desenvolvidas por Ludwig Wittgenstein, embora num contexto bastante diverso. Já que esse contexto é ao mesmo tempo mais elementar e mais familiar, será conveniente examinar primeiramente a forma em que a argumentação é apresentada. Que precisamos saber, perguntava Wittgenstein, para utilizar termos como "cadeira", "folha" ou "jogo" de uma maneira inequívoca e sem provocar discussões?[2]

1. Michael Polanyi desenvolveu brilhantemente um tema muito similar, argumentando que muito do sucesso do cientista depende do "conhecimento tácito", isto é, do conhecimento adquirido através da prática e que não pode ser articulado explicitamente. Ver seu *Personal Knowledge*, Chicago, 1958, especialmente os caps. V e VI.

2. Ludwig Wittgenstein, *Philosophical Investigations*, trad. G.E.M. Anscombe, Nova York, 1953, p. 31-36. Contudo, Wittgenstein não diz quase nada a respeito do mundo que é necessário para sustentar o procedimento de denominação (*naming*) que ele delineia. Parte da argumentação que se segue não pode ser atribuída a ele.

Tal questão é muito antiga. Geralmente a respondemos afirmando que sabemos, intuitiva ou conscientemente, o que é uma cadeira, uma folha ou um jogo. Isto é, precisamos captar um determinado conjunto de atributos comuns a todos os jogos (e somente aos jogos). Contudo, Wittgenstein concluiu que, dada a maneira pela qual usamos a linguagem e o tipo de mundo ao qual a aplicamos, tal conjunto de características não é necessário. Embora a discussão de *alguns* atributos comuns a um *certo número* de jogos, cadeiras ou folhas frequentemente nos auxilie a aprender a empregar o termo correspondente, não existe nenhum conjunto de características que seja simultaneamente aplicável a todos os membros da classe e somente a eles. Em vez disso, quando confrontados com uma atividade previamente desconhecida, aplicamos o termo "jogo" porque o que estamos vendo possui uma grande "semelhança de família" com uma série de atividades que aprendemos anteriormente a chamar por esse nome. Em suma, para Wittgenstein, jogos, cadeiras e folhas são famílias naturais, cada uma delas constituída por uma rede de semelhanças que se superpõem e se entrecruzam. A existência de tal rede explica suficientemente o nosso sucesso na identificação da atividade ou objeto correspondente. Somente se as famílias que nomeamos se superpusessem ou se mesclassem gradualmente umas com as outras – isto é, somente se não houvessem famílias *naturais* – o nosso sucesso em identificar e nomear provaria que existe um conjunto de características comuns correspondendo a cada um dos nomes das classes que empregamos.

Algo semelhante pode valer para os vários problemas e técnicas de pesquisa que surgem numa tradição específica da ciência normal. O que têm em comum não é o fato de satisfazer as exigências de algum conjunto de regras, explícito ou passível de uma descoberta completa – conjunto que dá à tradição o seu caráter e a sua autoridade sobre o espírito científico. Em lugar disso, podem relacionar-se por semelhança ou modelando-se numa ou noutra parte do *corpus* científico que a comunidade em questão já reconhece como uma de suas realizações confirmadas. Os cientistas trabalham a partir de modelos adquiridos por meio da educação ou da literatura a que são expostos subsequentemente, muitas vezes sem conhecer ou precisar conhecer quais as características que proporcionaram o *status* de paradigma comunitário a esses modelos. Por atuarem assim, os cientistas não necessitam de um conjunto completo de regras. A coerência da tradição de pesquisa da qual participam não precisa nem mesmo implicar a existência de um corpo subjacente de regras e pressupostos, que poderia ser revelado por investigações históricas ou filosóficas adicionais. O fato de os cientistas usualmente não perguntarem ou debaterem a respeito do que faz com que um problema ou uma solução particular sejam considerados legítimos nos leva a supor que, pelo menos intuitivamente, eles conhecem a resposta. Mas esse fato pode indicar tão somente que nem a questão nem a resposta são consideradas relevantes para suas pesquisas. Os paradigmas podem ser anteriores, mais cogentes e mais completos que qualquer conjunto de regras para a pesquisa que deles possa ser claramente abstraído.

Até aqui nossa análise tem sido puramente teórica: os paradigmas *poderiam* determinar a ciência normal sem a intervenção de regras que podem ser descobertas. Tentarei agora aumentar tanto a sua clareza como a sua importância, indicando algumas das razões que temos para acreditar que os paradigmas realmente operam dessa maneira. A primeira delas, que já foi amplamente discutida, refere-se à grande dificuldade que encontramos para descobrir as regras que guiaram tradições específicas da ciência normal. Essa dificuldade é aproximadamente idêntica à encontrada pelo filósofo que tenta determinar o que é comum a todos os jogos. A segunda, da qual a primeira não passa de um corolário, baseia-se na natureza da educação científica. A esta altura deveria estar claro que os cientistas nunca aprendem conceitos, leis e teorias de uma forma abstrata e

119

isoladamente. Em lugar disso, esses instrumentos intelectuais são, desde o início, encontrados numa unidade histórica e pedagogicamente anterior, onde são apresentados juntamente às suas aplicações e por meio delas. Uma nova teoria é sempre anunciada juntamente às suas aplicações a uma determinada gama concreta de fenômenos naturais; sem elas não poderia nem mesmo candidatar-se à aceitação científica. Depois de aceitas, essas aplicações (ou mesmo outras) acompanharão a teoria nos manuais onde os futuros cientistas aprenderão seu ofício. As aplicações não estão lá simplesmente como um adorno ou mesmo como documentação. Ao contrário, o processo de aprendizado de uma teoria depende do estudo das aplicações, incluindo-se aí a prática na resolução de problemas, seja com lápis e papel, seja com instrumentos num laboratório. Se, por exemplo, o estudioso da dinâmica newtoniana descobrir o significado de termos como "força", "massa", "espaço" e "tempo", será menos porque utilizou as definições incompletas (embora algumas vezes úteis) do seu manual, do que por ter observado e participado da aplicação desses conceitos à resolução de problemas.

Esse processo de aprendizagem através de exercícios com papel e lápis ou através da prática continua durante todo o processo de iniciação profissional. Na medida em que o estudante progride de seu primeiro ano de estudos em direção à sua tese de doutoramento, os problemas a enfrentar tornam-se mais complexos, ao mesmo tempo que diminui o número dos precedentes que poderiam orientar seu estudo. Mas, mesmo assim, esses problemas continuam a moldar-se rigorosamente de acordo com as realizações científicas anteriores, o mesmo acontecendo com os problemas que normalmente o ocuparão durante sua carreira científica posterior, levada a cabo sozinho. Pode-se supor que em algum momento de sua formação o cientista abstraiu de modo intuitivo as regras do jogo para seu próprio uso – mas temos poucas razões para crer nisso. Embora muitos cientistas falem com facilidade e brilho a respeito das hipóteses individuais que subjazem numa determinada pesquisa em andamento, não estão em melhor situação que o leigo quando se trata de caracterizar as bases estabelecidas do seu campo de estudos, seus problemas e métodos legítimos. Se os cientistas chegam a aprender tais abstrações, demonstram-no através de sua habilidade para realizar pesquisas bem-sucedidas. Contudo, essa habilidade pode ser entendida sem recurso às regras hipotéticas do jogo.

Essas consequências da educação científica possuem uma recíproca que nos proporciona uma terceira razão para supormos que os paradigmas orientam as pesquisas, seja modelando-as diretamente, seja através de regras abstratas. A ciência normal pode avançar sem regras somente enquanto a comunidade científica relevante aceitar sem questionar as soluções de problemas particularmente já obtidas. Por conseguinte, as regras deveriam assumir importância e a falta de interesse que as cerca deveria desvanecer-se sempre que os paradigmas ou modelos parecessem inseguros. É exatamente isso que ocorre. O período pré-paradigmático, em particular, é regularmente marcado por debates frequentes e profundos a respeito de métodos, problemas e padrões de solução legítimos – embora esses debates sirvam mais para definir escolas do que para produzir um acordo. Já apresentamos algumas dessas discussões na óptica e na eletricidade e mostramos como desempenharam um papel ainda mais importante no desenvolvimento da química do século XVII e na geologia do século XIX[3]. Além disso, debates dessa natureza não desaparecem de uma vez por todas com o surgimento do paradigma. Embora eles quase não existam durante os períodos de ciência normal, ocorrem periodicamente pouco antes e

3. No tocante à química, ver H. Metzger, *Les Doctrines chimiques en France du début du XVIIe à la fin du XVIIIe siècle*, Paris, 1923, p. 24-27; 146-149; e Marie Boas, *Robert Boyle and Seventeenth-Century Chemistry*, Cambridge, 1958, cap. II. Para a geologia, ver Walter F. Cannon, The Uniformitarian-Catastrophist Debate, *Isis*, n. 51, 1960, p. 38-55; e C.C. Gillispie, *Genesis and Geology*, Cambridge, 1951, caps. IV-V.

durante as revoluções científicas – os períodos durante os quais os paradigmas são primeiramente atacados e então modificados. A transição da mecânica newtoniana para a quântica evocou muitos debates a respeito da natureza e dos padrões da física, alguns dos quais continuam até hoje[4]. Ainda hoje existem cientistas que podem recordar discussões semelhantes, engendradas pela teoria eletromagnética de Maxwell e pela mecânica estatística[5]. E, bem antes disso, a assimilação das mecânicas de Galileu e Newton originou uma série de debates particularmente famosos entre os aristotélicos, cartesianos e leibnizianos acerca das normas legítimas para a ciência[6]. Quando os cientistas não estão de acordo sobre a existência ou não de soluções para os problemas fundamentais de sua área de estudos, então a busca de regras adquire uma função que não possui normalmente. Contudo, enquanto os paradigmas permanecem seguros, eles podem funcionar sem que haja necessidade de um acordo sobre as razões de seu emprego ou mesmo sem qualquer tentativa de racionalização.

Podemos concluir este capítulo apresentando uma quarta razão que nos permite atribuir uma prioridade aos paradigmas, quando comparados com as regras e pressupostos partilhados por um grupo científico. A introdução deste ensaio sugere a existência de revoluções grandes e

4. No que diz respeito à mecânica quântica, ver Jean Ullmo, *La Crise de la physique quantique,* Paris, 1950, cap. II.

5. Sobre a mecânica estatística, ver René Dugas, *La Théorie physique au sens de Boltzmann et ses prolongements modernes,* Neuchâtel, 1959, p. 158-184, 206-219. No tocante à recepção obtida pelos trabalhos de Maxwell, ver Max Planck, Maxwell's Influence in Germany, *James Clerck Maxwell: A Commemoration Volume, 1831-1931,* Cambridge, 1931, p. 45-65 e especialmente pp. 58-63; Silvanus P. Thompson, *The Life of William Thomson Baron Kelvin of Largs,* II, Londres, 1910, p. 1021-1027.

6. Para uma amostra da luta contra os aristotélicos, ver A. Koyré, A Documentary History of the Problem of Fall from Kepler to Newton, *Transactions of the American Philosophical Society,* n. 45, 1955, p. 329-395. Para os debates com os cartesianos e leibnizianos, ver Pierre Brunet, *L'Introduction des théories de Newton en France au XVIII.ᵉ siècle,* Paris, 1931; A. Koyré, *From the Closed World to the Infinite Universe,* Baltimore, 1957, cap. XI.

pequenas, algumas afetando apenas os estudiosos de uma subdivisão de um campo de estudos. Para tais grupos, até mesmo a descoberta de um fenômeno novo e inesperado pode ser revolucionária. O próximo capítulo examinará alguns exemplos desse tipo de revolução – mas ainda não sabemos como se produzem. Se a ciência normal é tão rígida e as comunidades científicas tão estreitamente entrelaçadas como a exposição precedente dá a entender, como pode uma mudança de paradigma afetar apenas um pequeno subgrupo? O que foi dito até aqui parece implicar que a ciência normal é um empreendimento único, monolítico e unificado que deve persistir ou desaparecer, seja com algum de seus paradigmas, seja com o conjunto deles. Mas é óbvio que a ciência raramente (ou nunca) procede dessa maneira. Frequentemente, se considerarmos todos seus campos, assemelha-se a uma estrutura bastante instável, sem coerência entre suas partes. Entretanto, nada do que foi afirmado até agora opõe-se necessariamente a essa observação tão familiar. Ao contrário, a substituição de paradigmas por regras deveria facilitar a compreensão da diversidade de campos e especializações científicas. As regras explícitas, quando existem, em geral são comuns a um grupo científico bastante amplo – algo que não precisa ocorrer com os paradigmas. Aqueles que trabalham em campos de estudo muito afastados, como, por exemplo, a astronomia e a botânica taxionômica, recebem sua educação no contato com realizações científicas bastante diversas, descritas em livros de natureza muito distinta. Mesmo os que, trabalhando no mesmo campo de estudos ou em campos estreitamente relacionados, começam seus estudos por livros e realizações científicas idênticas, podem adquirir paradigmas bastante diferentes no curso de sua especialização profissional.

Examinemos, por exemplo, a comunidade ampla e diversificada constituída por todos os físicos. Atualmente cada membro desse grupo aprende determinadas leis (por exemplo, as da mecânica quântica), e a maior parte deles as empregam em algum momento de suas pesquisas ou tarefas

123

didáticas. Mas nem todos aprendem as mesmas aplicações dessas leis e por isso não são afetados da mesma maneira pelas mudanças na prática da mecânica quântica. No curso de sua especialização profissional, alguns físicos entram em contato apenas com os princípios básicos da mecânica quântica. Outros estudam detalhadamente as aplicações paradigmáticas desses princípios à química, ainda outros à física do estado sólido e assim por diante. O significado que a mecânica quântica possui para cada um deles depende dos cursos frequentados, dos textos lidos e dos periódicos estudados. Conclui-se daí que, embora uma modificação nas leis mecânico-quânticas seja revolucionária para todos esses grupos, uma modificação que reflete apenas uma ou outra aplicação do paradigma será revolucionária somente para os membros de uma subespecialidade profissional específica. Para o restante dos especialistas e praticantes de outras ciências físicas essa modificação não precisa necessariamente ser revolucionária. Em suma, embora a mecânica quântica (ou a dinâmica newtoniana ou a teoria eletromagnética) seja um paradigma para muitos grupos científicos, não é o mesmo paradigma em todos esses casos. Por isso pode dar origem simultaneamente a diversas tradições da ciência normal que coincidem parcialmente, sem serem coexistentes. Uma revolução produzida no interior de uma dessas tradições não se estenderá necessariamente às outras.

Uma breve ilustração dos efeitos da especialização reforçará essa série de argumentos. Um investigador, que esperava aprender algo a respeito do que os cientistas consideram ser a teoria atômica, perguntou a um físico e a um químico eminentes se um único átomo de hélio era ou não uma molécula. Ambos responderam sem hesitação, mas suas respostas não coincidiram. Para o químico, o átomo do hélio era uma molécula porque se comportava como tal desde o ponto de vista da teoria cinética dos gases. Para o físico, o hélio não era uma molécula porque

124

não apresentava um espectro molecular[7]. Podemos supor que ambos falavam da mesma partícula, mas a encaravam a partir de suas respectivas formações e práticas de pesquisa. Suas experiências na resolução de problemas indicaram-lhes o que uma molécula deve ser. Sem dúvida alguma suas experiências tinham muito em comum, mas nesse caso não indicaram o mesmo resultado aos dois especialistas. Na medida em que avançarmos na nossa análise, veremos quão cheias de consequências podem ser as diferenças de paradigma dessa natureza.

---

7. O investigador era James K. Senior, com quem estou em dívida por um relatório verbal. Alguns temas relacionados são examinados no seu trabalho, The Vernacular of the Laboratory, *Philosophy of Science*, n. 25, 1958, p. 163-168.

5. A ANOMALIA E A EMERGÊNCIA DAS DESCOBERTAS CIENTÍFICAS

A ciência normal, atividade que consiste em solucionar quebra-cabeças, é um empreendimento altamente cumulativo, extremamente bem-sucedido no que toca ao seu objetivo: a ampliação contínua do alcance e da precisão do conhecimento científico. Em todos esses aspectos, ela se adequa com grande precisão à imagem habitual do trabalho científico. Contudo, falta aqui um produto comum do empreendimento científico. A ciência normal não se propõe descobrir novidades no terreno dos fatos ou da teoria; quando é bem-sucedida, não os encontra. Entretanto, fenômenos novos e insuspeitados são periodicamente descobertos pela pesquisa científica; cientistas têm constantemente inventado teorias radicalmente novas. O exame histórico nos sugere que o empreendimento científico desenvolveu uma técnica particularmente eficiente na produção de surpresas dessa natureza. Se queremos conciliar essa característica da ciência normal com o que afirmamos anteriormente, é preciso que a pesquisa orientada por um paradigma seja um meio particularmente eficaz de induzir a mudanças nesses mesmos paradigmas que a orientam. Esse é o papel das novidades fundamentais relativas a fatos e teorias. Produzidas inadvertidamente por um jogo realizado segundo um conjunto de regras, sua assimilação requer a elaboração de um novo conjunto. Depois que elas se incorporaram à ciência, o empreendimento científico nunca mais foi o mesmo – ao menos para os especialistas cujo campo de estudo é afetado por essas novidades.

Devemos agora perguntar como podem surgir tais mudanças, examinando em primeiro lugar descobertas (ou novidades relativas a fatos), para então estudar as invenções (ou novidades concernentes à teoria). Essa distinção entre descoberta e invenção ou entre fato e teoria revelar-se-á em seguida excessivamente artificial. Sua artificialidade é uma pista importante para várias das principais teses deste ensaio. No restante deste capítulo examinaremos descobertas escolhidas e descobriremos rapidamente que elas não são eventos isolados, mas episódios prolongados, dotados de uma estrutura que reaparece regularmente. A descoberta começa com a consciência da anomalia, isto é, com o reconhecimento de que, de alguma maneira, a natureza violou as expectativas paradigmáticas que governam a ciência normal. Segue-se então uma exploração mais ou menos ampla da área onde ocorreu a anomalia. Esse trabalho somente se encerra quando a teoria do paradigma for ajustada, de tal forma que o anômalo se tenha convertido no esperado. A assimilação de um novo tipo de fato exige mais do que um ajustamento aditivo da teoria. Até que tal ajustamento tenha sido completado – até que o cientista tenha aprendido a ver a natureza de um modo diferente o novo fato não será considerado completamente científico.

Para vermos a que ponto as novidades fatuais e teóricas estão entrelaçadas na descoberta científica, examinaremos um exemplo particularmente famoso: a descoberta do oxigênio. Pelo menos três sábios têm direito a reivindicá-la e além disso, por volta de 1770, vários outros químicos devem ter produzido ar enriquecido num recipiente de laboratório sem o saberem[1]. Nesse exemplo tirado da química pneumática, o progresso da ciência normal preparou o caminho para uma ruptura radical. O farmacêutico sueco C.W. Scheele é o primeiro cientista a quem podemos atribuir a preparação de uma amostra relativamente pura do gás. Contudo, podemos ignorar o seu trabalho, visto que só foi publicado depois de a descoberta do oxigênio ter sido anunciada repetidamente em outros lugares. Não teve portanto qualquer influência sobre o modelo histórico que mais nos preocupa aqui[2]. O segundo pretendente à descoberta foi o cientista e clérigo britânico Joseph Priestley, que recolheu o gás liberado pelo óxido de mercúrio vermelho aquecido. Esse trabalho representava um dos itens de uma prolongada investigação normal acerca dos "ares" liberados por um grande número de substâncias sólidas. Em 1774, Priestley identificou o gás assim produzido como óxido nitroso. Em 1775, depois de novos testes, identificou-o como ar comum dotado de uma quantidade de flogisto menor do que a usual. Lavoisier, o terceiro pretendente, iniciou as pesquisas que o levariam ao oxigênio após os experimentos de 1774 de Priestley, possivelmente devido a uma sugestão desse último. No início de 1775, Lavoisier escreveu que o gás obtido com o aquecimento do óxido vermelho de mercúrio era "o próprio ar, inteiro, sem alteração

1. Sobre a discussão ainda clássica a respeito da descoberta do oxigênio, ver A.N. Meldrum, *The Eighteenth-Century Revolution in Science: The First Phase*, Calcutá, 1930, cap. v. Um trabalho recente e indispensável que inclui uma exposição da controvérsia sobre a prioridade é o de Maurice Daumas, *Lavoisier, théoricien et expérimentateur*, Paris, 1955, caps. II e III. Para um relato mais completo e uma bibliografia, ver também T.S. Kuhn, The Historical Structure of Scientific Discovery, *Science*, n. 136, v. 1, jun. 1962, p. 760-764.

2. Ver, entretanto, Uno Bocklund, A Lost Letter from Scheele to Lavoisier, *Lychnos*, 1957-1958, p. 39-62, para uma avaliação diferente do papel de Scheele.

[exceto que] [...] surge mais puro, mais respirável"[3]. Por volta de 1777, provavelmente com a ajuda de uma segunda sugestão de Priestley, Lavoisier concluiu que esse gás constituía uma categoria especial, sendo um dos dois principais componentes da atmosfera – conclusão que Priestley nunca foi capaz de aceitar.

Esse modelo de descoberta levanta uma questão que pode ser feita com relação a todos os novos fenômenos que chegam à consciência dos cientistas. Priestley ou Lavoisier, quem (se algum deles) descobriu primeiro o oxigênio? De qualquer maneira, quando foi descoberto o oxigênio? Apresentada desse modo, a questão poderia ser colocada mesmo no caso de um único pretendente à descoberta. Não nos interessa absolutamente chegar a uma decisão acerca de prioridades e datas. Não obstante, uma tentativa de resposta esclarecerá a natureza das descobertas, já que não existem as respostas desejadas para tais perguntas. A descoberta não é o tipo de processo a respeito do qual seja apropriado fazer tais questões. O fato de que elas sejam feitas – a prioridade da descoberta do oxigênio foi muitas vezes contestada desde 1780 – é um sintoma de que existe algo de errado na imagem da ciência que concede à descoberta um papel tão fundamental. Examinemos nosso exemplo mais uma vez. A pretensão de Priestley à descoberta do oxigênio baseia-se no fato de ele ter sido o primeiro a isolar um gás que mais tarde foi reconhecido como um elemento distinto. Mas a amostra de Priestley não era pura e se segurar oxigênio impuro nas mãos é descobri-lo, isso fora feito por todos aqueles que alguma vez engarrafaram o ar atmosférico. Além do mais, se Priestley foi o descobridor, quando ocorreu a descoberta? Em 1774 ele pensou ter obtido óxido nitroso, uma substância que já conhecia; em 1775 identificou o gás com o ar desflogistizado – o que ainda não é oxigênio e nem mesmo uma espécie

---

3. J.B. Conant, Harvard Case Histories in Experimental Science, Case 2, *The Overthrow of the Phlogiston Theory: The Chemical Revolution of 1775-1789*, Cambridge, 1950, p. 23. Esse folheto, muito útil, reproduz muitos documentos importantes.

de gás muito inesperada para os químicos ligados à teoria do flogisto. A alegação de Lavoisier pode ser mais consistente, mas apresenta os mesmos problemas. Se recusarmos a palma a Priestley, não podemos concedê-la a Lavoisier por seu trabalho de 1775, que o levou a identificar o gás como sendo "o próprio ar, inteiro". É preciso talvez esperar pelos trabalhos de 1776 e 1777, que levaram Lavoisier não somente a ver o gás, mas igualmente o que o gás era. No entanto, mesmo esse reconhecimento poderia ser contestado, já que, a partir de 1777, Lavoisier insistiu que o oxigênio era "um princípio de acidez" atômico e que o gás oxigênio se formava somente quando o "princípio" se unia ao calórico, a substância do calor[4]. Podemos então dizer que o oxigênio ainda não fora descoberto em 1777? Alguns poderão sentir-se tentados a fazer essa afirmação. Entretanto, o princípio de acidez só foi banido da química depois de 1810, enquanto o calórico sobreviveu até 1860. Antes de qualquer uma dessas datas o oxigênio tornara-se uma substância química padrão.

Obviamente necessitamos de novos conceitos e novo vocabulário para analisar eventos como a descoberta do oxigênio. A proposição "O oxigênio foi descoberto", embora indubitavelmente correta, é enganadora, pois sugere que descobrir alguma coisa é um ato simples e único, assimilável ao nosso conceito habitual (e igualmente questionável) de visão. Por isso supomos tão facilmente que descobrir, como ver ou tocar, deva ser inequivocamente atribuído a um indivíduo e a um momento determinado no tempo. Mas esse último dado nunca pode ser fixado e o primeiro frequentemente também não. Ignorando Scheele, podemos dizer com segurança que o oxigênio não foi descoberto antes de 1774 e provavelmente também diríamos que foi descoberto por volta de 1777 ou pouco depois. Mas dentro desses limites ou outros semelhantes, qualquer tentativa de datar a descoberta será inevitavelmente arbitrária, pois a descoberta de um novo tipo de

---

4. H. Metzger, *La Philosophie de la matière chez Lavoisier*, Paris, 1935 e M. Daumas, op. cit., cap. VII.

fenômeno é necessariamente um acontecimento complexo, que envolve o reconhecimento tanto da *existência de algo*, como de sua *natureza*. Note-se, por exemplo, que se considerássemos o oxigênio como sendo ar desflogistizado, insistiríamos sem hesitação que Priestley fora seu descobridor, embora ainda não soubéssemos exatamente quando. Mas se tanto a observação como a conceitualização, o fato e a assimilação à teoria estão inesperadamente ligados à descoberta, então esta é um processo que exige tempo. Somente quando todas essas categorias conceituais relevantes estão preparadas de antemão (e nesse caso não se trata de um novo tipo de fenômeno), pode-se descobrir ao mesmo tempo, rápida e facilmente, a *existência* e a *natureza* do que ocorre.

Admitamos agora que a descoberta envolve um processo de assimilação conceitual amplo, embora não necessariamente prolongado. Poderemos igualmente afirmar que envolve uma modificação no paradigma? Ainda não é possível dar uma resposta geral a essa questão, mas, pelo menos nesse caso, a resposta deve ser afirmativa. O que Lavoisier anunciou em seus trabalhos posteriores a 1777 não foi tanto a descoberta do oxigênio como a teoria da combustão pelo oxigênio. Essa teoria foi a pedra angular de uma reformulação tão ampla da química que veio a ser chamada de revolução química. De fato, se a descoberta do oxigênio não tivesse estado intimamente relacionada com a emergência de um novo paradigma para a química, o problema da prioridade (do qual partimos), nunca teria parecido tão importante. Nesse caso, como em outros, o valor atribuído a um novo fenômeno (e portanto sobre seu descobridor) varia com nossa estimativa da dimensão da violação das previsões do paradigma perpetrada por este. Observe-se, entretanto – pois isso terá importância mais tarde – que a descoberta do oxigênio não foi em si mesma a causa da mudança na teoria química. Muito antes de desempenhar qualquer papel na descoberta de um novo gás, Lavoisier convenceu-se de que havia algo errado com a teoria flogística. Mais: convenceu-se de que corpos em combustão absorvem uma parte da atmosfera. Registrara essas convicções numa nota lacrada depositada junto ao secretário da Academia Francesa em 1772[5]. O trabalho sobre o oxigênio deu forma e estrutura mais precisas à impressão anterior de Lavoisier de que havia algo errado na teoria química corrente. Indicou-lhe algo que ele já estava preparado para descobrir: a natureza da substância que a combustão subtrai da atmosfera. Essa consciência prévia das dificuldades deve ter sido uma parte significativa daquilo que permitiu a Lavoisier ver nas experiências semelhantes às de Priestley um gás que o próprio Priestley fora incapaz de perceber. Inversamente, o fato de que era necessário uma revisão importante no paradigma para que se pudesse ver o que Lavoisier vira, deve ter sido a razão principal para Priestley ter permanecido, até o fim de sua vida, incapaz de vê-lo.

Dois outros exemplos bem mais breves reforçarão o que acabamos de dizer. Ao mesmo tempo, nos permitirão passar de uma elucidação da natureza das descobertas a uma compreensão das circunstâncias sob as quais elas surgem na ciência. Num esforço para apresentar as principais formas pelas quais as descobertas podem ocorrer, escolhemos exemplos que são diferentes entre si e simultaneamente diversos da descoberta do oxigênio. O primeiro, o dos raios x, é um caso clássico de descoberta por acidente. Esse tipo de descoberta ocorre mais frequentemente do que os padrões impessoais dos relatórios científicos nos permitem perceber. Sua história começa no dia em que o físico Roentgen interrompeu uma investigação normal sobre os raios catódicos ao notar que uma tela de cianeto de platina e bário, colocada a certa distância de sua aparelhagem protetora, brilhava quando se produzia uma descarga. Investigações posteriores – que exigiram sete semanas febris, durante as quais Roentgen raramente deixou o laboratório – indicaram que a causa do brilho provinha do tubo de raios catódicos, que a radiação projetava

5. O relato mais autorizado sobre a origem do descontentamento de Lavoisier é o de Henry Guerlac, *Lavoisier: The Crucial Year: The Background and Origin of His First Experiments on Combustion in 1772*, Ithaca, 1961.

133

sombras e que não podia ser desviada por um ímã, além de muitas outras coisas. Antes de anunciar sua descoberta, Roentgen convencera a si próprio de que esse efeito não se devia aos raios catódicos, mas a um agente dotado de alguma semelhança com a luz[6].

Mesmo um resumo tão sucinto revela semelhanças impressionantes com a descoberta do oxigênio: antes das experiências com o óxido vermelho de mercúrio, Lavoisier fizera experiências que não produziram os resultados previstos pelo paradigma flogístico; a descoberta de Roentgen começou com o reconhecimento de que sua tela brilhava quando não devia fazê-lo. Em ambos os casos a percepção da anomalia – isto é, de um fenômeno para o qual o paradigma não preparara o investigador – desempenhou um papel essencial na preparação do caminho que permitiu a percepção da novidade. Mas, também nesses dois casos, a percepção de que algo saíra errado foi apenas o prelúdio da descoberta. Nem o oxigênio, nem os raios x surgiram sem um processo ulterior de experimentação e assimilação. Por exemplo, em que momento da investigação de Roentgen podemos dizer que os raios x foram realmente descobertos? De qualquer modo, não no primeiro momento, quando não se percebeu senão uma tela emitindo sinais luminosos. Pelo menos um outro observador já vira esse brilho e, para sua posterior tristeza, não descobriu absolutamente nada[7]. É igualmente óbvio que não podemos deslocar o momento da descoberta para um determinado ponto da última semana de investigações – quando Roentgen estava explorando as propriedades da nova radiação que ele já descobrira. Podemos somente dizer que os raios x surgiram em Würsburg entre 8 de novembro e 28 de dezembro de 1895.

6. L.W. Taylor, *Physics, the Pioneer Science,* Boston, 1941, p. 790-794 e T.W. Chalmers, *Historic Researches,* Londres, 1949, p. 218-219.

7. E.T. Whittaker, *A History of the Theories of Aether and Electricity,* v. I, 2. ed., Londres, 1951, p. 358, nota 1. Sir George Thompson informou-me a respeito de uma segunda quase descoberta. Sir William Crookes, alertado por placas fotográficas inexplicavelmelnte opacas, estava igualmente no caminho da descoberta.

Entretanto, num terceiro aspecto, a existência de paralelismos significativos entre as descobertas do oxigênio e dos raios x é bem menos aparente. Ao contrário da descoberta do oxigênio, a dos raios x não esteve, durante uma década, implicada em qualquer transtorno mais óbvio da teoria científica. Em que sentido pode-se então afirmar que a assimilação dessa descoberta tornou necessária uma mudança de paradigma? Existem boas razões para recusar essa mudança. Não há dúvida, entretanto, de que os paradigmas aceitos por Roentgen e seus contemporâneos não poderiam ter sido usados para predizer os raios x. (A teoria eletromagnética de Maxwell ainda não fora aceita por todos e a teoria das partículas de raios catódicos era uma entre muitas especulações existentes.) Mas nenhum desses paradigmas proibia (pelo menos em algum sentido óbvio) a existência de raios x, tal como a teoria do flogisto proibira a interpretação de Lavoisier a respeito do gás de Priestley. Ao contrário: a prática e a teoria científicas aceitas em 1895 admitiam diversas formas de radiação – visível, infravermelha e ultravioleta. Por que os raios x não puderam ser aceitos como uma nova forma de manifestação de uma classe bem conhecida de fenômenos naturais? Por que não foram recebidos da mesma maneira que, por exemplo, a descoberta de um elemento químico adicional? Na época de Roentgen, ainda estavam sendo buscados e encontrados novos elementos para preencher os lugares vazios na tabela periódica. Esse empreendimento era um projeto habitual na ciência normal da época; o sucesso de uma investigação era motivo para congratulações, mas não para surpresas.

Contudo, os raios x foram recebidos não só com surpresa, mas também com choque. A princípio Lorde Kelvin considerou-os um embuste muito bem elaborado[8]. Outros, embora não pudessem duvidar das provas apresentadas, sentiram-se confundidos por ela. Embora a existência dos

8. Silvanus P. Thompson, *The Life of Sir William Thomson, Baron Kelvin of Largs*, v. II, Londres, 1910, p. 1125.

raios x não estivesse interditada pela teoria estabelecida, ela violava expectativas profundamente arraigadas. Creio que essas expectativas estavam implícitas no planejamento e na interpretação dos procedimentos de laboratório admitidos na época. Na última década do século XIX, o equipamento de raios catódicos era amplamente empregado em numerosos laboratórios europeus. Se o equipamento de Roentgen produzira os raios x, então muitos outros experimentadores deviam estar produzindo-os sem consciência disso. Talvez esses raios, que poderiam muito bem ter outras origens não conhecidas, estivessem implícitos em fenômenos anteriormente explicados sem referência a eles. Na pior das hipóteses, no futuro diversos tipos de aparelhos muito familiares teriam que ser protegidos por uma capa de chumbo. Trabalhos anteriormente concluídos, relativos a projetos da ciência normal, teriam que ser refeitos, pois os cientistas não haviam reconhecido nem controlado uma variável relevante. Sem dúvida, os raios x abriram um novo campo de estudo, ampliando assim os domínios potenciais da ciência normal. Mas também modificaram (e esse é o ponto mais importante) campos já existentes. No decorrer desse processo, negaram a determinados tipos de instrumentação, que anteriormente eram considerados paradigmáticos, o direito a esse título.

Em resumo, conscientemente ou não, a decisão de empregar um determinado aparelho e usá-lo de um modo específico baseia-se no pressuposto de que somente certos tipos de circunstâncias ocorrerão. Existem tanto expectativas instrumentais como teóricas que frequentemente têm desempenhado um papel decisivo no desenvolvimento científico. Uma dessas expectativas, por exemplo, faz parte da história da descoberta tardia do oxigênio. Priestley e Lavoisier, utilizando um teste-padrão para determinar "a boa qualidade do ar", misturaram dois volumes do seu gás com um volume de óxido nítrico, sacudiram a mistura sobre a água e então mediram o volume de resíduo gasoso. A experiência prévia a partir da qual fora engendrado esse procedimento assegurava-lhes que o resíduo, juntamente com o ar atmosférico, corresponderia a um volume. No caso de qualquer outro gás (ou ar poluído), o volume seria maior. Nas experiências com o oxigênio, ambos encontraram um resíduo que se aproximava de um volume e a partir desse dado identificaram o gás. Somente muito mais tarde (e em parte devido a um acidente), Priestley renunciou ao procedimento habitual e tentou misturar óxido nítrico em outras proporções. Seu compromisso aos procedimentos do teste original – procedimentos sancionados por muitas experiências anteriores – fora simultaneamente um compromisso com a não existência de gases que pudessem se comportar como fizera o oxigênio[9].

Poderíamos multiplicar as ilustrações desse tipo fazendo referência, por exemplo, à identificação tardia da fissão do urânio. Uma das razões pelas quais essa reação nuclear revelou-se especialmente difícil de reconhecer liga-se ao fato de que os pesquisadores conscientes do que se podia esperar do bombardeio do urânio escolheram testes químicos que visavam descobrir principalmente quais eram os elementos do extremo superior da tabela periódica[10]. Levando em conta a frequência com que tais compromissos instrumentais revelam-se enganadores, deveria a ciência abandonar os testes e instrumentos propostos pelo paradigma? Não. Disso resul-

9. Conant, op. cit., p. 18-20.
10. K.K. Darrow, Nuclear Fission, *Bell System Technical Journal*, n. 19, 1940, p. 267-289. O criptônio, um dos dois principais produtos da fissão, parece não ter sido identificado por meios químicos senão depois de a reação ter sido bem compreendida. O bário, o outro produto, quase foi identificado quimicamente na etapa final da investigação, porque esse elemento teve que ser aditado à solução radioativa para precipitar o elemento pesado que os químicos nucleares estavam buscando. O fracasso em separar esse bário do produto radioativo conduziu, depois de a reação ter sido bem investigada por quase cinco anos, ao seguinte relatório: "Como químicos, esta investigação deveria conduzir-nos [...] a modificar todos os nomes do esquema (da reação) precedente e a escrever Ba, La, Ce em vez de Ra, Ac, Th. Mas, como químicos nuclares, estreitamente relacionados à física, não podemos dar esse salto que contradiria todas as experiências prévias da física nuclear. Pode ser que uma série de estranhos acidentes torne nossos resultados enganadores" (Otto Hahn e Fritz Strassman. Über den Nachweis and das Verhalten der bei Bestrahlung des Uran mittels Neutronen entstehenden Erdalkalimetalle, *Die Naturwissenschaften*, n. 27, 1939, p. 15).

taria um método de pesquisa inconcebível. Os procedimentos e aplicações do paradigma são tão necessários à ciência como as leis e teorias paradigmáticas – e têm os mesmos efeitos. Restringem inevitavelmente o campo fenomenológico acessível em qualquer momento da investigação científica. Isso posto, estamos em condições de perceber um sentido fundamental no qual uma descoberta como a dos raios x exige uma mudança de paradigma – e portanto uma mudança nos procedimentos e expectativas – para uma fração especial da comunidade científica. Consequentemente, poderemos igualmente entender como a descoberta dos raios x pode ter aparecido como um estranho mundo novo para muitos cientistas e assim participar tão efetivamente da crise que gerou na física do século xx.

Nosso último exemplo de descoberta científica, a garrafa de Leyden, pertence a uma classe que pode ser descrita como sendo induzida pela teoria. À primeira vista o termo pode parecer paradoxal. Grande parte do que foi dito até agora sugere que as descobertas preditas pela teoria fazem parte da ciência normal e não produzem *novos tipos* de fatos. Por exemplo, referi-me anteriormente às descobertas de novos elementos químicos durante a segunda metade do século xix como resultado da ciência normal obtido da maneira acima mencionada. Mas nem todas as teorias são teorias paradigmáticas. Tanto nos períodos pré-paradigmáticos, como durante as crises que conduzem a mudanças em grande escala do paradigma, os cientistas costumam desenvolver muitas teorias especulativas e desarticuladas, capazes de indicar o caminho para novas descobertas. Muitas vezes, entretanto, essa descoberta não é exatamente a antecipada pela hipótese especulativa e experimental. Somente depois de articularmos estreitamente a experiência e a teoria experimental pode surgir a descoberta e a teoria converter-se em paradigma.

A descoberta da garrafa de Leyden revela todos esses traços, além dos que examinamos anteriormente. Quando o processo de descobrimento teve início, não existia um paradigma único para a pesquisa elétrica. Em lugar disso, diversas teorias, todas derivadas de fenômenos relativamente acessíveis, competiam entre si. Nenhuma delas conseguiu organizar muito bem toda a variedade dos fenômenos elétricos. Esse fracasso foi a fonte de diversas das anomalias que forneceram o pano de fundo para a descoberta da garrafa de Leyden. Uma das escolas de eletricistas que competiam entre si concebeu a eletricidade como um fluido. Essa concepção levou vários cientistas a tentarem engarrafar tal fluido. Essa operação consistia em segurar nas mãos um recipiente de vidro cheio de água, colocando-se essa última em contato com um condutor proveniente de um gerador eletrostático em atividade. Ao retirar a garrafa da máquina e tocar a água (ou um condutor a ela ligado) com sua mão livre, todos esses experimentadores receberam um forte choque elétrico. Entretanto, essas primeiras experiências não conduziram os eletricistas à descoberta da garrafa de Leyden. Esse instrumento emergiu mais lentamente. Também nesse caso é impossível precisar o momento da descoberta. As primeiras tentativas de armazenar o fluido elétrico somente funcionaram porque os investigadores seguraram o recipiente nas mãos, ao mesmo tempo que permaneciam com os pés no solo. Os eletricistas ainda precisavam aprender que a garrafa exigia uma capa condutora (tanto interna como externa) e que o fluido não fica armazenado no recipiente. O instrumento que chamamos garrafa de Leyden surgiu em algum momento das investigações em que os eletricistas constataram esse fato, descobrindo ainda vários outros efeitos anômalos. Além disso, as experiências que propiciaram o surgimento desse aparelho (muitas das quais realizadas por Franklin) eram exatamente aquelas que tornaram necessária a revisão drástica da teoria do fluido, proporcionando assim o primeiro paradigma completo para os fenômenos ligados à eletricidade[11].

11. A respeito das várias etapas da evolução da garrafa de Leyden, ver I.B. Cohen, *Franklin and Newton: An Inquiry into Speculative Newtonian Experimental Science and Franklin's Work in Electricity as an Example Thereof*, Filadélfia, 1956, p. 385-386; 400-406; 452-467; 506-507. O último estágio é descrito por Whittaker, op. cit., p. 50-52.

Em maior ou menor grau (oscilando num contínuo entre o resultado chocante e o resultado antecipado), as características comuns aos três exemplos acima são traços de todas as descobertas das quais emergem novos tipos de fenômenos. Essas características incluem: a consciência prévia da anomalia, a emergência gradual e simultânea de um reconhecimento tanto no plano conceitual como no plano da observação e a consequente mudança das categorias e procedimentos paradigmáticos – mudança muitas vezes acompanhada por resistência. Existem inclusive provas de que essas mesmas características fazem parte da natureza do próprio processo perceptivo. Numa experiência psicológica que merece ser mais bem conhecida fora de seu campo original, Bruner e Postman pediram a sujeitos experimentais que identificassem uma série de cartas de baralho, após serem expostos a elas durante períodos curtos e experimentalmente controlados. Muitas das cartas eram normais, mas algumas tinham sido modificadas, como, por exemplo, um seis de espadas vermelho e um quatro de copas preto. Cada sequência experimental consistia em mostrar uma única carta a uma única pessoa, numa série de apresentações cuja duração crescia gradualmente. Depois de cada apresentação, perguntava-se a cada participante o que ele vira. A sequência terminava após duas identificações corretas sucessivas[12].

Mesmo nas exposições mais breves muitos indivíduos identificavam a maioria das cartas. Depois de um pequeno acréscimo no tempo de exposição, todos os entrevistados identificaram todas as cartas. No caso das cartas normais, essas identificações eram geralmente corretas, mas as cartas anômalas eram quase sempre identificadas como normais, sem hesitação ou perplexidade aparentes. Por exemplo, o quatro de copas preto era tomado pelo quatro de espadas ou de copas. Sem qualquer consciência da anomalia, ele

---

12. J.S. Bruner; Leo Postman, On the Perception of Incongruity: A Paradigma, *Journal of Personality*, n. 18, 1949, p. 206-223.

era imediatamente adaptado a uma das categorias conceituais preparadas pela experiência prévia. Não gostaríamos nem mesmo de dizer que os entrevistados viam algo diferente daquilo que identificavam. Com uma exposição maior das cartas anômalas, os entrevistados começaram então a hesitar e a demonstrar consciência da anomalia. Por exemplo, diante do seis de espadas vermelho, alguns disseram: isto é um seis de espadas, mas há algo de errado com ele – o preto tem um contorno vermelho. Uma exposição um pouco maior deu margem a hesitações e confusões ainda maiores, até que, finalmente, algumas vezes de modo repentino, a maioria dos entrevistados passou a fazer a identificação correta sem hesitação. Além disso, depois de repetir a exposição com duas ou três cartas anômalas, já não tinham dificuldade com as restantes. Contudo, alguns entrevistados não foram capazes de realizar a adaptação necessária de suas categorias. Mesmo com um tempo médio de exposição quarenta vezes superior ao que era necessário para reconhecer as cartas normais com exatidão, mais de 10% das cartas anômalas não foram identificadas corretamente. Os entrevistados que fracassaram nessas condições experimentavam muitas vezes uma grande aflição. Um deles exclamou: "Não posso fazer a distinção, seja lá qual for. Desta vez nem parecia ser uma carta. Já não sei sua cor, nem se é de espadas ou copas. Não estou seguro nem mesmo a respeito do que é uma carta de copas. Meu Deus!"[13]

Seja como metáfora, seja porque reflita a natureza da mente, essa experiência psicológica proporciona um esquema maravilhosamente simples e convincente do processo de descoberta científica. Na ciência, assim como na experiência com as cartas do baralho, a novidade somente emerge com dificuldade (dificuldade que se manifesta através de uma resistência) contra um pano de fundo fornecido pelas expectativas. Inicialmente experimentamos somente o

13. Ibidem, p. 218. Meu colega Postman me afirma que, embora conhecendo de antemão todo o aparelhamento e a apresentação, sentiu, não obstante, profundo desconforto ao olhar as cartas anômalas.

que é habitual e previsto, mesmo em circunstâncias nas quais mais tarde se observará uma anomalia. Contudo, uma maior familiaridade dá origem à consciência de uma anomalia ou permite relacionar o fato a algo que anteriormente não ocorreu conforme o previsto. Essa consciência da anomalia inaugura um período no qual as categorias conceituais são adaptadas até que o que inicialmente era considerado anômalo se converta no previsto. Nesse momento completa-se a descoberta. Já insisti anteriormente sobre o fato de que esse processo (ou um muito semelhante) intervém na emergência de todas as novidades científicas fundamentais. Gostaria agora de assinalar que, reconhecendo esse processo, podemos facilmente começar a perceber por que a ciência normal – um empreendimento não dirigido para as novidades e que a princípio tende a suprimi-las – pode, não obstante, ser tão eficaz para provocá-las.

No desenvolvimento de qualquer ciência, admite-se habitualmente que o primeiro paradigma explica com bastante sucesso a maior parte das observações e experiências facilmente acessíveis aos praticantes daquela ciência. Em consequência, um desenvolvimento posterior comumente requer a construção de um equipamento elaborado, o desenvolvimento de um vocabulário e técnicas esotéricas, além de um refinamento de conceitos que se assemelham cada vez menos com os protótipos habituais do senso comum. Por um lado, essa profissionalização leva a uma imensa restrição da visão do cientista e a uma resistência considerável à mudança de paradigma. A ciência torna-se sempre mais rígida. Por outro lado, dentro das áreas para as quais o paradigma chama a atenção do grupo, a ciência normal conduz a uma informação detalhada e a uma precisão da integração entre a observação e a teoria que não poderia ser atingida de outra maneira. Além disso, esse detalhamento e precisão da integração possuem um valor que transcende seu interesse intrínseco, nem sempre muito grande. Sem os instrumentos especiais, construídos sobretudo para fins previamente estabelecidos, os resultados que conduzem às novidades poderiam não ocorrer. Mesmo quando os instrumentos especializados existem, a novidade normalmente emerge apenas para aquele que, sabendo com precisão o que deveria esperar, é capaz de reconhecer que algo saiu errado. A anomalia aparece somente contra o pano de fundo proporcionado pelo paradigma. Quanto maiores forem a precisão e o alcance de um paradigma, tanto mais sensível este será como indicador de anomalias e, consequentemente, de uma ocasião para a mudança de paradigma. No processo normal de descoberta, até mesmo a mudança tem uma utilidade que será mais amplamente explorada no próximo capítulo. Ao assegurar que o paradigma não será facilmente abandonado, a resistência garante que os cientistas não serão perturbados sem razão. Garante ainda que as anomalias que conduzem a uma mudança de paradigma afetarão profundamente os conhecimentos existentes. O próprio fato de que, frequentemente, uma novidade científica significativa emerge simultaneamente em vários laboratórios é um índice da natureza fortemente tradicional da ciência normal, bem como da forma completa com a qual essa atividade tradicional prepara o caminho para sua própria mudança.

6. AS CRISES E A EMERGÊNCIA DAS TEORIAS CIENTÍFICAS

Todas as descobertas examinadas no capítulo cinco causaram mudanças de paradigmas ou contribuíram para tanto. Além disso, as mudanças nas quais essas descobertas estiveram implicadas foram, todas elas, tanto construtivas como destrutivas. Depois da assimilação da descoberta, os cientistas encontravam-se em condições de dar conta de um número maior de fenômenos ou explicar mais precisamente alguns dos fenômenos previamente conhecidos. Tal avanço somente foi possível porque algumas crenças ou procedimentos anteriormente aceitos foram descartados e, simultaneamente, substituídos por outros. Procurei mostrar que alterações desse tipo estão associadas com todas as descobertas realizadas pela ciência normal – exceção feita àquelas não surpreendentes, totalmente antecipadas a não ser em seus detalhes. Contudo, as descobertas não são as únicas fontes dessas mudanças construtivas-destrutivas

145

de paradigmas. Neste capítulo começaremos a examinar mudanças similares, mas usualmente bem mais amplas, que resultam da invenção de novas teorias.

Após termos argumentado que nas ciências o fato e a teoria, a descoberta e a invenção, não são categórica e permanentemente distintas, podemos antecipar uma coincidência entre este capítulo e o anterior. (A sugestão inviável, segundo a qual Priestley foi o primeiro *a descobrir* o oxigênio, que Lavoisier *inventaria* mais tarde, tem seus atrativos. Já havíamos encontrado o oxigênio como uma descoberta; em breve o encontraremos como uma invenção.) Ao nos ocuparmos da emergência de novas teorias, inevitavelmente ampliaremos nossa compreensão da natureza das descobertas. Ainda assim, coincidência não é identidade. Os tipos de descoberta examinados no último capítulo não foram responsáveis – pelo menos não o foram isoladamente – pelas alterações de paradigma que se verificaram em revoluções como a copernicana, a newtoniana, a química e a einsteiniana. Tampouco foram responsáveis pelas mudanças de paradigma mais limitadas (já que mais exclusivamente profissionais), produzidas pela teoria ondulatória da luz, pela teoria dinâmica do calor ou pela teoria eletromagnética de Maxwell. Como podem tais teorias brotar da ciência normal, uma atividade que não visa realizar descobertas e menos ainda produzir teorias?

Se a consciência da anomalia desempenha um papel na emergência de novos tipos de fenômenos, ninguém deveria surpreender-se com o fato de que uma consciência semelhante, embora mais profunda, seja um pré-requisito para todas as mudanças de teoria aceitáveis. Penso que a esse respeito a evidência histórica é totalmente inequívoca. A astronomia ptolomaica estava numa situação escandalosa antes dos trabalhos de Copérnico[1]. As contribuições de Galileu ao estudo do movimento estão estreitamente relacionadas

---

1. A.R. Hall, *The Scientific Revolution, 1500-1800*, Londres, 1954, p. 16.

146

com as dificuldades descobertas na teoria aristotélica pelos críticos escolásticos[2]. A nova teoria de Newton sobre a luz e a cor originou-se da descoberta de que nenhuma das teorias pré-paradigmáticas existentes explicava o comprimento do espectro. A teoria ondulatória que substituiu a newtoniana foi anunciada em meio a uma preocupação cada vez maior com as anomalias presentes na relação entre a teoria de Newton e os efeitos de polarização e refração[3]. A termodinâmica nasceu da colisão de duas teorias físicas existentes no século XIX e a mecânica quântica de diversas dificuldades que rodeavam os calores específicos, o efeito fotoelétrico e a radiação de um corpo negro[4]. Além disso, em todos esses casos, exceto no de Newton, a consciência da anomalia persistira por tanto tempo e penetrara tão profundamente na comunidade científica que é possível descrever os campos por ela afetados como em estado de crise crescente. A emergência de novas teorias é geralmente precedida por um período de insegurança profissional pronunciada, pois exige a destruição em larga escala de paradigmas e grandes alterações nos problemas e técnicas da ciência normal. Como seria de esperar, essa insegurança é gerada pelo fracasso constante dos quebra-cabeças da ciência normal em produzir os resultados esperados. O fracasso das regras existentes é o prelúdio para uma busca de novas regras.

2. Marshall Clagett, *The Science of Mechanics in the Middle Ages*, Madison, 1959, partes II e III. A. Koyré revela numerosos elementos medievais presentes no pensamento de Galileu em seus *Etudes Galiléennes*, Paris, 1939, especialmente no v. I.

3. A respeito de Newton, ver T.S. Kuhn, Newton's Optical Papers, em I.B. Cohen (ed.), *Isaac Newton's Papers and Letters in Natural Philosophy*, Cambridge, 1958, p. 27-45. Para o prelúdio da teoria ondulatória, ver E.T. Whittaker, *A History of the Theories of Aether and Electricity*, I, 2. ed., Londres, 1951, p. 94-109; e W. Whewell, *History of the Inductive Sciences*, v. II, ed. rev., Londres, 1847, p. 396-466.

4. Sobre a termodinâmica, ver Silvanus P. Thompson, *Life of William Thomson Baron Kelvin of Largs*, v. I, Londres, 1910, p. 266-281. Sobre a teoria dos *quanta*, ver Fritz Reiche, *The Quantum Theory*, trad. H.S. Hatfield e H.L. Brose, Londres, 1922, caps. I e II.

Comecemos examinando um caso particularmente famoso de mudança de paradigma: o surgimento da astronomia copernicana. Quando de sua elaboração, durante o período de 200 a.C. a 200 d.C., o sistema precedente, o ptolomaico, foi admiravelmente bem-sucedido na predição da mudança de posição das estrelas e dos planetas. Nenhum outro sistema antigo saíra-se tão bem: a astronomia ptolomaica é ainda hoje amplamente usada para cálculos aproximados; no que concerne aos planetas, as predições de Ptolomeu eram tão boas como as de Copérnico. Porém, quando se trata de uma teoria científica, ser admiravelmente bem-sucedida não é a mesma coisa que ser totalmente bem-sucedida. Tanto com respeito às posições planetárias como com relação aos equinócios, as predições feitas pelo sistema de Ptolomeu nunca se ajustaram perfeitamente às melhores observações disponíveis. Para numerosos sucessores de Ptolomeu, uma redução dessas pequenas discrepâncias constituiu-se num dos principais problemas da pesquisa astronômica normal, do mesmo modo que uma tentativa semelhante para ajustar a observação do céu à teoria de Newton forneceu problemas para a pesquisa normal de seus sucessores do século XVIII. Durante algum tempo, os astrônomos dispunham de todos os motivos para supor que tais tentativas de aperfeiçoamento da teoria seriam tão bem-sucedidas como as que haviam conduzido ao sistema de Ptolomeu. Dada uma determinada discrepância, os astrônomos conseguiam invariavelmente eliminá-la recorrendo a alguma adaptação especial do sistema ptolomaico de círculos compostos. Mas, com o decorrer do tempo, alguém que examinasse o resultado acabado do esforço de pesquisa normal de muitos astrônomos poderia observar que a complexidade da astronomia estava aumentando mais rapidamente que sua precisão e que as discrepâncias corrigidas em um ponto provavelmente reapareceriam em outro[5].

5. J.L.E. Dreyer, *A History of Astronomy from Thales to Kepler*, 2. ed., Nova York, 1953, caps. XI e XII.

Tais dificuldades só foram reconhecidas muito lentamente, pois a tradição astronômica sofreu repetidas intervenções externas e porque, dada a ausência da imprensa, a comunicação entre os astrônomos era restrita. Mas, ao fim e ao cabo, produziu-se uma consciência das dificuldades. Por volta do século XIII, Afonso X pôde declarar que, se Deus o houvesse consultado ao criar o universo, teria recebido bons conselhos. No século XVI, Domenico da Novara, colaborador de Copérnico, sustentou que nenhum sistema tão complicado e impreciso como se tornara o ptolomaico poderia ser realmente a expressão da natureza. O próprio Copérnico escreveu no prefácio do *De Revolutionibus* que a tradição astronômica que herdara acabara criando tão somente um monstro. No início do século XVI, um número crescente dentre os melhores astrônomos europeus reconhecia que o paradigma astronômico estava fracassando nas aplicações a seus próprios problemas tradicionais. Esse reconhecimento foi um pré-requisito para a rejeição do paradigma ptolomaico por parte de Copérnico e para sua busca de um substituto. Seu famoso prefácio fornece ainda hoje uma das descrições clássicas de um estado de crise[6].

Certamente o fracasso da atividade técnica normal de resolução de quebra-cabeças não foi o único ingrediente da crise astronômica com a qual Copérnico se confrontou. Um estudo amplo discutiria igualmente a pressão social para a reforma do calendário, pressão que tornou particularmente premente o problema da precessão dos equinócios. A par disso, uma explicação mais completa levaria em consideração a crítica medieval a Aristóteles, a ascensão do neo-platonismo da Renascença, bem como outros elementos históricos significativos. Mas ainda assim o fracasso técnico permaneceria como o cerne da crise. Numa ciência amadurecida – a astronomia alcançara esse estágio já na Antiguidade – fatores externos como os acima citados possuem importância especial na determinação do momento

6. T.S. Kuhn, *The Copernican Revolution*, Cambridge, 1957, p. 135-143.

do fracasso do paradigma, da facilidade com que pode ser reconhecido e da área onde, devido a uma concentração da atenção, ocorre pela primeira vez o fracasso. Embora sejam imensamente importantes, questões dessa natureza estão além dos limites deste ensaio.

Esclarecido esse aspecto no tocante à revolução copernicana, passemos a um segundo exemplo bastante diferente: a crise que precedeu a emergência da teoria de Lavoisier sobre a combustão do oxigênio. Nos anos que se seguiram a 1770 muitos fatores se combinaram para gerar uma crise na química. Os historiadores não estão inteiramente de acordo, nem sobre a natureza, nem sobre a sua importância relativa. Mas dois fatores são aceitos como sendo de primeira magnitude: o nascimento da química pneumática e a questão das relações de peso. A história do primeiro inicia no século XVII com o desenvolvimento da bomba de ar e sua utilização nas experiências químicas. Durante o século seguinte, utilizando aquela bomba e numerosos artefatos pneumáticos, os químicos começaram a compreender que o ar devia ser um ingrediente ativo nas reações químicas. Mas, com algumas exceções – tão equívocas que não podem ser consideradas como exceções –, os químicos continuaram a acreditar que o ar era a única espécie de gás existente. Até 1756, quando Joseph Black demonstrou que o ar fixo (CO_2) podia ser distinguido com precisão do ar normal, pensava-se que duas amostras de gás eram diferentes apenas no tocante a suas impurezas[7].

Após os trabalhos de Black, a investigação sobre os gases prosseguiu de forma rápida, especialmente por intermédio de Cavendish, Priestley e Scheele, que juntos desenvolveram diversas novas técnicas capazes de distinguir diferentes amostras de gases. Todos eles, de Black a Scheele, acreditavam na teoria flogística e empregavam-na muitas vezes no planejamento e na interpretação de suas

---

7. J.R. Partington, *A Short History of Chemistry*, 2. ed., Londres, 1951, p. 48-51; 73-85; 90-120.

experiências. Scheele na verdade produziu o oxigênio pela primeira vez através de uma cadeia complexa de experiências destinadas a desflogistizar o calor. Contudo, o resultado de suas experiências foi uma variedade de amostras e propriedades de gases tão complexas que a teoria do flogisto revelou-se cada vez menos capaz de ser utilizada em experiências de laboratório. Embora nenhum desses químicos tenha sugerido que a teoria devia ser substituída, foram incapazes de aplicá-la de maneira coerente. Quando, a partir de 1770, Lavoisier iniciou suas experiências com o ar, havia tantas versões da teoria do flogisto como químicos pneumáticos[8]. Essa proliferação de versões de uma teoria é um sintoma muito usual de crise. Em seu prefácio, Copérnico queixou-se disso.

Contudo, a crescente indeterminação e a utilidade decrescente da teoria flogística não foram as únicas causas da crise com a qual Lavoisier se defrontou. Ele estava igualmente muito preocupado em encontrar uma explicação para o aumento de peso que muitos corpos experimentam quando queimados ou aquecidos. Esse é um outro problema com uma longa pré-história. Pelo menos alguns químicos do Islã sabiam que determinados metais ganham peso quando aquecidos. No século XVII, diversos investigadores haviam concluído, a partir desse mesmo fato, que um metal aquecido incorpora alguns ingredientes da atmosfera. Mas para muitos outros cientistas da época essa conclusão pareceu desnecessária. Se as reações químicas podiam alterar o volume, a cor e a textura dos ingredientes, por que não poderiam alterar o peso? O peso nem sempre foi considerado como a medida da quantidade de matéria. Além disso, o aumento de peso, obtido mediante o aquecimento, continuou sendo um fenômeno isolado. A maior parte dos

8. Embora seu interesse principal se volte para um período um pouco posterior, existe muito material relevante disperso na obra de J.R. Partington e Douglas McKie, Historical Studies on the Phlogiston Theory, *Annals of Science*, n. II, 1937, p. 361-404; n. III, 1938, p. 1-58, 337-371; n. IV, 1939, p. 337-371.

corpos naturais (por exemplo, a madeira) perdem peso ao serem aquecidos, tal como haveria de predizer mais tarde a teoria do flogisto.

Durante o século XVIII, porém, tais respostas, que inicialmente pareciam adequadas ao problema do aumento de peso, tornaram-se cada vez mais difíceis de serem sustentadas. Os químicos descobriram um número sempre maior de casos nos quais o aumento de peso acompanhava o aquecimento. Isso deveu-se em parte ao emprego cada vez maior da balança como instrumento padrão da química e em parte ao desenvolvimento da química pneumática, que tornou possível e desejável a retenção dos produtos gasosos das reações. Ao mesmo tempo, a assimilação gradual da teoria gravitacional de Newton levou os químicos a insistirem em que o aumento de peso deveria significar um aumento na quantidade de matéria. Essas conclusões não conduziram à rejeição da teoria flogística, que podia ser ajustada de muitas maneiras. Talvez o flogisto tivesse peso negativo, ou talvez partículas de fogo ou de alguma outra coisa entrassem no corpo aquecido ao mesmo tempo que o flogisto o abandonava. Havia ainda outras explicações. Mas se o problema do aumento de peso não conduziu à rejeição da teoria do flogisto, estimulou um número cada vez maior de estudos especiais nos quais esse problema tinha grande importância. Um deles, "Sobre o Flogisto Considerado Como uma Substância Pesada e (Analisada) em Termos das Mudanças de Peso Que Provoca nos Corpos aos Quais se Une", foi lido na Academia Francesa no início de 1772. No fim daquele ano, Lavoisier entregou a sua famosa nota selada ao secretário da Academia. Antes de a nota ter sido escrita, um problema, que por muitos anos estivera no limiar da consciência dos químicos, convertera-se num quebra-cabeça extraordinário e sem solução[9]. Muitas versões diferentes da teoria flogística foram elaboradas para responder ao problema. Tal como os

9. H. Guerlac, *Lavoisier: The Crucial Year*, Ithaca, 1961. O livro todo documenta a evolução e o primeiro reconhecimento de uma crise. Para uma apresentação clara da situação com relação a Lavoisier, ver p. 35.

152

problemas da química pneumática, os relativos ao aumento de peso dificultaram ainda mais a compreensão do que seria a teoria flogística. Embora ainda fosse considerado e aceito como um instrumento de trabalho útil, o paradigma da química do século XVIII estava perdendo gradualmente seu *status* ímpar. Cada vez mais as investigações por ele orientadas assemelhavam-se às levadas a cabo sob a direção de escolas competidoras do período pré-paradigmático – outro efeito típico da crise.

Examinemos agora um terceiro e último exemplo – a crise na física do fim do século XIX – que abriu caminho para a emergência da teoria da relatividade. Uma das raízes dessa crise data do fim do século XVIII, quando diversos estudiosos da filosofia da natureza, e especialmente Leibniz, criticaram Newton por ter mantido uma versão atualizada da concepção clássica do espaço absoluto[10]. Esses filósofos, embora nunca tenham sido completamente bem-sucedidos, quase conseguiram demonstrar que movimentos e posições absolutos não tinham nenhuma função no sistema de Newton. Além disso, foram bem-sucedidos ao sugerir o atrativo estético considerável que uma concepção plenamente relativista de espaço ou movimento teria no futuro. Tal como os primeiros copernicanos, que criticaram as provas apresentadas por Aristóteles no tocante à estabilidade da Terra, não sonhavam que a transição para um sistema relativista pudesse ter consequências do ponto de vista da observação. Em nenhum momento relacionaram suas concepções com os problemas que se apresentavam quando da aplicação da teoria de Newton à natureza. Consequentemente, suas concepções desapareceram com eles durante as primeiras décadas do século XVIII, ressuscitando somente no final do século XIX quando já tinham uma relação muito diversa com a prática da física.

Os problemas técnicos com os quais uma teoria relativista do espaço teria de haver-se começaram a aparecer na

---

10. Max Jammer, *Concepts of Space: The History* of *the Theories of Space in Physics*, Cambridge, 1954, p. 114-124.

ciência normal com a aceitação da teoria ondulatória por volta de 1815, embora não tenham produzido nenhuma crise antes da última década do século. Se a luz é um movimento ondulatório que se propaga num éter mecânico governado pelas leis de Newton, então tanto a observação celeste como as experiências terrestres tornam-se potencialmente capazes de detectar o deslocamento através do éter. Dentre as observações celestes, apenas aquelas de aberração prometiam apresentar suficiente exatidão de modo a proporcionar informações relevantes. Devido a isso, a detecção de deslocamentos no éter através da medição das aberrações foi reconhecida como problema para a pesquisa normal. Muito equipamento especial foi construído para resolvê-lo. Contudo, tais equipamentos não detectaram nenhum deslocamento observável e em vista disso o problema foi transferido dos experimentadores e observadores para os teóricos. Durante as décadas centrais do século, Fresnel, Stokes e outros conceberam numerosas articulações da teoria do éter, destinadas a explicar o fracasso na observação do deslocamento. Todas essas articulações pressupunham que um corpo em movimento arrasta consigo algumas frações de éter. Cada uma dessas articulações obteve sucesso no esforço de explicar não só os resultados negativos da observação celeste, mas também os das experiências terrestres, incluindo-se aí a famosa experiência de Michelson e Morley[11]. Ainda não havia conflito, exceto entre as várias articulações. Na ausência de técnicas experimentais relevantes, esse conflito nunca chegou a aprofundar-se.

A situação modificou-se somente com a aceitação gradual da teoria eletromagnética de Maxwell, nas duas últimas décadas do século XIX. O próprio Maxwell era um newtoniano que acreditava que a luz e o eletromagnetismo em geral eram devidos a deslocamentos variáveis

---

11. Joseph Larmor, *Aether and Matter... Including a Discussion of the Influence of the Earth's Motion on Optical Phenomena*, Cambridge, 1900, p. 6-20; 320-322.

das partículas de um éter mecânico. Suas primeiras versões de uma teoria da eletricidade e do magnetismo utilizaram expressamente as propriedades hipotéticas que ele atribuía a esse meio. Essas propriedades foram retiradas da versão final, mas Maxwell continuou acreditando que sua teoria eletromagnética era compatível com alguma articulação da concepção mecânica de Newton[12]. Desenvolver uma articulação adequada tornou-se um desafio para Maxwell e seus sucessores. Contudo, na prática, como acontecera muitas vezes no curso do desenvolvimento científico, a articulação necessária revelou-se imensamente difícil de ser produzida. Do mesmo modo que a proposta astronômica de Copérnico (apesar do otimismo de seu autor) gerou uma crise cada vez maior nas teorias existentes sobre o movimento, a teoria de Maxwell, apesar de sua origem newtoniana, acabou produzindo uma crise no paradigma do qual emergira[13]. Além disso, a crise tornou-se mais aguda no tocante aos problemas que acabamos de considerar, isto é, aqueles relativos ao movimento no éter.

A discussão de Maxwell relacionada com o comportamento eletromagnético dos corpos em movimento não fez referência à resistência do éter e tornou muito difícil a introdução de tal noção na sua teoria. Como resultado, toda uma série de observações anteriores destinadas a detectar o deslocamento através do éter tornou-se anômala. Em consequência, os anos posteriores a 1890 testemunharam uma longa série de tentativas, tanto experimentais como teóricas, para detectar o movimento relacionado com o éter e introduzir esse último na teoria de Maxwell. Em geral, as primeiras tentativas foram malsucedidas, embora alguns analistas considerassem seus resultados equívocos. Os esforços teóricos produziram uma série de pontos de

12. R.T. Glazebrook, *James Clerk Maxwell and Modern Physics*, Londres, 1896, cap. IX. Para a posição final de Mawxell, ver seu próprio livro, *A Treatise on Electricity and Magnetism*, 3. ed., Oxford, 1892, p. 470.

13. A respeito do papel da astronomia no desenvolvimento da mecânica, ver Kuhn, op. cit., cap. VII.

155

partida promissores, sobretudo os de Lorentz e Fitzgerald, mas também estes trouxeram à tona novos quebra-cabeças. O resultado final foi precisamente aquela proliferação de teorias que mostramos ser concomitantes com as crises[14]. Foi nesse contexto histórico que, em 1905, emergiu a Teoria Especial da Relatividade de Einstein.

Esses três exemplos são (quase) inteiramente típicos. Em cada um desses casos uma nova teoria surgiu somente após um fracasso caracterizado na atividade normal de resolução de problemas. Além disso, com exceção de Copérnico, em cujo caso fatores alheios à ciência desempenharam papel particularmente importante, o fracasso e a proliferação de teorias que os tornam manifestos ocorreram uma ou duas décadas antes do enunciado da nova teoria. Essa última parece ser uma resposta direta à crise. Note-se também que, embora isso possa não ser igualmente típico, os problemas com os quais está relacionado o fracasso eram todos de um tipo há muito identificado. A prática anterior da ciência normal proporcionara toda sorte de razões para considerá-los resolvidos ou quase resolvidos, o que ajuda a explicar por que o sentido de fracasso, quando aparece, pode ser tão intenso. O fracasso com um novo tipo de problema é muitas vezes decepcionante, mas nunca surpreendente. Em geral, nem os problemas nem os quebra-cabeças cedem ao primeiro ataque. Finalmente esses exemplos partilham outra característica que pode reforçar a importância do papel da crise: a solução para cada um deles foi antecipada, pelo menos parcialmente, em um período no qual a ciência correspondente não estava em crise. Tais antecipações foram ignoradas, precisamente por não haver crise.

A única antecipação completa é igualmente a mais famosa: a de Copérnico por Aristarco, no século III a.C. Afirma-se frequentemente que, se a ciência grega tivesse sido menos dedutiva e menos dominada por dogmas, a astronomia heliocêntrica poderia ter iniciado seu

14. Whittaker, op. cit., v. I, p. 386-410 e v. II, Londres, 1953, p. 27-40.

desenvolvimento dezoito séculos antes[15]. Mas isso equivale a ignorar todo o contexto histórico. Quando a sugestão de Aristarco foi feita, o sistema geocêntrico, que era muito mais razoável do que o heliocêntrico, não apresentava qualquer problema que pudesse ser solucionado por este. Todo o desenvolvimento da astronomia ptolomaica, tanto seus triunfos como seus fracassos, ocorrem nos séculos posteriores à proposta de Aristarco. Além disso, não havia razões óbvias para levar as propostas de Aristarco a sério. Mesmo a versão mais elaborada de Copérnico não era nem mais simples nem mais acurada do que o sistema de Ptolomeu. As observações disponíveis, que serviam de testes, não forneciam, como veremos adiante, base suficiente para uma escolha entre essas teorias. Em tais circunstâncias, um dos fatores que levou os astrônomos a Copérnico (e que não poderia tê-los conduzido a Aristarco) foi a crise caracterizada que fora responsável pela inovação. A astronomia ptolomaica fracassara na resolução de seus problemas; chegara o momento de dar uma oportunidade a um competidor. Nossos outros dois exemplos não proporcionam antecipações tão completas. Entretanto, seguramente uma das razões pelas quais as teorias da combustão por absorção da atmosfera – desenvolvidas no século XVII por Rey, Hooke e Mayow – não conseguiram uma audiência satisfatória foi por não disporem de contato com qualquer problema reconhecido pela prática científica normal[16]. O prolongado desinteresse demonstrado pelos cientistas dos séculos XVIII e XIX para com os críticos relativistas de Newton tem sido, em grande parte, devido a um fracasso semelhante na confrontação com a prática da ciência normal.

15. Quanto à obra de Aristarco, ver T.L. Herth, *Aristarchus of Samos: The Ancient Copernicus*, Oxford, 1913, parte II. Para uma apresentação extremada da atitude tradicional com respeito ao desdém pela realização de Aristarco, ver Arthur Koestler, *The Sleepwalkers: A History of Man's Changing Vision of the Universe*, Londres, 1959, p. 50.

16. Partington, op. cit., p. 78-85.

Os estudiosos da filosofia da ciência demonstraram repetidamente que mais de uma construção teórica pode ser aplicada a um conjunto de dados determinado, qualquer que seja o caso considerado. A história da ciência indica que, sobretudo nos primeiros estágios de desenvolvimento de um novo paradigma, não é muito difícil inventar tais alternativas. Mas essa invenção de alternativas é precisamente o que os cientistas raro empreendem, exceto durante o período pré-paradigmático do desenvolvimento de sua ciência e em ocasiões muito especiais de sua evolução subsequente. Enquanto os instrumentos proporcionados por um paradigma continuam capazes de resolver os problemas que este define, a ciência move-se com maior rapidez e aprofunda-se ainda mais por meio da utilização confiante desses instrumentos. A razão é clara. Na manufatura, como na ciência – a produção de novos instrumentos é uma extravagância reservada para as ocasiões que a exigem. O significado das crises consiste exatamente no fato de que indicam que é chegada a ocasião para renovar os instrumentos.

7. A RESPOSTA À CRISE

Suponhamos que as crises são uma pré-condição necessária para a emergência de novas teorias e perguntemos então como os cientistas respondem à sua existência. Parte da resposta, tão óbvio como importante, pode ser descoberta observando-se primeiramente o que os cientistas jamais fazem, mesmo quando se defrontam com anomalias prolongadas e graves. Embora possam começar a perder sua fé e a considerar outras alternativas, não renunciam ao paradigma que os conduziu à crise. Por outra: não tratam as anomalias como contraexemplos do paradigma, embora, segundo o vocabulário da filosofia da ciência, elas sejam precisamente isso. Em parte, essa nossa generalização é um fato histórico, baseada em exemplos como os mencionados anteriormente e os que indicaremos mais adiante. Isso já sugere o que o nosso exame da rejeição de um paradigma revelará de uma maneira mais clara e completa: uma teoria científica, após ter atingido o *status* de paradigma, somente é considerada inválida quando existe uma alternativa disponível para substituí-la. Nenhum processo descoberto até agora pelo estudo histórico do desenvolvimento científico assemelha-se ao estereótipo metodológico da falsificação por meio da comparação direta com a natureza. Essa observação não significa que os cientistas não rejeitem teorias científicas ou que a experiência e a experimentação não sejam essenciais ao processo de rejeição, mas que – e este será um ponto central – o juízo que leva os cientistas a rejeitarem uma teoria previamente aceita baseia-se sempre em algo mais do que essa comparação da teoria com o mundo. Decidir rejeitar um paradigma é sempre decidir simultaneamente aceitar outro e o juízo que conduz a essa decisão envolve a comparação de ambos os paradigmas com a natureza, *bem como* sua comparação mútua.

A par disso, existe uma segunda razão para duvidar que os cientistas rejeitem paradigmas simplesmente porque se defrontam com anomalias ou contraexemplos. Ao apresentar essa segunda razão, delinearei outra das principais teses deste ensaio. As razões para a dúvida esboçadas acima eram puramente fatuais; isto é, eram, elas mesmas, contraexemplos de uma teoria epistemológica atualmente admitida. Como tal, se meu argumento é correto, tais razões podem, quando muito, ajudar a formação de uma crise ou, mais exatamente, reforçar alguma já existente. Por si mesmas não podem e não irão falsificar essa teoria filosófica, pois os defensores desta farão o mesmo que os cientistas fazem quando confrontados com anomalias: conceberão numerosas articulações e modificações *ad hoc* de sua teoria, a fim de eliminar qualquer conflito aparente. Muitas das modificações e especificações relevantes já estão presentes na literatura. Portanto, se esses contraexemplos epistemológicos constituem algo mais do que uma fonte de irritação de menor importância, será porque ajudam a admitir a emergência de uma nova e diferente análise da ciência, no interior da qual já não são uma fonte de problemas. Além disso, se é possível aplicar aqui um padrão típico (que será observado mais adiante nas revoluções científicas), tais anomalias não mais parecerão ser simples fatos. Em vez disso, no interior de uma nova teoria do conhecimento científico, poderão assemelhar-se a tautologias, enunciados de situações que de outro modo não seriam concebíveis.

Por exemplo, tem-se observado com frequência que a segunda lei do movimento de Newton, embora tenha consumido séculos de difíceis pesquisas teóricas e fatuais até ser alcançada, desempenha para os partidários da teoria newtoniana um papel muito semelhante a um enunciado puramente lógico, que não pode ser refutado por observações, por amplas que estas sejam[1]. No capítulo 9 veremos que a lei química relativa às proporções constantes, que antes de Dalton era uma descoberta experimental ocasional dotada de uma generalidade muito duvidosa, tornou-se após seus trabalhos um ingrediente de uma definição de composto químico que nenhuma investigação experimental poderia, por si só, abalar. Algo muito semelhante acontecerá com a generalização segundo a qual os cientistas não rejeitam paradigmas quando confrontados com anomalias ou contraexemplos. Não poderiam fazer isso e ainda assim permanecerem cientistas.

Embora seja improvável que a história registre seus nomes, indubitavelmente alguns homens foram levados a abandonar a ciência devido à sua inabilidade para tolerar crises. Tal como os artistas, os cientistas criadores precisam, em determinadas ocasiões, ser capazes de viver em um mundo desordenado – descrevi em outro trabalho essa necessidade como "a tensão essencial" implícita na pesquisa científica[2]. Mas creio que essa rejeição da ciência

1. Ver especialmente a discussão contida em N.R. Hanson, *Patterns of Discovery*, Cambridge, 1958, p. 99-105.
2. T.S. Kuhn, The Essential Tension: Tradition and Innovation in Scientific Research, em Calvin W. Taylor (ed.), *The Third (1959) University of Utah Research Conference on the Identification of Creative Scientific Talent*, Salt Lake City, 1959, p. 162-177. Para um fenômeno comparável entre artistas, ver Frank Barron, The Psychology of Imagination, *Scientific American*, n. 199, set. 1958, p. 151-166, especialmente p. 160.

em favor de outra ocupação é a única espécie de rejeição de paradigma a que, por si mesmos, podem conduzir os contraexemplos. Uma vez encontrado um primeiro paradigma com o qual conceber a natureza, já não se pode mais falar em pesquisa sem qualquer paradigma. Rejeitar um paradigma sem simultaneamente substituí-lo por outro é rejeitar a própria ciência. Esse ato se reflete não no paradigma mas no homem. Inevitavelmente ele será visto por seus colegas como o "carpinteiro que culpa suas ferramentas pelo seu fracasso".

Pode-se, de maneira pelo menos igualmente eficaz, demonstrar o mesmo ponto de vista ao contrário: não existe algo como a pesquisa sem contraexemplos. O que diferencia a ciência normal da ciência em estado de crise? Certamente não o fato de que a primeira não se defronta com contraexemplos. Ao invés disso, o que chamamos acima de quebra-cabeças da ciência normal existe somente porque nenhum paradigma aceito como base para a pesquisa científica resolve todos os seus problemas. Os raros paradigmas que pareciam capazes disso (por exemplo, a óptica geométrica) em pouco tempo deixaram de produzir quaisquer problemas relevantes para a pesquisa. Em vez disso, tornaram-se instrumentos para tarefas técnicas. Excetuando-se os que são exclusivamente instrumentais, cada problema que a ciência normal considera um quebra-cabeça pode ser visto de outro ângulo: como contraexemplos e portanto como uma fonte de crise. Copérnico considerou contraexemplos o que a maioria dos demais seguidores de Ptolomeu vira como quebra-cabeças relativos à adequação entre a observação e a teoria. Lavoisier considerou contraexemplo o que Priestley vira como um quebra-cabeça resolvido com êxito na articulação da teoria flogística. Einstein viu como contraexemplos o que Lorentz, Fitzgerald e outros haviam considerado como quebra-cabeças relativos à articulação das teorias de Newton e Maxwell. Além disso, nem mesmo a existência de uma crise transforma por si mesma um quebra-cabeça em um contraexemplo. Não existe uma linha divisória precisa. Em vez disso, a crise, ao provocar uma proliferação de versões do paradigma, enfraquece as regras de resolução dos quebra-cabeças da ciência normal, de tal modo que acaba permitindo a emergência de um novo paradigma. Creio que existem apenas duas alternativas: ou bem as teorias científicas jamais se defrontam com um contraexemplo, ou bem essas teorias se defrontam constantemente com contraexemplos.

Como se poderia considerar essa situação diferentemente? Essa questão leva necessariamente à elucidação crítica e histórica da filosofia e tais tópicos não têm lugar neste ensaio. Mas podemos, ao menos, indicar duas razões pelas quais a ciência parece ter fornecido um exemplo tão adequado da generalização segundo a qual a verdade e a falsidade são determinadas de modo inequívoco pela confrontação do enunciado com os fatos. A ciência normal esforça-se (e deve fazê-lo constantemente) para aproximar sempre mais a teoria e os fatos. Essa atividade pode ser vista como um teste ou uma busca de confirmação ou falsificação. Em lugar disso, seu objeto consiste em resolver um quebra-cabeça, cuja simples existência supõe a validade do paradigma. O fracasso em alcançar uma solução desacredita somente o cientista e não a teoria. A esse caso, ainda mais do que ao anterior, aplica-se o provérbio: "Quem culpa suas ferramentas é mau carpinteiro". Além disso, a maneira pela qual a pedagogia da ciência complica a discussão de uma teoria com observações sobre suas aplicações exemplares tem contribuído para reforçar uma teoria da confirmação extraída predominantemente de outras fontes. Dada uma razão para fazê-lo, por superficial que seja, aquele que lê um texto científico facilmente poderá considerar as aplicações como provas em favor da teoria, razões pelas quais devemos acreditar nela. Mas os estudantes de ciência aceitam as teorias por causa da autoridade do professor e dos textos e não devido às provas. Que alternativas, que competência possuem eles? As aplicações mencionadas nos textos não são apresentadas como provas, mas porque aprendê-las é parte do aprendizado do paradigma que serve de base para a prática científica em vigor. Se as aplicações fossem apresentadas como provas, o próprio fracasso dos textos em sugerir interpretações alternativas ou discutir problemas para os quais os cientistas não conseguiram produzir soluções paradigmáticas, condenariam seus autores como sendo extremamente parciais. Não existe a menor razão para semelhante acusação.

Como, então – retornando à questão inicial –, os cientistas respondem à consciência da existência de uma anomalia na adequação entre a teoria e a natureza? O que acaba de ser dito indica que mesmo uma discrepância inexplicavelmente maior que a experimentada em outras aplicações da teoria não precisa provocar nenhuma resposta muito profunda. Sempre existem algumas discrepâncias. Mesmo as mais obstinadas acabam cedendo aos esforços da prática normal. Muito frequentemente os cientistas estão dispostos a esperar, especialmente quando existem muitos problemas disponíveis em outros setores do campo de estudos. Por exemplo, já indicamos que durante os sessenta anos que se seguiram aos cálculos originais de Newton, o movimento predito para o perigeu da Lua permaneceu equivalente à metade do movimento observado. Enquanto os melhores físicos matemáticos da Europa continuavam a lutar sem êxito com essa conhecida discrepância, apareceram propostas ocasionais visando à modificação da lei newtoniana relativa ao inverso do quadrado das distâncias. Mas ninguém levou tais propostas muito a sério e na prática essa paciência com uma importante anomalia demonstrou ser justificada. Em 1750, Clairaut conseguiu mostrar que somente a matemática utilizada na aplicação estava errada e que a teoria newtoniana poderia ser mantida inalterada[3]. Mesmo nos casos em que nem mesmo erros simples parecem possíveis (talvez porque a matemática envolvida seja mais simples ou

3. W. Whewell, *History of the Inductive Sciences*, v. II, ed. rev., Londres, 1847, p. 220-221.

de um tipo familiar, empregada com bons resultados em outras áreas), uma anomalia reconhecida e persistente nem sempre leva a uma crise. Ninguém questionou seriamente a teoria newtoniana por causa das discrepâncias de há muito reconhecidas entre as predições daquela teoria e as velocidades do som e do movimento de Mercúrio. A primeira dessas discrepâncias acabou sendo resolvida de maneira inesperada pelas experiências sobre o calor, empreendidas com um objetivo bem diverso; a segunda desapareceu com a Teoria Geral da Relatividade, após uma crise que não ajudara a criar[4]. Aparentemente nenhuma das discrepâncias pareceu suficientemente fundamental para evocar o mal-estar que acompanha uma crise. Puderam ser consideradas como contraexemplos e mesmo assim serem deixadas de lado para um exame posterior.

Segue-se daí que, para uma anomalia originar uma crise, deve ser algo mais do que uma simples anomalia. Sempre existem dificuldades em qualquer parte da adequação entre o paradigma e a natureza; a maioria, cedo ou tarde, acaba sendo resolvida frequentemente através de processos que não poderiam ter sido previstos. O cientista que se detém para examinar cada uma das anomalias que constata raramente realizará algum trabalho importante. Devemos, portanto, perguntar o que é que torna uma anomalia digna de um escrutínio coordenado. Provavelmente não existe uma resposta verdadeiramente geral para essa pergunta. Os casos que já examinamos são característicos, mas muito pouco descritivos. Algumas vezes uma anomalia colocará claramente em questão as generalizações explícitas e fundamentais do paradigma – tal como o problema da resistência do éter com relação aos que aceitavam a teoria de Maxwell. Ou, como no caso da revolução copernicana, uma anomalia sem importância fundamental aparente pode provocar

4. No tocante à velocidade do som, ver T.S. Kuhn, The Caloric Theory of Adiabatic Compression, *Isis*, n. 44, 1958, p. 136-137. A respeito da mudança secular no periélio de Mercúrio, ver E.T. Whittaker, *A History of the Theories of Aether and Electricity*, v. II, Londres, 1953, p. 151; 179.

uma crise, caso as aplicações que ela inibe possuam uma importância prática especial – neste exemplo para a elaboração do calendário e para a astrologia. Ou, como no caso da química do século XVIII, o desenvolvimento da ciência normal pode transformar em uma fonte de crise uma anomalia que anteriormente não passava de um incômodo: o problema das relações de peso adquiriu um *status* muito diferente após a evolução das técnicas químico-pneumáticas. É de presumir que ainda existam outras circunstâncias capazes de tornar uma anomalia algo particularmente premente. Em geral diversas dessas circunstâncias parecerão combinadas. Já indicamos, por exemplo, que uma das fontes da crise com a qual se defrontou Copérnico foi simplesmente o espaço de tempo durante o qual os astrônomos lutaram sem sucesso para reduzir as discrepâncias residuais existentes no sistema de Ptolomeu.

Quando, por essas razões ou outras similares, uma anomalia parece ser algo mais do que um novo quebra-cabeça da ciência normal, é sinal de que se iniciou a transição para a crise e para a ciência extraordinária. A própria anomalia passa a ser mais comumente reconhecida como tal pelos cientistas. Um número cada vez maior de cientistas eminentes do setor passa a dedicar-lhe uma atenção sempre maior. Se a anomalia continua resistindo à análise (o que geralmente não acontece), muitos cientistas podem passar a considerar sua resolução como o objeto de estudo específico de sua disciplina. Para esses investigadores a disciplina não parecerá mais a mesma de antes. Parte dessa aparência resulta pura e simplesmente da nova perspectiva de enfoque adotada pelo escrutínio científico. Uma fonte de mudanças ainda mais importante é a natureza divergente das numerosas soluções parciais que a atenção concentrada tornou disponível. Os primeiros ataques contra o problema não resolvido seguem bem de perto as regras do paradigma, mas, com a contínua resistência, a solução, os ataques envolverão mais e mais algumas articulações menores do paradigma (ou mesmo algumas não tão inexpressivas).

Nenhuma dessas articulações será igual; cada uma delas será bem-sucedida, mas nenhuma tão bem-sucedida que possa ser aceita como paradigma pelo grupo. Através dessa proliferação de articulações divergentes (que serão cada vez mais frequentemente descritas como adaptações *ad hoc*), as regras da ciência normal tornam-se sempre mais indistintas. A esta altura, embora ainda exista um paradigma, constata-se que poucos cientistas estarão de acordo sobre qual seja ele. Mesmo soluções padrão de problemas que anteriormente eram aceitas passam a ser questionadas.

Tal situação, quando aguda, é algumas vezes reconhecida pelos cientistas envolvidos. Copérnico queixou-se de que no seu tempo os astrônomos eram tão "incoerentes nessas investigações [astronômicas] [...] que não conseguiam explicar nem mesmo a duração constante das estações do ano". "Com eles", continua, "é como se um artista reunisse as mãos, os pés, a cabeça e outros membros de imagens de diversos modelos, cada parte muitíssimo bem desenhada, mas sem relação com um mesmo corpo. Uma vez que elas não se adaptam umas às outras de forma alguma, o resultado seria antes um monstro que um homem"[5]. Einstein, limitado pelo emprego corrente de uma linguagem menos rebuscada, escreveu apenas que: "Foi como se o solo debaixo de nossos pés tivesse sido retirado, sem que nenhum fundamento firme, sobre o qual se pudesse construir, estivesse à vista"[6]. Wolfgang Pauli, nos meses que precederam o artigo de Heisenberg que indicaria o caminho para uma nova teoria dos *quanta*, escreveu a um amigo: "No momento, a física está mais uma vez em terrível confusão. De qualquer modo, para mim é muito difícil. Gostaria de ter-me tornado um comediante de cinema ou algo do gênero e nunca ter ouvido falar de física". Esse testemunho é particularmente impressionante se contrastado com

---

5. Citado em T.S. Kuhn, *The Copernican Revolution*, Cambridge, 1957, p. 138.

6. Albert Einstein, Autobiographical Note, em P.A. Schil (ed.), *Albert Einstein: Philosopher-Scientist*, Evanston (ed.), 1949, p. 45.

as palavras que Pauli pronunciou cinco meses depois: "O tipo de mecânica proposta por Heisenberg devolveu-me a esperança e a alegria de viver. Sem dúvida alguma, ela não proporciona a solução para a charada, mas acredito que agora é possível avançar novamente"[7].

Tais reconhecimentos explícitos de fracasso são extraordinariamente raros, mas os efeitos da crise não dependem inteiramente de sua aceitação consciente. Quais são esses efeitos? Apenas dois deles parecem ser universais. Todas as crises iniciam com o obscurecimento de um paradigma e o consequente relaxamento das regras que orientam a pesquisa normal. A esse respeito, a pesquisa dos períodos de crise assemelha-se muito à pesquisa pré-paradigmática, com a diferença de que no primeiro caso o ponto de divergência é menor e menos claramente definido. As crises podem terminar de três maneiras. Algumas vezes a ciência normal acaba revelando-se capaz de tratar do problema que provoca crise, apesar do desespero daqueles que o viam como o fim do paradigma existente. Em outras ocasiões o problema resiste até mesmo a novas abordagens aparentemente radicais. Nesse caso, os cientistas podem concluir que nenhuma solução para o problema poderá surgir no estado atual da área de estudo. O problema recebe então um rótulo e é posto de lado para ser resolvido por uma futura geração que disponha de instrumentos mais elaborados. Ou, finalmente, o caso que mais nos interessa: uma crise pode terminar com a emergência de um novo candidato a paradigma e com uma subsequente batalha por sua aceitação. Esse modo de resolução será extensamente examinado nos últimos capítulos, mas anteciparemos algo do que será dito, a fim de completar estas observações sobre a evolução e a anatomia do estado de crise.

---

7. Ralph Kronig, The Turning Point, em M. Fierz; V.F. Weisskopf (eds.), *Theoretical Physics in the Tweentieth Century: A Memorial Volume to Wolfang Pauli*, Nova York, 1960, p. 22; 25-26. Grande parte desse artigo descreve a crise que teve lugar na mecânica quântica nos anos anteriores a 1925.

A transição de um paradigma em crise para um novo, do qual pode surgir uma nova tradição de ciência normal, está longe de ser um processo cumulativo obtido por meio de uma articulação do velho paradigma. É antes uma reconstrução da área de estudos a partir de novos princípios, reconstrução que altera algumas das generalizações teóricas mais elementares do paradigma, bem como muitos de seus métodos e aplicações. Durante o período de transição haverá uma grande coincidência (embora nunca completa) entre os problemas que podem ser resolvidos pelo antigo paradigma e os que podem ser resolvidos pelo novo. Haverá igualmente uma diferença decisiva no tocante aos modos de solucionar os problemas. Completada a transição, os cientistas terão modificado a sua concepção da área de estudos, de seus métodos e de seus objetivos. Um historiador perspicaz, observando um caso clássico de reorientação da ciência por mudança de paradigma, descreveu-o recentemente como "tomar o reverso da medalha", processo que envolve "manipular o mesmo conjunto de dados que anteriormente, mas estabelecendo entre eles um novo sistema de relações, organizado a partir de um quadro de referência diferente"[8]. Outros que atentaram para esse aspecto do avanço científico enfatizaram sua semelhança com uma mudança na forma (*gestalt*) visual: as marcas no papel, que primeiramente foram vistas como um pássaro, são agora vistas como um antílope ou vice-versa[9]. Tal paralelo pode ser enganoso. Os cientistas não veem uma coisa *como* se fosse outra diferente – eles simplesmente a veem. Já examinamos alguns dos problemas criados com a afirmação de que Priestley via o oxigênio como ar desflogistizado. Além disso, o cientista não retém, como o sujeito da *gestalt*, a liberdade de passar repetidamente de uma maneira de ver a outra. Não obstante, a mudança de forma perceptiva (*gestalt*), sobretudo por ser atualmente tão familiar, é

8. Herbert Butterfield, *The Origins of Modern Science, 1300-1800*, Londres, 1949, p. 1-7.

9. Hanson, op. cit., cap. I.

um protótipo elementar útil para o exame do que ocorre durante uma mudança total de paradigma.

As antecipações feitas acima poderão auxiliar-nos a reconhecer a crise como um prelúdio apropriado à emergência de novas teorias, especialmente após termos examinado uma versão em pequena escala do mesmo processo, ao discutirmos a emergência de descobertas. É exatamente porque a emergência de uma nova teoria rompe com uma tradição da prática científica e introduz uma nova dirigida por regras diferentes, situada no interior de um universo de discurso também diferente, que tal emergência só tem probabilidades de ocorrer quando se percebe que a tradição anterior equivocou-se gravemente. Contudo, essa observação não é mais que um prelúdio à investigação do estado de crise e, infelizmente, as perguntas às quais ela conduz requerem a competência do psicólogo, ainda mais do que a do historiador. Como é a pesquisa extraordinária? Como fazemos para que uma anomalia se ajuste à lei? Como procedem os cientistas quando se conscientizam de que há algo fundamentalmente errado no paradigma, em um nível para o qual não estão capacitados a trabalhar devido às limitações de seu treinamento? Essas questões exigem investigações bem mais amplas, não necessariamente históricas. O que dizemos a seguir será necessariamente mais hipotético e incompleto do que o afirmado anteriormente.

Frequentemente, um novo paradigma emerge – ao menos embrionariamente – antes que uma crise esteja bem desenvolvida ou tenha sido explicitamente reconhecida. O trabalho de Lavoisier fornece um exemplo característico. A sua nota lacrada foi depositada na Academia Francesa menos de um ano depois do primeiro estudo minucioso das relações de peso na teoria flogística e antes das publicações de Priestley terem revelado toda a extensão da crise existente na química pneumática. Os primeiros informes de Thomas Young sobre a teoria ondulatória da luz apareceram num estágio bem inicial de uma crise que se desenvolvia na óptica. Tal crise teria passado quase despercebida se, na década que se seguiu aos primeiros trabalhos de Young, não tivesse se transformado em um escândalo científico internacional, sem qualquer assistência daquele autor. Em casos como esse, pode-se apenas dizer que um fracasso menor do paradigma e o primeiro obscurecimento de suas regras para a ciência normal foram suficientes para induzir em alguém um novo modo de encarar seu campo de estudos. O que ocorreu entre a primeira percepção do problema e o reconhecimento de uma alternativa disponível deve ter sido em grande parte inconsciente.

Contudo, em outros casos – como por exemplo os de Copérnico, Einstein e da teoria nuclear contemporânea – decorre um tempo considerável entre a primeira consciência do fracasso do paradigma e a emergência de um novo. Quando as coisas se processam dessa maneira o historiador pode, pelo menos, captar algumas pistas sobre o que é a ciência extraordinária. Confrontado com uma anomalia reconhecidamente fundamental, o primeiro esforço teórico do cientista será, com frequência, isolá-la com maior precisão e dar-lhe uma estrutura. Embora consciente de que as regras da ciência normal não podem estar totalmente certas, procurará aplicá-las mais vigorosamente do que nunca, buscando descobrir com exatidão onde e até que ponto elas podem ser empregadas com eficácia na área de dificuldades. Simultaneamente o cientista buscará modos de realçar a dificuldade, de torná-la mais nítida e talvez mais sugestiva do que era ao ser apresentada em experiências cujo resultado pensava-se conhecer de antemão. Esse esforço, mais do que em qualquer outro momento do desenvolvimento pré-paradigmático da ciência, parecerá quase idêntico à nossa imagem corrente do cientista. Em primeiro lugar, será frequentemente visto como um homem que procura ao acaso, realizando experiências simplesmente para ver o que acontecerá, procurando um efeito cuja natureza não pode imaginar com precisão. Ao mesmo tempo, dado que nenhuma experiência pode ser concebida sem o apoio de alguma espécie de teoria, o cientista em crise tentará

constantemente gerar teorias especulativas que, se bem-
-sucedidas, possam abrir o caminho para um novo paradigma e, se malsucedidas, possam ser abandonadas com
relativa facilidade.

O relatório de Kepler sobre sua luta prolongada com
o movimento de Marte e a descrição de Priestley sobre sua
resposta à proliferação de novos gases fornecem exemplos
clássicos de um tipo de pesquisa mais aleatório gerado pela
consciência da anomalia[10]. Mas provavelmente as melhores ilustrações encontram-se nas pesquisas contemporâneas
sobre a teoria de campo e sobre as partículas fundamentais.
Não fosse a crise que tornou necessário determinar até onde
poderiam ir as regras da ciência normal, teria parecido
justificado o esforço exigido para detectar o neutrino? Do
mesmo modo, se as regras não tivessem falhado de maneira
evidente em algum ponto não revelado, a hipótese radical
de não conservação da paridade teria sido sugerida ou testada? Como tantas outras pesquisas físicas realizadas na
década passada, essas experiências foram, em parte, tentativas de localizar e definir a origem de um conjunto ainda
difuso de anomalias.

Esse tipo de pesquisa extraordinária é, com frequência (embora de nenhum modo geralmente), acompanhado
por outro. Creio que é sobretudo nos períodos de crises
reconhecidas que os cientistas se voltam para a análise
filosófica como um meio para resolver as charadas de sua
área de estudos. Em geral os cientistas não precisam ou
mesmo desejam ser filósofos. Na verdade, a ciência normal usualmente mantém a filosofia criadora ao alcance da
mão e provavelmente faz isso por boas razões. Na medida
em que o trabalho de pesquisa normal pode ser conduzido

---

10. Para um relato do trabalho de Kepler sobre Marte, ver J.L.E. Dreyer,
A History of Astronomy from Thales to Kepler, 2. ed., Nova York, 1953,
p. 380-393. Inexatidões acidentais não impedem que a apresentação de
Dreyer nos forneça o material de que necessitamos. Quanto a Priestley,
ver suas próprias obras, especialmente *Experiments and Observations on
Different Kinds of Air*, Londres, 1774-1775.

utilizando-se do paradigma como modelo, as regras e pressupostos não precisam ser explicados. No capítulo 4, observamos que o conjunto completo das regras, buscado pela análise filosófica, não precisa nem mesmo existir. Isso não quer dizer que a busca de pressupostos (mesmo os não existentes) não possa eventualmente ser uma maneira eficaz de enfraquecer o domínio de uma tradição sobre a mente e sugerir as bases para uma nova. Não é por acaso que a emergência da física newtoniana no século XVII e da relatividade e da mecânica quântica no século XX foram precedidas e acompanhadas por análises filosóficas fundamentais da tradição de pesquisa contemporânea[11]. Nem é acidental o fato de em ambos os períodos a chamada experiência de pensamento ter desempenhado um papel tão crítico no progresso da pesquisa. Como mostrei em outros lugares, a experiência de pensamento analítica que é tão importante nos escritos de Galileu, Einstein, Bohr e outros é perfeitamente calculada para expor o antigo paradigma ao conhecimento existente, de tal forma que a raiz da crise seja isolada com uma clareza impossível de obter-se no laboratório[12].

Com o desenvolvimento – isolado ou conjunto – desses procedimentos extraordinários, uma outra coisa pode ocorrer. Ao concentrar a atenção científica sobre uma área problemática bem delimitada e ao preparar a mente científica para o reconhecimento das anomalias experimentais pelo que realmente são, as crises fazem frequentemente proliferar novas descobertas. Já indicamos como a consciência de crise distingue entre o trabalho de Lavoisier sobre o oxigênio e o de Priestley; e o oxigênio não foi o único gás que os químicos conscientes da anomalia descobriram nos trabalhos de Priestley. As novas descobertas ópticas

11. Para o contraponto filosófico que acompanhou a mecânica do século XVII, ver René Dugas, *La Mécanique au XVIIe siècle*, Neuchâtel, 1954, especialmente cap. XI. Com referência a um episódio semelhante no século XIX, ver um livro anterior do mesmo autor, *Histoire de la mécanique*, Neuchâtel, 1950, p. 419-443.

12. T.S. Kuhn, A Function for Thought Experiments, em R. Taton; I.B. Cohen (eds.), *Mélanges Alexandre Koyré*, publicado por Hermann, Paris.

acumularam-se rapidamente pouco antes e durante o surgimento da teoria ondulatória da luz. Algumas dessas descobertas, como a da polarização por reflexão, resultaram de acidentes que se tornam prováveis quando existe um trabalho concentrado na área problemática. (Malus, autor da descoberta, estava apenas iniciando seu ensaio sobre a dupla refração, com o qual pensava conquistar o prêmio da Academia para trabalhos sobre esse tema. Sabia-se perfeitamente que essa questão apresentava um desenvolvimento insatisfatório até aquele momento.) Outras descobertas, como a do ponto luminoso no centro da sombra de um disco circular, foram resultado de predições realizadas a partir de uma nova hipótese, cujo sucesso ajudou a transformá-la em paradigma para os trabalhos posteriores. Outras ainda, como as cores de ranhuras e de placas grossas, eram efeitos que já haviam sido constatados muitas vezes e ocasionalmente mencionados, mas tal como o oxigênio de Priestley, haviam sido assimilados a efeitos bem conhecidos, de tal modo que não podiam ser vistos na sua natureza real[13]. Um relato similar poderia ser feito sobre as múltiplas descobertas que, a partir de 1895, acompanharam a emergência da mecânica quântica.

A pesquisa extraordinária deve ainda possuir outros efeitos e manifestações, mas nessa área mal começamos a descobrir as questões que precisam ser colocadas. A esta altura, isso talvez seja o suficiente. As observações anteriores devem bastar como indicação da maneira pela qual as crises debilitam a rigidez dos estereótipos e ao mesmo tempo fornecem os dados adicionais necessários para uma alteração fundamental de paradigma. Algumas vezes a forma do novo paradigma prefigura-se na estrutura que a pesquisa extraordinária deu à anomalia. Einstein escreveu que antes mesmo de dispor de qualquer substituto para a mecânica clássica,

---

13. A respeito das novas descobertas ópticas em geral, ver V. Ronchi, *Histoire de la lumière*, Paris, 1956, cap. VII. Para uma explicação anterior de um desses efeitos, ver J. Priestley, *The History and Present State of Discoveries Relating to Vision, Light and Colours*, Londres, 1772, p. 498-520.

podia perceber a inter-relação existente entre as conhecidas anomalias da radiação de um corpo negro, do efeito fotoelétrico e dos calores específicos[14]. No entanto, mais frequentemente tal estrutura não é percebida conscientemente de antemão. Ao invés disso, o novo paradigma, ou uma indicação suficiente para permitir uma posterior articulação, emerge repentinamente, algumas vezes no meio da noite, na mente de um homem profundamente imerso na crise. Qual seja a natureza desse estágio final – como o indivíduo inventa (ou descobre que inventou) uma nova maneira de ordenar os dados, já agora coletados na sua totalidade – permanecerá inescrutável aqui e é possível que assim seja permanentemente. Indiquemos apenas uma coisa a esse respeito. Quase sempre, os homens que fazem essas invenções fundamentais são muito jovens ou estão há pouco tempo na área de estudos cujo paradigma modificam[15]. Talvez não fosse necessário fazer essa observação, visto que tais homens, sendo pouco comprometidos com as regras tradicionais da ciência normal em razão de sua limitada prática científica anterior, têm grandes probabilidades de perceber que tais regras não mais definem alternativas viáveis e de conceber um outro conjunto que possa substituí-las.

A transição para um novo paradigma é uma revolução científica, tema que estamos finalmente preparados para abordar diretamente. Observe-se, entretanto, um aspecto final e aparentemente equívoco do caminho aberto pelo

14. Einstein, op. cit.
15. Essa generalização do papel da juventude nas pesquisas científicas fundamentais é tão comum que chega a ser um clichê. Além disso, um olhar rápido em quase todas as listas de contribuições fundamentais à teoria científica proporcionará uma confirmação impressionista. Não obstante, a generalização está a requerer uma investigação sistemática. Harvey C. Lehman, *Age and Achievement,* Princeton, 1953, fornece muitos dados úteis, mas seus estudos não procuram distinguir aquelas contribuições que envolvem uma reconceptualização de natureza fundamental. Não se interrogam, igualmente, sobre as circunstâncias especiais – se existem – que podem acompanhar a produtividade relativamente tardia nas ciências.

material apresentado nos três últimos capítulos. Até o capítulo 5, quando pela primeira vez introduziu-se o conceito de anomalia, os termos "revolução" e "ciência extraordinária" podem ter parecido equivalentes. Mais importante ainda, nenhum desses termos poderia ter significado outra coisa além de "ciência não normal". Tal circularidade pode ter incomodado pelo menos alguns leitores. Na prática, isso não precisava ter ocorrido. Estamos a ponto de descobrir que uma circularidade semelhante é característica das teorias científicas. Contudo, incômoda ou não, essa circularidade já não está mais sem caracterização. Neste capítulo do ensaio e nos dois precedentes, enunciamos numerosos critérios relativos ao fracasso na atividade da ciência normal, critérios que não dependem de forma alguma do fato de uma revolução seguir-se ou não a esse fracasso. Confrontados com anomalias ou crises, os cientistas tomam uma atitude diferente com relação aos paradigmas existentes. Com isso, a natureza de suas pesquisas transforma-se de forma correspondente. A proliferação de articulações concorrentes, a disposição de tentar qualquer coisa, a expressão de descontentamento explícito, o recurso à filosofia e ao debate sobre os fundamentos são sintomas de uma transição da pesquisa normal para a extraordinária. A noção de ciência normal depende mais da existência desses fatores do que da existência de revoluções.

8. A NATUREZA E A NECESSIDADE
DAS REVOLUÇÕES CIENTÍFICAS

Essas observações permitem-nos finalmente examinar os problemas que dão o nome a este ensaio. O que são revoluções científicas e qual a sua função no desenvolvimento científico? Grande parte da resposta a essas questões foi antecipada nos capítulos anteriores. De modo especial, a discussão precedente indicou que consideramos revoluções científicas aqueles episódios de desenvolvimento não cumulativo, nos quais um paradigma mais antigo é total ou parcialmente substituído por um novo, incompatível com o anterior. Contudo, há muito mais a ser dito e uma parte essencial pode ser introduzida através de mais uma pergunta. Por que chamar de revolução uma mudança de paradigma? Em face das grandes e essenciais diferenças que separam o desenvolvimento político do científico, que paralelismo poderá justificar a metáfora que encontra revoluções em ambos?

177

A esta altura um dos aspectos do paralelismo já deve ser visível. As revoluções políticas iniciam-se com um sentimento crescente, com frequência restrito a um segmento da comunidade política, de que as instituições existentes deixaram de responder adequadamente aos problemas postos por um meio que ajudaram em parte a criar. De forma muito semelhante, as revoluções científicas iniciam-se com um sentimento crescente, também seguidamente restrito a uma pequena subdivisão da comunidade científica, de que o paradigma existente deixou de funcionar adequadamente na exploração de um aspecto da natureza, cuja exploração fora anteriormente dirigida pelo paradigma. Tanto no desenvolvimento político como no científico, o sentimento de funcionamento defeituoso, que pode levar à crise, é um pré-requisito para a revolução. Além disso, embora esse paralelismo evidentemente force a metáfora, é válido não apenas para as mudanças importantes de paradigma, tais como as que podemos atribuir a Copérnico e Lavoisier, mas também para as bem menos importantes, associadas com a assimilação de um novo tipo de fenômeno, como o oxigênio ou os raios x. Como indicamos no final do capítulo 4, as revoluções científicas precisam parecer revolucionárias somente para aqueles cujos paradigmas sejam afetados por elas. Para observadores externos, podem parecer etapas normais de um processo de desenvolvimento, tal como as revoluções balcânicas no começo do século xx. Os astrônomos, por exemplo, podiam aceitar os raios x como uma simples adição ao conhecimento, pois seus paradigmas não foram afetados pela existência de uma nova radiação. Mas para homens como Kelvin, Crookes e Roentgen, cujas pesquisas tratavam da teoria da radiação ou dos tubos de raios catódicos, o surgimento dos raios x violou inevitavelmente um paradigma ao criar outro. É por isso que tais raios somente poderiam ter sido descobertos por meio da percepção de que algo não andava bem na pesquisa normal.

Esse aspecto genético do paralelo entre o desenvolvimento científico e o político não deveria deixar maiores dúvidas. Contudo, o paralelo possui um segundo aspecto, mais profundo, do qual depende o significado do primeiro. As revoluções políticas visam realizar mudanças nas instituições políticas, mudanças essas proibidas por essas mesmas instituições que se quer mudar. Consequentemente, seu êxito requer o abandono parcial de um conjunto de instituições em favor de outro. E, nesse ínterim, a sociedade não é integralmente governada por nenhuma instituição. De início, é somente a crise que atenua o papel das instituições políticas, do mesmo modo que atenua o papel dos paradigmas. Em números crescentes os indivíduos alheiam-se cada vez mais da vida política e comportam-se sempre mais excentricamente no interior dela. Então, na medida em que a crise se aprofunda, muitos desses indivíduos comprometem-se com algum projeto concreto para a reconstrução da sociedade de acordo com uma nova estrutura institucional. A essa altura, a sociedade está dividida em campos ou partidos em competição, um deles procurando defender a velha constelação institucional, o outro tentando estabelecer uma nova. Quando ocorre essa polarização, os *recursos de natureza política fracassam*. Por discordarem quanto à matriz institucional a partir da qual a mudança política deverá ser atingida e avaliada, por não reconhecerem nenhuma estrutura suprainstitucional competente para julgar diferenças revolucionárias, os partidos envolvidos em um conflito revolucionário devem recorrer finalmente às técnicas de persuasão de massa, que seguidamente incluem a força. Embora as revoluções tenham tido um papel vital na evolução das instituições políticas, esse papel depende do fato de aquelas serem parcialmente eventos extrapolíticos e extrainstitucionais.

O restante deste ensaio visa demonstrar que o estudo histórico da mudança de paradigmas revela características muito semelhantes a essas, ao longo da evolução da ciência. Tal como a escolha entre duas instituições políticas em competição, a escolha entre paradigmas em competição demonstra ser uma escolha entre modos incompatíveis

179

de vida comunitária. Por ter esse caráter, ela não é e não pode ser determinada simplesmente pelos procedimentos de avaliação característicos da ciência normal, pois esses dependem parcialmente de um paradigma determinado e esse paradigma, por sua vez, está em questão. Quando os paradigmas participam – e devem fazê-lo – de um debate sobre a escolha de um paradigma, seu papel é necessariamente circular. Cada grupo utiliza seu próprio paradigma para argumentar em favor desse mesmo paradigma.

Naturalmente a circularidade resultante não torna esses argumentos errados ou mesmo ineficazes. Colocar um paradigma como premissa numa discussão destinada a defendê-lo pode, não obstante, fornecer uma mostra de como será a prática científica para todos aqueles que adotarem a nova concepção da natureza. Essa mostra pode ser imensamente persuasiva, chegando muitas vezes a compelir à sua aceitação. Contudo, seja qual for a sua força, o *status* do argumento circular equivale tão somente ao da persuasão. Para os que recusam entrar no círculo, esse argumento não pode tornar-se impositivo, seja lógica, seja probabilisticamente. As premissas e os valores partilhados pelas duas partes envolvidas em um debate sobre paradigmas não são suficientemente amplos para permitir isso. Na escolha de um paradigma – como nas revoluções políticas – não existe critério superior ao consentimento da comunidade relevante. Para descobrir como as revoluções científicas são produzidas, teremos, portanto, que examinar não apenas o impacto da natureza e da lógica, mas igualmente as técnicas de argumentação persuasiva que são eficazes no interior dos grupos muito especiais que constituem a comunidade dos cientistas.

Para descobrirmos por que esse problema de escolha de paradigma não pode jamais ser resolvido de forma inequívoca empregando-se tão somente a lógica e os experimentos, precisaremos examinar brevemente a natureza das diferenças que separam os proponentes de um paradigma tradicional de seus sucessores revolucionários. Tal exame é o objeto principal deste capítulo e do seguinte. Já indicamos, contudo, numerosos exemplos de tais diferenças e ninguém duvidará de que a história da ciência pode fornecer muitos mais. Mais do que a existência de tais diferenças, é provável que ponhamos em dúvida a capacidade de tais exemplos para nos proporcionarem informações essenciais sobre a natureza da ciência – e, portanto, examinaremos essa questão em primeiro lugar. Admitindo que a rejeição de paradigmas é um fato histórico, tal rejeição ilumina algo mais do que a credulidade e a confusão humanas? Existem razões intrínsecas pelas quais a assimilação, seja de um novo tipo de fenômeno, seja de uma nova teoria científica, devam exigir a rejeição de um paradigma mais antigo?

Observe-se primeiramente que, se existem tais razões, elas não derivam da estrutura lógica do conhecimento científico. Em princípio, um novo fenômeno poderia emergir sem refletir-se destrutivamente sobre algum aspecto da prática científica passada. Embora a descoberta de vida na Lua possa ter atualmente um efeito destrutivo sobre os paradigmas existentes (aqueles que fazem afirmações sobre a Lua que parecem incompatíveis com a existência de vida naquele satélite), a descoberta de vida em alguma parte menos conhecida da galáxia não teria esse efeito. Do mesmo modo, uma nova teoria não precisa entrar necessariamente em conflito com qualquer de suas predecessoras. Pode tratar exclusivamente de fenômenos antes desconhecidos, como a teoria quântica, que examina fenômenos subatômicos desconhecidos até o século xx – mas, e isso é significativo, não examina apenas esses fenômenos. Ainda, a nova teoria poderia ser simplesmente de um nível mais elevado do que as anteriormente conhecidas, capaz de integrar todo um grupo de teorias de nível inferior, sem modificar substancialmente nenhuma delas. Atualmente, a teoria da conservação da energia proporciona exatamente esse tipo de vínculo entre a dinâmica, a química, a eletricidade, a óptica, a teoria térmica e assim por diante. Podemos ainda conceber outras relações compatíveis entre teorias velhas e novas e cada uma dessas pode ser exemplificada pelo processo histórico através do qual a ciência desenvolveu-se. Se fosse assim, o desenvolvimento científico seria genuinamente cumulativo. Novos tipos de fenômenos simplesmente revelariam a ordem existente em algum aspecto da natureza onde esta ainda não fora descoberta. Na evolução da ciência, os novos conhecimentos substituiriam a ignorância, em vez de substituir outros conhecimentos de tipo distinto e incompatível.

Certamente a ciência (ou algum outro empreendimento talvez menos eficaz) poderia ter se desenvolvido dessa maneira totalmente cumulativa. Muitos acreditaram que realmente ocorreu assim e a maioria ainda parece supor que a acumulação é, pelo menos, o ideal que o desenvolvimento histórico exibiria, caso não tivesse sido tão comumente distorcido pela idiossincrasia humana. Existem importantes razões para tal crença. No capítulo 9, descobriremos quão estreitamente entrelaçadas estão a concepção de ciência como acumulação e a epistemologia que considera o conhecimento como uma construção colocada diretamente pelo espírito sobre os dados brutos dos sentidos. No capítulo 10 examinaremos o sólido apoio fornecido a esse mesmo esquema historiográfico pelas técnicas da eficaz pedagogia das ciências. Não obstante, apesar da imensa plausibilidade dessa mesma imagem ideal, existem crescentes razões para perguntarmos se é possível que essa seja uma imagem de ciência. Após o período pré-paradigmático, a assimilação de todas as novas teorias e de quase todos os novos tipos de fenômenos exigiram a destruição de um paradigma anterior e um consequente conflito entre escolas rivais de pensamento científico. A aquisição cumulativa de novidades não antecipadas demonstra ser uma exceção quase inexistente à regra do desenvolvimento científico. Aquele que leva a sério o fato histórico deve suspeitar que a ciência não tende ao ideal sugerido pela imagem que temos de seu caráter cumulativo. Talvez ela seja uma outra espécie de empreendimento.

Contudo, se a resistência de determinados fatos nos leva tão longe, então uma segunda inspeção no terreno já percorrido pode sugerir-nos que a aquisição cumulativa de novidades é de fato não apenas rara, mas em princípio improvável. A pesquisa normal, que *é* cumulativa, deve seu sucesso à habilidade dos cientistas para selecionar regularmente fenômenos que podem ser solucionados através de técnicas conceituais e instrumentais semelhantes às já existentes. (É por isso que uma preocupação excessiva com problemas úteis, sem levar em consideração sua relação com os conhecimentos e as técnicas existentes, pode facilmente inibir o desenvolvimento científico.) Contudo, o homem que luta para resolver um problema definido pelo conhecimento e pela técnica existentes não se limita simplesmente a olhar à sua volta. Sabe o que quer alcançar; concebe seus instrumentos e dirige seus pensamentos de acordo com seus objetivos. A novidade não antecipada, isto é, a nova descoberta, somente pode emergir na medida em que as antecipações sobre a natureza e os instrumentos do cientista demonstrem estar equivocados. Frequentemente, a importância da descoberta resultante será ela mesma proporcional à extensão e à tenacidade da anomalia que a prenunciou. Nesse caso, deve evidentemente haver um conflito entre o paradigma que revela uma anomalia e aquele que, mais tarde, a submete a uma lei. Os exemplos de descobertas por meio da destruição de paradigmas examinados no capítulo 5 não são simples acidentes históricos. Não existe nenhuma outra maneira eficaz de gerar descobertas.

O mesmo argumento aplica-se ainda mais claramente à invenção de novas teorias. Existem, em princípio, somente três tipos de fenômenos a propósito dos quais pode ser desenvolvida uma nova teoria. O primeiro tipo compreende os fenômenos já bem explicados pelos paradigmas existentes. Tais fenômenos raramente fornecem motivos ou um ponto de partida para a construção de uma teoria. Quando o fazem, como no caso das três antecipações famosas discutidas ao final do capítulo 6, as teorias resultantes raramente são aceitas, visto que a natureza não proporciona nenhuma base para uma discriminação entre as alternativas. Uma segunda classe de fenômenos compreende aqueles cuja natureza é indicada pelos paradigmas existentes, mas cujos detalhes somente podem ser entendidos após uma maior articulação da teoria. Os cientistas dirigem a maior parte de sua pesquisa a esses fenômenos, mas tal pesquisa visa antes à articulação dos paradigmas existentes do que à invenção de novos. Somente quando esses esforços de articulação fracassam é que os cientistas encontram o terceiro tipo de fenômeno: as anomalias reconhecidas, cujo traço característico é a sua recusa obstinada a serem assimiladas pelos paradigmas existentes. Apenas esse último tipo de fenômeno faz surgir novas teorias. Os paradigmas fornecem a todos os fenômenos (exceção feita às anomalias) um lugar no campo visual do cientista, lugar esse determinado pela teoria.

Mas se novas teorias são chamadas para resolver as anomalias presentes na relação entre uma teoria existente e a natureza, então a nova teoria bem-sucedida deve, em algum ponto, permitir predições diferentes daquelas derivadas de sua predecessora. Essa diferença não poderia ocorrer se as duas teorias fossem logicamente compatíveis. No processo de sua assimilação, a nova teoria deve ocupar o lugar da anterior. Mesmo uma teoria como a da conservação da energia (que atualmente parece ser uma superestrutura lógica relacionada com a natureza apenas através de teorias independentemente estabelecidas), não se desenvolveu historicamente sem a destruição de um paradigma. Ao invés disso, ela emergiu de uma crise na qual um ingrediente essencial foi a incompatibilidade entre a dinâmica newtoniana e algumas consequências da teoria calórica formuladas recentemente. Unicamente após a rejeição da teoria calórica é que a conservação da energia pôde tornar-se parte da ciência[1]. Somente após ter feito parte da ciência por algum tempo é que pôde adquirir a aparência de uma teoria de um nível logicamente mais elevado, sem conflito

---

1. Silvanus P. Thompson, *Life of William Thomson, Baron Kelvin of Largs*, v. I, Londres, 1910, p. 266-281.

com suas predecessoras. É difícil ver como novas teorias poderiam surgir sem essas mudanças destrutivas nas crenças sobre a natureza. Embora a inclusão lógica continue sendo uma concepção admissível da relação existente entre teorias científicas sucessivas, não é plausível do ponto de vista histórico.

Creio que um século atrás teria sido possível interromper neste ponto o argumento em favor da necessidade de revoluções, mas hoje em dia infelizmente não podemos fazer isso, pois a concepção acima desenvolvida sobre o assunto não pode ser mantida, caso a interpretação contemporânea predominante sobre a natureza e a função da teoria científica seja aceita. Essa interpretação, estreitamente associada com as etapas iniciais do positivismo lógico e não rejeitada categoricamente pelos estágios posteriores da doutrina, restringiria o alcance e o sentido de uma teoria admitida, de tal modo que ela não poderia de modo algum conflitar com qualquer teoria posterior que realizasse predições sobre alguns dos mesmos fenômenos naturais por ela considerados. O argumento mais sólido e mais conhecido em favor dessa concepção restrita de teoria científica emerge em discussões sobre a relação entre a dinâmica einsteiniana atual e as equações dinâmicas mais antigas que derivam dos *Principia* de Newton. Do ponto de vista deste ensaio, essas duas teorias são fundamentalmente incompatíveis, no mesmo sentido que a astronomia de Copérnico com relação à de Ptolomeu: a teoria de Einstein somente pode ser aceita caso se reconheça que Newton estava errado. Atualmente essa concepção permanece minoritária[2]. Precisamos portanto examinar as objeções mais comuns que lhe são dirigidas.

A ideia central dessas objeções pode ser apresentada como segue: a dinâmica relativista não poderia ter demonstrado o erro da dinâmica newtoniana, pois esta ainda é

---

2. Ver, por exemplo, as considerações de P.P. Wiener em *Philosophy of Science*, n. 25, 1958, p. 298.

empregada com grande sucesso pela maioria dos engenheiros e, em certas aplicações selecionadas, por muitos físicos. Além disso, a justeza do emprego dessa teoria mais antiga pode ser demonstrada pela própria teoria que a substituiu em outras aplicações. A teoria de Einstein pode ser utilizada para mostrar que as predições derivadas das equações de Newton serão tão boas como nossos instrumentos de medida, em todas aquelas equações que satisfaçam um pequeno número de condições restritivas. Por exemplo, para que a teoria de Newton nos forneça uma boa solução aproximada, as velocidades relativas dos corpos considerados devem ser pequenas em comparação com a velocidade da luz. Satisfeita essa condição e algumas outras, a teoria newtoniana parece ser derivável da einsteiniana, da qual é portanto um caso especial.

Mas, continua a mesma objeção, teoria nenhuma pode entrar em conflito com um dos seus casos especiais. Se a ciência de Einstein parece tornar falsa a dinâmica de Newton, isso se deve somente ao fato de alguns newtonianos terem sido incautos a ponto de alegar que a teoria de Newton produzia resultados absolutamente precisos ou que era válida para velocidades relativas muito elevadas. Uma vez que não dispunham de prova para tais alegações, ao expressá-las traíram os padrões do procedimento científico. A teoria newtoniana continua a ser uma teoria verdadeiramente científica naqueles aspectos em que, apoiada por provas válidas, foi em algum momento considerada como tal. Einstein somente pode ter demonstrado o erro daquelas alegações extravagantes atribuídas à teoria de Newton – alegações que de resto nunca foram propriamente parte da ciência. Eliminando-se essas extravagâncias meramente humanas, a teoria newtoniana nunca foi desafiada nem pode sê-la.

Uma variante desse argumento é suficiente para tornar imune ao ataque qualquer teoria jamais empregada por um grupo significativo de cientistas competentes. Por exemplo, a tão difamada teoria do flogisto ordenava grande número de fenômenos físicos e químicos. Explicava por que os

186

corpos queimam – porque são ricos em flogisto – e por que os metais possuem muito mais propriedades em comum do que seus minerais. Segundo essa teoria, os metais são todos compostos por diferentes terras elementares combinadas com o flogisto e esse último, comum a todos os metais, gera propriedades comuns. A par disso, a teoria flogística explicava diversas reações nas quais ácidos eram formados pela combustão de substâncias como o carbono e o enxofre. Explicava igualmente a diminuição de volume quando a combustão ocorre num volume limitado de ar – o flogisto liberado pela combustão "estragava" a elasticidade do ar que o absorvia, do mesmo modo que o fogo "estraga" a elasticidade de uma mola de aço[3]. Se esses fossem os únicos fenômenos que os teóricos do flogisto pretendessem explicar mediante sua teoria, esta nunca poderia ter sido contestada. Um argumento semelhante será suficiente para defender qualquer teoria que, em algum momento, tenha tido êxito na aplicação de qualquer conjunto de fenômenos.

Mas para que possamos salvar teorias dessa maneira, suas gamas de aplicação deverão restringir-se àqueles fenômenos e à precisão de observação de que tratam as provas experimentais já disponíveis[4]. Se tal limitação for levada um passo adiante (e isso dificilmente pode ser evitado uma vez dado o primeiro passo), o cientista fica proibido de alegar que está falando "cientificamente" a respeito de qualquer fenômeno ainda não observado. Mesmo na sua forma atual, essa restrição proíbe que o cientista baseie sua própria pesquisa em uma teoria, toda vez que tal pesquisa entre em uma área ou busque um grau de precisão para os quais a prática anterior da teoria não ofereça precedentes. Tais

3. James B. Conant, *Overthrow of the Phlogiston Theory*, Cambridge, 1950, p. 13-16; J.R. Partington, *A Short History of Chemistry*, 2. ed., Londres, 1951, p. 85-88. O relato mais completo e simpático das realizações da teoria do flogisto aparece no livro de H. Metzger, *Newton, Stahl, Boerhaave et la doctrine chimique*, Paris, 1930, parte II.

4. Compare-se as conclusões alcançadas através de um tipo de análise muito diverso por R.B. Braithwaite, *Scientific Explanation*, Cambridge, 1953, p. 50-87, especialmente p. 76.

proibições não são excepcionais do ponto de vista lógico, mas aceitá-las seria o fim da pesquisa que permite à ciência continuar a se desenvolver.

A essa altura, esse ponto já é virtualmente tautológico. Sem o compromisso com um paradigma não poderia haver ciência normal. Além disso, esse compromisso deve estender-se a áreas e graus de precisão para os quais não existe nenhum precedente satisfatório. Não fosse assim, o paradigma não poderia fornecer quebra-cabeças que já não tivessem sido resolvidos. Além do mais, não é apenas a ciência normal que depende do comprometimento com um paradigma. Se as teorias existentes obrigam o cientista somente com relação às aplicações existentes, então não pode haver surpresas, anomalias ou crises. Mas esses são apenas sinais que apontam o caminho para a ciência extraordinária. Se tomarmos literalmente as restrições positivistas sobre a esfera de aplicabilidade de uma teoria legítima, o mecanismo que indica à comunidade científica que problemas podem levar a mudanças fundamentais deve cessar seu funcionamento. Quando isso ocorre, a comunidade retornará a algo muito similar a seu estado pré-paradigmático, situação na qual todos os membros praticam ciência, mas o produto bruto de suas atividades assemelha-se muito pouco à ciência. Será realmente surpreendente que o preço de um avanço científico significativo seja um compromisso que corre o risco de estar errado?

Ainda mais importante é a existência de uma lacuna lógica reveladora no argumento positivista, que nos reintroduzirá imediatamente na natureza da mudança revolucionária. A dinâmica newtoniana pode realmente ser *derivada* da dinâmica relativista? A que se assemelharia essa derivação? Imaginemos um conjunto de proposições $E_1, E_2, ..., E_n$, que juntas abarcam as leis da teoria da relatividade. Essas proposições contêm variáveis de parâmetros representando posição espacial, tempo, massa em repouso etc. A partir deles, juntamente ao aparato da lógica e da matemática, é possível deduzir todo um conjunto de novas proposições, inclusive algumas que podem ser verificadas por meio da observação. Para demonstrar a adequação da dinâmica newtoniana como um caso especial, devemos adicionar aos E_i proposições adicionais, tais como $(v/c)^2 < 1$, restringindo o âmbito dos parâmetros e variáveis. Esse conjunto ampliado de proposições é então manipulado de modo a produzir um novo conjunto $N_1, N_2, ..., N_m$, que na sua forma é idêntico às leis de Newton relativas ao movimento, à gravidade e assim por diante. Desse modo, sujeita a algumas condições que a limitam, a dinâmica newtoniana foi aparentemente derivada da einsteiniana.

Todavia tal derivação é espúria, ao menos em um ponto. Embora os N_i sejam um caso especial de mecânica relativista, eles não são as leis de Newton. Se o são, estão reinterpretadas de uma maneira que seria inconcebível antes dos trabalhos de Einstein. As variáveis e os parâmetros que nos E_i einsteinianos representavam posição espacial, tempo, massa etc., ainda ocorrem nos N_i e continuam representando o espaço, o tempo e a massa einsteiniana. Mas os referentes físicos desses conceitos einsteinianos não são de modo algum idênticos àqueles conceitos newtonianos que levam o mesmo nome. (A massa newtoniana é conservada; a einsteiniana é conversível com a energia. Apenas em baixas velocidades relativas podemos medi-las do mesmo modo e mesmo então não podem ser consideradas idênticas.) A menos que modifiquemos as definições das variáveis dos N_i, as proposições que derivamos não são newtonianas. Se as mudamos, não podemos realmente afirmar que *derivamos* as leis de Newton, pelo menos não no sentido atualmente aceito para a expressão "derivar". Evidentemente o nosso argumento explicou por que as leis de Newton pareciam aplicáveis. Ao fazê-lo justificou, por exemplo, o motorista que age como se vivesse em um universo newtoniano. Um argumento da mesma espécie é utilizado para justificar o ensino de uma astronomia centrada na Terra aos agrimensores. Mas o argumento ainda não alcançou os objetivos a que se propunha, ou seja, não demonstrou que as leis de Newton são um caso limite das de Einstein, pois na derivação não foram apenas as formas das leis que mudaram. Tivemos que alterar simultaneamente os elementos estruturais fundamentais que compõem o universo ao qual se aplicam.

Essa necessidade de modificar o sentido de conceitos estabelecidos e familiares é crucial para o impacto revolucionário da teoria de Einstein. Embora mais sutil que as mudanças do geocentrismo para o heliocentrismo, do flogisto para o oxigênio ou dos corpúsculos para as ondas, a transformação resultante não é menos decididamente destruidora para um paradigma previamente estabelecido. Podemos mesmo vir a considerá-la como um protótipo para as reorientações revolucionárias nas ciências. Precisamente por não envolver a introdução de objetos ou conceitos adicionais, a transição da mecânica newtoniana para a einsteiniana ilustra com particular clareza a revolução científica como sendo um deslocamento da rede conceitual através da qual os cientistas veem o mundo.

Essas observações deveriam ser suficientes para indicar aquilo que, em outra atmosfera filosófica, poderia ser dado como pressuposto. A maioria das diferenças aparentes entre uma teoria científica descartada e sua sucessora são reais, pelo menos para os cientistas. Embora uma teoria obsoleta sempre possa ser vista como um caso especial de sua sucessora mais atualizada, deve ser transformada para que isso possa ocorrer. Essa transformação só pode ser empreendida dispondo-se das vantagens da visão retrospectiva, sob a direção explícita da teoria mais recente. Além disso, mesmo que essa transformação fosse um artifício legítimo, empregado para interpretar a teoria mais antiga, o resultado de sua aplicação seria uma teoria tão restrita que seria capaz apenas de reafirmar o já conhecido. Devido a sua economia, essa reapresentação seria útil, mas não suficiente para orientar a pesquisa.

Aceitemos portanto como pressuposto que as diferenças entre paradigmas sucessivos são ao mesmo tempo necessárias e irreconciliáveis. Poderemos precisar mais explicitamente que espécies de diferenças são essas? O tipo mais evidente já foi repetidamente ilustrado. Paradigmas sucessivos nos ensinam coisas diferentes acerca da população do universo e sobre o comportamento dessa população. Isto é, diferem quanto a questões como a existência de partículas subatômicas, a materialidade da luz e a conservação do calor ou da energia. Essas são diferenças substantivas entre paradigmas sucessivos e não requerem maiores exemplos. Mas os paradigmas não diferem somente por sua substância, pois visam não apenas à natureza, mas também à ciência que os produziu. Eles são fonte de métodos, áreas problemáticas e padrões de solução aceitos por qualquer comunidade científica amadurecida, em qualquer época que considerarmos. Consequentemente, a recepção de um novo paradigma requer com frequência uma redefinição da ciência correspondente. Alguns problemas antigos podem ser transferidos para outra ciência ou declarados absolutamente "não científicos". Outros problemas anteriormente tidos como triviais ou não existentes podem converter-se, com um novo paradigma, nos arquétipos das realizações científicas importantes. À medida que os problemas mudam, mudam também, seguidamente, os padrões que distinguem uma verdadeira solução científica de uma simples especulação metafísica, de um jogo de palavras ou de uma brincadeira matemática. A tradição científica normal que emerge de uma revolução científica é não apenas incompatível, mas muitas vezes verdadeiramente incomensurável com aquela que a precedeu.

O impacto da obra de Newton sobre a tradição de prática científica normal do século XVII proporciona um exemplo notável desses efeitos sutis provocados pela alteração de paradigma. Antes do nascimento de Newton, a "ciência nova" do século conseguira finalmente rejeitar as explicações aristotélicas e escolásticas expressas em termos das essências dos corpos materiais. Afirmar que uma pedra cai porque sua "natureza" a impulsiona na direção do centro do universo convertera-se em um simples jogo de palavras tautológico – algo que não fora anteriormente. A partir daí todo o fluxo de percepções sensoriais, incluindo cor, gosto e mesmo peso seria explicado em termos de tamanho, forma e movimento dos corpúsculos elementares da matéria fundamental. A atribuição de outras qualidades aos átomos elementares era um recurso ao oculto e portanto fora dos limites da ciência. Molière captou com precisão esse novo espírito ao ridicularizar o médico que explicava a eficácia do ópio como soporífero atribuindo-lhe uma potência dormitiva. Durante a última metade do século XVIII muitos cientistas preferiam dizer que a forma arredondada das partículas de ópio permitia-lhes acalmar os nervos sobre os quais se movimentavam[5].

Em um período anterior, as explicações em termos de qualidades ocultas haviam sido uma parte integrante do trabalho científico produtivo. Não obstante, o novo compromisso do século XVII com a explicação mecânico-corpuscular revelou-se imensamente frutífero para diversas ciências, desembaraçando-as de problemas que haviam desafiado as soluções comumente aceitas e sugerindo outras para substituí-las. Em dinâmica, por exemplo, as três leis do movimento de Newton são menos um produto de novas experiências que da tentativa de reinterpretar observações bem conhecidas em termos de movimentos e interações de corpúsculos neutros primários. Examinemos apenas um exemplo concreto. Dado que os corpúsculos podiam agir uns sobre os outros apenas por contato, a concepção mecânico-corpuscular da natureza dirigiu a atenção científica para um objeto de estudo absolutamente novo: a alteração do movimento de partículas por meio de colisões. Descartes anunciou o problema e forneceu sua primeira solução putativa. Huygens, Wren e Wallis foram mais adiante ainda, em parte por meio de experiências com pêndulos que colidiam,

5. No tocante ao corpuscularismo em geral, ver Marie Boas, The Establishment of the Mechanical Philosophy, *Osiris*, n. 10, 1952, p. 412-541. Sobre o efeito da forma das partículas sobre o gosto, ver ibidem, p. 483.

mas principalmente através das bem conhecidas características do movimento ao novo problema. Newton integrou esses resultados em suas leis do movimento. As "ações" e "reações" iguais da terceira lei são as mudanças em quantidade de movimento experimentadas pelos dois corpos que entram em colisão. A mesma mudança de movimento fornece a definição de força dinâmica implícita na segunda lei. Nesse caso, como em muitos outros durante o século XVII, o paradigma corpuscular engendrou ao mesmo tempo um novo problema e grande parte de sua solução[6].

Todavia, embora grande parte da obra de Newton fosse dirigida a problemas e incorporasse padrões derivados da concepção de mundo mecânico-corpuscular, o paradigma que resultou de sua obra teve como efeito uma nova mudança, parcialmente destrutiva, nos problemas e padrões considerados legítimos para a ciência. A gravidade, interpretada como uma atração inata entre cada par de partículas de matéria, era uma qualidade oculta no mesmo sentido que a antiga "tendência a cair" dos escolásticos. Por isso, enquanto os padrões de concepção corpuscular permaneceram em vigor, a busca de uma explicação mecânica da gravidade foi um dos problemas mais difíceis para os que aceitavam os *Principia* como um paradigma. Newton devotou muita atenção a ele e muitos de seus sucessores do século XVIII fizeram o mesmo. A única opção aparente era rejeitar a teoria newtoniana por seu fracasso em explicar a gravidade e essa alternativa foi amplamente adotada. Contudo nenhuma dessas concepções acabou triunfando. Os cientistas, incapazes tanto de praticar a ciência sem os *Principia* como de acomodar essa obra aos padrões do século XVII, aceitaram gradualmente a concepção segundo a qual a gravidade era realmente inata. Pela metade do século XVIII tal interpretação fora quase universalmente aceita, disso resultando uma autêntica reversão (o que não é a mesma

---

6. R. Ducas, *La Mécanique au XVIIᵉ siècle*, Neuchâtel, 1954, p. 177-185; 284-298; 345-356.

193

coisa que um retrocesso), a um padrão escolástico. Atrações e repulsões inatas tornaram-se, tal como a forma, o tamanho, a posição e o movimento, propriedades primárias da matéria, fisicamente irredutíveis[7].

A mudança resultante nos padrões e áreas problemáticas da física teve, mais uma vez, amplas consequências. Por volta de 1740, por exemplo, os eletricistas podiam falar da "virtude" atrativa do fluido elétrico, sem com isso expor-se ao ridículo que saudara o doutor de Molière um século antes. Os fenômenos elétricos passaram a exibir cada vez mais uma ordem diversa daquela que haviam apresentado quando considerados como efeitos de um eflúvio mecânico que podia atuar apenas por contato. Em particular, quando uma ação elétrica a distância tornou-se um objeto de estudo de pleno direito, o fenômeno que atualmente chamamos de carga por indução pode ser reconhecido como um de seus efeitos. Anteriormente, quando se chegava a observá-lo, era atribuído à ação direta de "atmosferas" ou a vazamentos inevitáveis em qualquer laboratório elétrico. A nova concepção de efeitos indutivos foi, por sua vez, a chave da análise de Franklin sobre a garrafa de Leyden e desse modo para a emergência de um paradigma newtoniano para a eletricidade. A dinâmica e a eletricidade tampouco foram os únicos campos científicos afetados pela legitimação da procura de forças inatas da matéria. O importante corpo de literatura do século XVIII sobre afinidades químicas e séries de reposição deriva igualmente desse aspecto supramecânico do newtonismo. Químicos que acreditavam na existência dessas atrações diferenciais entre as diversas espécies químicas prepararam experiências ainda não imaginadas e buscaram novas espécies de reações. Sem os dados e conceitos químicos desenvolvidos ao longo desse processo, a obra posterior de Lavoisier e mais particularmente a de Dalton

---

7. I.B. Cohen, *Franklin and Newton: An Inquiry into Speculative Newtonian Experimental Science and Franklin's Work in Electricity as an Example Thereof*, Filadélfia, 1956, caps. VI-VII.

seriam incompreensíveis[8]. As mudanças nos padrões científicos que governam os problemas, conceitos e explicações admissíveis, podem transformar uma ciência. No próximo capítulo, chegarei mesmo a sugerir um sentido no qual podem transformar o mundo.

Outros exemplos dessas diferenças não substantivas entre paradigmas sucessivos podem ser obtidos na história de qualquer ciência, praticamente em quase todos os períodos de seu desenvolvimento. Contentemo-nos por enquanto com dois outros exemplos mais breves. Antes da revolução química, uma das tarefas reconhecidas da química consistia em explicar as qualidades das substâncias químicas e as mudanças experimentadas por essas substâncias durante as reações. Com auxílio de um pequeno número de "princípios" elementares – entre os quais o flogisto – o químico devia explicar por que algumas substâncias são ácidas, outras metalinas, combustíveis e assim por diante. Obteve-se algum sucesso nesse sentido. Já observamos que o flogisto explicava por que os metais eram tão semelhantes e poderíamos ter desenvolvido um argumento similar para os ácidos. Contudo, a reforma de Lavoisier acabou eliminando os "princípios" químicos, privando desse modo a química de parte de seu poder real e de muito de seu poder potencial de explicação. Tornava-se necessária uma mudança nos padrões científicos para compensar essa perda. Durante grande parte do século XIX uma teoria química não era posta em questão por fracassar na tentativa de explicação das qualidades dos compostos[9].

Um outro exemplo: no século XIX, Clerk Maxwell partilhava com outros proponentes da teoria ondulatória da luz a convicção de que as ondas luminosas deviam propagar-se através de um éter material. Conceber um meio mecânico capaz de sustentar tais ondas foi um problema padrão para muitos de seus contemporâneos mais competentes.

8. Sobre a eletricidade, ver ibidem, caps. VIII-IX. Quanto à química, ver Metzger, op. cit., parte I.

9. E. Meyerson, *Identity and Reality*, Nova York, 1930, cap. X.

Entretanto, sua própria teoria eletromagnética da luz não dava absolutamente nenhuma explicação sobre um meio capaz de sustentar ondas luminosas e certamente tornou ainda mais difícil explicá-lo do que já parecia. No início, a teoria de Maxwell foi amplamente rejeitada por essas razões. Mas, tal como a de Newton, a teoria de Maxwell mostrou que dificilmente poderia ser deixada de lado e quando alcançou o *status* de paradigma, a atitude da comunidade científica com relação a ela mudou. Nas primeiras décadas do século XX, a insistência de Maxwell em defender a existência de um éter material foi considerada mais e mais um gesto *pro forma*, sem maior convicção – o que certamente não fora – e as tentativas de conceber tal meio etéreo foram abandonadas. Os cientistas já não consideravam acientífico falar de um "deslocamento" elétrico sem especificar o que estava sendo deslocado. O resultado, mais uma vez, foi um novo conjunto de problemas e padrões científicos, um dos quais, no caso, teve muito a ver com a emergência da teoria da relatividade[10].

Essas alterações características na concepção que a comunidade científica possui a respeito de seus problemas e padrões legítimos seriam menos significativas para as teses deste ensaio se pudéssemos supor que representam sempre uma passagem de um tipo metodológico inferior a um superior. Nesse caso, mesmo seus efeitos pareceriam cumulativos. Não é de surpreender que alguns historiadores tenham argumentado que a história da ciência registra um crescimento constante da maturidade e do refinamento da concepção que o homem possui a respeito da natureza da ciência[11]. Todavia é ainda mais difícil defender o desenvolvimento cumulativo dos problemas e padrões científicos do

10. E.T. Whitaker, *A History of the Theories of Aether and Electricity*, v. II, Londres, 1953, p. 28-30.

11. Para uma tentativa brilhante e totalmente atualizada de adaptar o desenvolvimento científico a esse leito de Procusto, ver C.G. Gillispie, *The Edge of Objectivity: An Essay to the History of Scientific Ideas*, Princeton, 1960.

que a acumulação de teorias. A tentativa de explicar a gravidade, embora proveitosamente abandonada pela maioria dos cientistas do século XVIII, não estava orientada para um problema intrinsecamente ilegítimo; as objeções às forças inatas não eram nem inerentemente acientíficas, nem metafísicas em algum sentido pejorativo. Não existem padrões exteriores que permitam um julgamento científico dessa espécie. O que ocorreu não foi nem uma queda, nem uma elevação de padrões, mas simplesmente uma mudança exigida pela adoção de um novo paradigma. Além disso, tal mudança foi desde então invertida e poderia sê-lo novamente. No século XX, Einstein foi bem-sucedido na explicação das atrações gravitacionais e essa explicação fez com que a ciência voltasse a um conjunto de cânones e problemas que, neste aspecto específico, são mais parecidos com os dos predecessores de Newton do que com os de seus sucessores. Por sua vez, o desenvolvimento da mecânica quântica inverteu a proibição metodológica que teve sua origem na revolução química. Atualmente os químicos tentam, com grande sucesso, explicar a cor, o estado de agregação e outras qualidades das substâncias utilizadas e produzidas nos seus laboratórios. Uma inversão similar pode estar ocorrendo na teoria eletromagnética. O espaço, na física contemporânea, não é o substrato inerte e homogêneo empregado tanto na teoria de Newton como na de Maxwell; algumas de suas novas propriedades não são muito diferentes das outrora atribuídas ao éter. É provável que algum dia cheguemos a saber o que é um deslocamento elétrico.

Os exemplos precedentes, ao deslocarem a ênfase das funções cognitivas para as funções normativas dos paradigmas, ampliam nossa compreensão dos modos pelos quais os paradigmas dão forma à vida científica. Antes disso, havíamos examinado especialmente o papel do paradigma como veículo para a teoria científica. Nesse papel, ele informa ao cientista que entidades a natureza contém ou não contém, bem como as maneiras segundo as quais essas entidades se comportam. Essa informação fornece um mapa cujos detalhes são elucidados pela pesquisa científica amadurecida. Uma vez que a natureza é muito complexa e variada para ser explorada ao acaso, esse mapa é tão essencial para o desenvolvimento contínuo da ciência como a observação e a experiência. Por meio das teorias que encarnam, os paradigmas demonstram ser constitutivos da atividade científica. Contudo, são também constitutivos da ciência em outros aspectos que nos interessam nesse momento. Mais particularmente, nossos exemplos mais recentes fornecem aos cientistas não apenas um mapa, mas também algumas das indicações essenciais para a elaboração de mapas. Ao aprender um paradigma, o cientista adquire ao mesmo tempo uma teoria, métodos e padrões científicos, que usualmente compõem uma mistura inexplicável. Por isso, quando os paradigmas mudam, ocorrem alterações significativas nos critérios que determinam a legitimidade tanto dos problemas como das soluções propostas.

Essa observação nos faz retornar ao ponto de partida deste capítulo, pois fornece nossa primeira indicação explícita da razão pela qual a escolha entre paradigmas competidores coloca comumente questões que não podem ser resolvidas pelos critérios da ciência normal. A tal ponto – e isto é significativo, embora seja apenas parte da questão – que quando duas escolas científicas discordam sobre o que é um problema e o que é uma solução, elas inevitavelmente travarão um diálogo de surdos ao debaterem os méritos relativos dos respectivos paradigmas. Nos argumentos parcialmente circulares que habitualmente resultam desses debates, cada paradigma revelar-se-á capaz de satisfazer mais ou menos os critérios que dita para si mesmo e incapaz de satisfazer alguns daqueles ditados por seu oponente. Existem ainda outras razões para o caráter incompleto do contato lógico que sistematicamente carateriza o debate entre paradigmas. Por exemplo, visto que nenhum paradigma consegue resolver todos os problemas que define e posto que não existem dois paradigmas que deixem sem solução exatamente os mesmos problemas, os debates entre paradigmas sempre envolvem a seguinte questão: quais são os problemas que são mais significativos ter resolvido? Tal como a questão dos padrões em competição, essa questão de valores somente pode ser respondida em termos de critérios totalmente exteriores à ciência e é esse recurso a critérios externos que – mais obviamente que qualquer outra coisa – torna revolucionários os debates entre paradigmas. Entretanto, está em jogo algo mais fundamental que padrões e valores. Até aqui argumentei tão somente no sentido de que os paradigmas são parte constitutiva da ciência. Desejo agora apresentar uma dimensão na qual eles são também constitutivos da natureza.

9. AS REVOLUÇÕES COMO MUDANÇAS DE CONCEPÇÃO DE MUNDO

O historiador da ciência que examinar as pesquisas do passado a partir da perspectiva da historiografia contemporânea pode sentir-se tentado a proclamar que, quando mudam os paradigmas, muda com eles o próprio mundo. Guiados por um novo paradigma, os cientistas adotam novos instrumentos e orientam seu olhar em novas direções. E o que é ainda mais importante: durante as revoluções, os cientistas veem coisas novas e diferentes quando, empregando instrumentos familiares, olham para os mesmos pontos já examinados anteriormente. É como se a comunidade profissional tivesse sido subitamente transportada para um novo planeta, onde objetos familiares são vistos sob uma luz diferente e a eles se apregam objetos desconhecidos. Certamente não ocorre nada semelhante: não há transplante geográfico; fora do laboratório os afazeres cotidianos em geral continuam como antes. Não obstante, as mudanças de paradigma realmente levam os cientistas a ver o mundo definido por seus compromissos de pesquisa de uma maneira diferente. Na medida em que seu único acesso a esse mundo dá-se através do que veem e fazem, poderemos ser tentados a dizer que, após uma revolução, os cientistas reagem a um mundo diferente.

As bem conhecidas demonstrações relativas a uma alteração na forma (*gestalt*) visual evidenciam-se muito sugestivas como protótipos elementares para essas transformações. O que eram patos no mundo do cientista antes da revolução posteriormente são coelhos. Aquele que antes via o exterior da caixa desde cima depois vê seu interior desde baixo. Transformações dessa natureza, embora usualmente sejam mais graduais e quase sempre irreversíveis, acompanham comumente o treinamento científico. Ao olhar uma carta topográfica, o estudante vê linhas sobre o papel; o cartográfico vê a representação de um terreno. Ao olhar uma fotografia da câmara de Wilson, o estudante vê linhas interrompidas e confusas; o físico, um registro de eventos subnucleares que lhe são familiares. Somente após várias dessas transformações de visão é que o estudante se torna um habitante do mundo do cientista, vendo o que o cientista vê e respondendo como o cientista responde. Contudo, esse mundo no qual o estudante penetra não está fixado de uma vez por todas, seja pela natureza do meio ambiente, seja pela ciência. Em vez disso, ele é determinado conjuntamente pelo meio ambiente e pela tradição específica de ciência normal na qual o estudante foi treinado. Consequentemente, em períodos de revolução, quando a tradição científica normal muda, a percepção que o cientista tem de seu meio ambiente deve ser reeducada – deve aprender a ver uma nova forma (*gestalt*) em algumas situações com as quais já está familiarizado. Depois de fazê-lo, o mundo de suas pesquisas parecerá, aqui e ali, incomensurável com o que habitava anteriormente. Essa é uma outra razão pela qual escolas guiadas por paradigmas diferentes estão sempre em ligeiro desacordo.

Certamente, na sua forma mais usual, as experiências com a forma visual ilustram tão somente a natureza das transformações perceptivas. Nada nos dizem sobre o papel dos paradigmas ou da experiência previamente assimilada ao processo de percepção. Sobre esse ponto existe uma rica literatura psicológica, a maior parte da qual provém do trabalho pioneiro do Instituto Hanover. Se o sujeito de uma experiência coloca óculos de proteção munidos de lentes que invertem as imagens, vê inicialmente o mundo todo de cabeça para baixo. No começo, seu aparato perceptivo funciona tal como fora treinado para funcionar na ausência de óculos e o resultado é uma desorientação extrema, uma intensa crise pessoal. Mas logo que o sujeito começa a aprender a lidar com seu novo mundo, todo o seu campo visual se altera, em geral após um período intermediário durante o qual a visão se encontra simplesmente confundida. A partir daí, os objetos são novamente vistos como antes da utilização das lentes. A assimilação de um campo visual anteriormente anômalo reagiu sobre o próprio campo e modificou-o[1]. Tanto literal como metaforicamente, o homem acostumado às lentes invertidas experimentou uma transformação revolucionária da visão.

Os sujeitos da experiência com cartas anômalas, discutida no capítulo 5, experimentaram uma transformação bastante similar. Até aprenderem, através de uma exposição prolongada, que o universo continha cartas anômalas, viam tão somente os tipos de cartas para as quais suas experiências anteriores os haviam equipado. Todavia, depois que a experiência em curso forneceu as categorias adicionais indispensáveis, foram capazes de perceber todas as cartas anômalas na primeira inspeção suficientemente prolongada para permitir alguma identificação. Outras experiências

1. As experiências originais foram realizadas por George M. Stratton, Vision without Inversion of the Retinal Image, *Psychological Review*, v. IV, 1897, p. 341-360; 463-481. Uma apresentação mais atualizada é fornecida por Harvey A. Carr, *An Introduction to Space Perception*, Nova York, 1935, p. 18-57.

demonstram que o tamanho, a cor etc., percebidos de objetos apresentados experimentalmente também variam com a experiência e o treino prévios do participante[2]. Ao examinar a rica literatura da qual esses exemplos foram extraídos, somos levados a suspeitar que alguma coisa semelhante a um paradigma é um pré-requisito para a própria percepção. O que um homem vê depende tanto daquilo que ele olha como daquilo que sua experiência visual-conceitual prévia o ensinou a ver. Na ausência de tal treino, somente pode haver o que William James chamou de "confusão atordoante e intensa".

Nos últimos anos muitos dos interessados na história da ciência consideraram muito sugestivos os tipos de experiências acima descritos. N.R. Hanson, especialmente, utilizou demonstrações relacionadas com a forma visual para elaborar algumas das mesmas consequências da crença científica com as quais me preocupo aqui[3]. Outros colegas indicaram repetidamente que a história da ciência teria um sentido mais claro e coerente se pudéssemos supor que os cientistas experimentam ocasionalmente alterações de percepção do tipo das acima descritas. Todavia, embora experiências psicológicas sejam sugestivas, não podem, no caso em questão, ir além disso. Elas realmente apresentam características de percepção que *poderiam* ser centrais para o desenvolvimento científico, mas não demonstram que a observação cuidadosa e controlada realizada pelo pesquisador científico partilhe de algum modo dessas características. Além disso, a própria natureza dessas experiências torna impossível qualquer demonstração direta desse ponto. Para que um exemplo histórico possa fazer com que essas experiências psicológicas pareçam relevantes, é preciso primeiro

2. Para exemplos, ver Albert H. Hastorf, The Influence of Suggestion on the Relationship between Stimulus Size and Perceived Distance, *Journal of Psychology*, n. 29, 1950, p. 195-217; e Jerome S. Bruner; Leo Postman; John Rodrigues, Expectations and the Perception of Colour, *American Journal of Psychology*, n. 64, 1951, p. 216-227.

3. N.R. Hanson, *Patterns of Discovery*, Cambridge, 1958, cap. I.

que atentemos para os tipos de provas que podemos ou não podemos esperar que a história nos forneça.

O sujeito de uma demonstração da psicologia da forma sabe que sua percepção se modificou, visto que ele pode alterá-la repetidamente enquanto segura nas mãos o mesmo livro ou pedaço de papel. Consciente de que nada mudou em seu meio ambiente, ele dirige sempre mais a sua atenção não à figura (pato ou coelho), mas às linhas contidas no papel que está olhando. Pode até mesmo acabar aprendendo a ver essas linhas sem ver qualquer uma dessas figuras. Poderá então dizer (algo que não poderia ter feito legitimamente antes) que o que realmente vê são essas linhas, mas que as vê alternadamente *como* um pato ou *como* um coelho. Do mesmo modo, o sujeito da experiência das cartas anômalas sabe (ou, mais precisamente, pode ser persuadido) que sua percepção deve ter se alterado, porque uma autoridade externa, o experimentador, assegura-lhe que, não obstante o que tenha *visto*, estava *olhando* durante todo o tempo para um cinco de copas. Em ambos os casos, tal como em todas as experiências psicológicas similares, a eficácia da demonstração depende da possibilidade de podermos analisá-la desse modo. A menos que exista um padrão exterior com relação ao qual uma alteração da visão possa ser demonstrada, não poderemos extrair nenhuma conclusão com relação a possibilidades perceptivas alternadas.

Contudo, com a observação científica, a situação inverte-se. O cientista não pode apelar para algo que esteja aquém ou além do que ele vê com seus olhos e instrumentos. Se houvesse alguma autoridade superior recorrendo à qual se pudesse mostrar que sua visão se alterara, tal autoridade tornar-se-ia a fonte de seus dados e nesse caso o comportamento de sua visão tornaria uma fonte de problemas (tal como o sujeito da experiência para o psicólogo). A mesma espécie de problemas surgiria caso o cientista pudesse alterar seu comportamento do mesmo modo que o sujeito das experiências com a forma visual. O período durante o qual a luz era considerada "algumas vezes como uma onda e outras como uma partícula" foi um período de crise – um período durante o qual algo não vai bem – e somente terminou com o desenvolvimento da mecânica ondulatória e com a compreensão de que a luz era entidade autônoma, diferente tanto das ondas como das partículas. Por isso, nas ciências, se as alterações perceptivas acompanham as mudanças de paradigma, não podemos esperar que os cientistas confirmem essas mudanças diretamente. Ao olhar a Lua, o convertido ao copernicismo não diz "costumava ver um planeta, mas agora vejo um satélite". Tal locução implicaria afirmar que em um sentido determinado o sistema de Ptolomeu fora, em certo momento, correto. Em lugar disso, um convertido à nova astronomia diz: "antes eu acreditava que a Lua fosse um planeta (ou via a Lua como um planeta), mas estava enganado". Esse tipo de afirmação repete-se no período posterior às revoluções científicas, pois, se em geral disfarça uma alteração da visão científica ou alguma outra transformação mental que tenha o mesmo efeito, não podemos esperar um testemunho direto sobre essa alteração. Devemos antes buscar provas indiretas e comportamentais de que um cientista com um novo paradigma vê de maneira diferente do que via anteriormente.

Retornemos então aos dados e perguntemos que tipos de transformações no mundo do cientista podem ser descobertos pelo historiador que acredita em tais mudanças. O descobrimento de Urano por Sir William Herschel fornece um primeiro exemplo que se aproxima muito da experiência das cartas anômalas. Em pelo menos dezessete ocasiões diferentes, entre 1690 e 1781, diversos astrônomos, inclusive vários dos mais eminentes observadores europeus, tinham visto uma estrela em posições que, hoje supomos, devem ter sido ocupadas por Urano nessa época. Em 1769, um dos melhores observadores desse grupo viu a estrela por quatro noites sucessivas, sem contudo perceber o movimento que poderia ter sugerido uma outra identificação. Quando, doze anos mais tarde, Herschel observou pela primeira vez o mesmo objeto, empregou um telescópio aperfeiçoado, de sua própria fabricação. Por causa disso, foi capaz de notar um tamanho aparente de disco que era, no mínimo, incomum para estrelas. Algo estava errado e em vista disso ele postergou a identificação até realizar um exame mais elaborado. Esse exame revelou o movimento de Urano entre as estrelas e por essa razão Herschel anunciou que vira um novo cometa! Somente vários meses depois, após várias tentativas infrutíferas para ajustar o movimento observado a uma órbita de cometa, é que Lexell sugeriu que provavelmente se tratava de uma órbita planetária[4]. Quando essa sugestão foi aceita, o mundo dos astrônomos profissionais passou a contar com um planeta a mais e várias estrelas a menos. Um corpo celeste, cuja aparição fora observada de quando em quando durante quase um século, passou a ser visto de forma diferente depois de 1781, porque, tal como uma carta anômala, não mais se adaptava às categorias perceptivas (estrela ou cometa) fornecidas pelo paradigma anteriormente em vigor.

Contudo, a alteração de visão que permitiu aos astrônomos ver o planeta Urano não parece ter afetado somente a percepção daquele objeto já observado anteriormente. Suas consequências tiveram um alcance bem mais amplo. Embora as evidências sejam equívocas, a pequena mudança de paradigma forçada por Herschel provavelmente ajudou a preparar astrônomos para a descoberta rápida de numerosos planetas e asteroides após 1801. Devido a seu tamanho pequeno, não apresentavam o aumento anômalo que alertara Herschel. Não obstante, os astrônomos que estavam preparados para encontrar planetas adicionais foram capazes de identificar vinte deles durante os primeiros cinquenta anos do século XIX, empregando instrumentos padrão[5]. A história da astronomia fornece muitos outros exemplos de mudanças na percepção científica que foram induzidas por

4. Peter Doig, *A Concise History of Astronomy*, Londres, 1950, p. 115-116.
5. Rudolph Wolf, *Geschichte der Astronomie*, Munique, 1877, p. 513-515; 683-693. Note-se especialmente como os relatos de Wolf dificultam a explicação dessas descobertas como uma consequência da Lei de Bode.

paradigmas, algumas das quais ainda menos equivocadas que a anterior. Por exemplo, será possível conceber como acidental o fato de que os astrônomos somente tenham começado a ver mudanças nos céus – que anteriormente eram imutáveis – durante o meio século que se seguiu à apresentação do novo paradigma de Copérnico? Os chineses, cujas crenças cosmológicas não excluíam mudanças celestes, haviam registrado o aparecimento de muitas novas estrelas nos céus numa época muito anterior. Igualmente, mesmo sem contar com a ajuda do telescópio, os chineses registraram de maneira sistemática o aparecimento de manchas solares séculos antes de terem sido vistas por Galileu e seus contemporâneos[6]. As manchas solares e uma nova estrela não foram os únicos exemplos de mudança a surgir nos céus da astronomia ocidental imediatamente após Copérnico. Utilizando instrumentos tradicionais, alguns tão simples como um pedaço de fio de linha, os astrônomos do fim do século XVI descobriram, um após o outro, que os cometas se movimentavam livremente através do espaço anteriormente reservado às estrelas e planetas imutáveis[7]. A própria facilidade e rapidez com que os astrônomos viam novas coisas ao olhar para objetos antigos com velhos instrumentos pode fazer com que nos sintamos tentados a afirmar que, após Copérnico, os astrônomos passaram a viver em um mundo diferente. De qualquer modo, suas pesquisas desenvolveram-se como se isso tivesse ocorrido.

Os exemplos anteriores foram selecionados na astronomia porque os relatórios referentes a observações celestes são frequentemente apresentados em um vocabulário composto por termos de observação relativamente puros. Somente em tais relatórios podemos ter a esperança de encontrar algo semelhante a um paralelismo completo entre as observações dos cientistas e as dos sujeitos experimentais dos psicólogos. Não precisamos contudo insistir em um

6. Joseph Needham, *Science and Civilization in China*, v. III, Cambridge, 1959, p. 423-429; 434-436.

7. T.S. Kuhn, *The Copernican Revolution*, Cambridge, 1957, p. 206-209.

paralelismo integral e teremos muito a ganhar caso relaxemos nossos padrões. Se nos contentarmos com o emprego cotidiano do verbo "ver", poderemos rapidamente reconhecer que já encontramos muitos outros exemplos das alterações na percepção científica que acompanham a mudança de paradigma. O emprego mais amplo dos termos "percepção" e "visão" requererá em breve uma defesa explícita, mas iniciarei ilustrando sua aplicação na prática.

Voltemos a examinar por um instante os dois nossos exemplos anteriores da história da eletricidade. Durante o século XVII, quando sua pesquisa era orientada por uma ou outra teoria dos eflúvios, os eletricistas viam seguidamente partículas de palha serem repelidas ou caírem dos corpos elétricos que as haviam atraído. Pelo menos foi isso que os observadores do século XVII afirmaram ter visto e não temos razões para duvidar mais de seus relatórios de percepção do que dos nossos. Colocado diante do mesmo aparelho, um observador moderno veria uma repulsão eletrostática (e não uma repulsão mecânica ou gravitacional). Historicamente entretanto, com uma única exceção universalmente ignorada, a repulsão não foi vista como tal até que o aparelho em larga escala de Hauksbee ampliasse grandemente seus efeitos. Contudo, a repulsão devida à eletrificação por contato era tão somente um dos muitos novos efeitos de repulsão que Hauksbee vira. Por meio de suas pesquisas (e não através de uma alteração da forma visual), a repulsão tornou-se repentinamente a manifestação fundamental da eletrificação e foi então que a atração precisou ser explicada[8]. Os fenômenos elétricos visíveis no início do século XVIII eram mais sutis e mais variados que os vistos pelos observadores do século XVII. Outro exemplo: após a assimilação do paradigma de Franklin, o eletricista que olhava uma garrafa de Leyden via algo diferente do que vira anteriormente. O instrumento tornara-se um conden-

---

8. Duane Roller; Duane H.D. Roller, *The Development of the Concept of Electric Charge*, Cambridge, 1954, p. 21-29.

sador, para o qual nem a forma nem o vidro da garrafa eram indispensáveis. Em lugar disso, as duas capas condutoras – uma das quais não fizera parte do instrumento original – tornaram-se proeminentes. As duas placas de metal com um não condutor entre elas haviam gradativamente se tornado o protótipo para toda essa classe de aparelhos, como atestam progressivamente tanto as discussões escritas como as representações pictóricas[9]. Simultaneamente, outros efeitos indutivos receberam novas descrições, enquanto outros mais foram observados pela primeira vez.

Alterações dessa espécie não estão restritas à astronomia e à eletricidade. Já indicamos algumas das transformações de visão similares que podem ser extraídas da história da química. Como dissemos, Lavoisier viu oxigênio onde Priestley viu ar desflogistizado e outros não viram absolutamente nada. Contudo, ao aprender a ver o oxigênio, Lavoisier teve também que modificar sua concepção a respeito de muitas outras substâncias familiares. Por exemplo, teve que ver um mineral composto onde Priestley e seus contemporâneos haviam visto uma terra elementar. Além dessas, houve ainda outras mudanças. Na pior das hipóteses, devido à descoberta do oxigênio, Lavoisier passou a ver a natureza de maneira diferente. Na impossibilidade de recorrermos a essa natureza fixa e hipotética que ele "viu de maneira diferente", o princípio de economia nos instará a dizer que, após ter descoberto o oxigênio, Lavoisier passou a trabalhar em um mundo diferente.

Dentro em breve perguntarei sobre a possibilidade de evitar essa estranha locução, mas antes disso necessitamos de mais um exemplo de seu uso – nesse caso derivado de uma das partes mais conhecidas da obra de Galileu. Desde a Antiguidade remota muitas pessoas haviam visto um ou outro objeto pesado oscilando de um lado para outro em uma corda ou corrente até chegar ao estado de

9. Veja-se a discussão no cap. 6 e a literatura sugerida pelo texto indicado na nota 9 daquele capítulo.

repouso. Para os aristotélicos – que acreditavam que um corpo pesado é movido pela sua própria natureza de uma posição mais elevada para uma mais baixa, onde alcança um estado de repouso natural – o corpo oscilante estava simplesmente caindo com dificuldade. Preso pela corrente, somente poderia alcançar o repouso no ponto mais baixo de sua oscilação após um movimento tortuoso e um tempo considerável. Galileu, por outro lado, ao olhar o corpo oscilante viu um pêndulo, um corpo que por pouco não conseguia repetir indefinidamente o mesmo movimento. Tendo visto esse tanto, Galileu observou ao mesmo tempo outras propriedades do pêndulo e construiu muitas das partes mais significativas e originais de sua nova dinâmica a partir delas. Por exemplo, derivou das propriedades do pêndulo seus únicos argumentos sólidos e completos a favor da independência do peso com relação à velocidade da queda, bem como a favor da relação entre o peso vertical e a velocidade final dos movimentos descendentes nos planos inclinados[10]. Galileu viu todos esses fenômenos naturais de uma maneira diferente daquela pela qual tinham sido vistos anteriormente.

Por que ocorreu essa alteração de visão? Por causa do gênio individual de Galileu, sem dúvida alguma. Mas note-se que nesse caso o gênio não se manifesta através de uma observação mais acurada ou objetiva do corpo oscilante. Do ponto de vista descritivo, a percepção aristotélica é tão acurada como a de Galileu. Quando esse último informou que o período do pêndulo era independente da amplitude da oscilação (no caso das amplitudes superiores a noventa graus), sua concepção do pêndulo levou-o a ver muito mais regularidade do que podemos atualmente descobrir no mesmo fenômeno[11]. Em vez disso, o que parece estar envolvido aqui é a exploração por parte de um gênio das possibilidades abertas por uma alteração do paradigma

---

10. Galileo Galilei, *Dialogues Concerning Two New Sciences*, v. III, trad. H. Crew e A. de Salvio, Evanston, 1946, p. 80-81; 162-166.

11. Ibidem, p. 91-94; 244.

medieval. Galileu não recebeu uma formação totalmente aristotélica. Ao contrário, foi treinado para analisar o movimento em termos da teoria do *impetus*, um paradigma do final da Idade Média que afirmava que o movimento contínuo de um corpo pesado é devido a um poder interno, implantado no corpo pelo propulsor que iniciou seu movimento. Jean Buridan e Nicolau Oresme, escolásticos do século XIV, que deram à teoria do *impetus* as suas formulações mais perfeitas, foram, ao que se sabe, os primeiros a ver nos movimentos oscilatórios algo do que Galileu veria mais tarde nesses fenômenos. Buridan descreve o movimento de uma corda que vibra como um movimento no qual o *impetus* é implantado pela primeira vez quando a corda é golpeada; a seguir o *impetus* é consumido ao deslocar a corda contra a resistência de sua tensão; a tensão traz então a corda para a posição original, implantando um *impetus* crescente até o ponto intermediário do movimento; depois disso o *impetus* desloca a corda na direção oposta, novamente contra a tensão da corda. O movimento continua num processo simétrico, que pode prolongar-se indefinidamente. Mais tarde, no mesmo século, Oresme esboçou uma análise similar da pedra oscilante, análise que atualmente parece ter sido a primeira discussão do pêndulo[12]. Sua concepção é certamente muito próxima daquela utilizada por Galileu na sua abordagem do pêndulo. Pelo menos no caso de Oresme (e quase certamente no de Galileu), tratava-se de uma concepção que se tornou possível graças à transição do paradigma aristotélico original relativo ao movimento para o paradigma escolástico do *impetus*. Até a invenção desse paradigma escolástico não havia pêndulos para serem vistos pelos cientistas, mas tão somente pedras oscilantes. Os pêndulos nasceram graças a algo muito similar a uma alteração da forma visual induzida por paradigma.

12. M. Clagett, *The Science of Mechanics in the Middle Ages,* Madison, 1959, p. 537-538; 570.

Contudo, precisamos realmente descrever como uma transformação da visão aquilo que separa Galileu de Aristóteles, ou Lavoisier de Priestley? Esses homens realmente *viram* coisas diferentes ao *olhar para* o mesmo tipo de objetos? Haverá algum sentido válido no qual possamos dizer que eles realizaram suas pesquisas em mundos diferentes? Essas questões não podem mais ser postergadas, pois evidentemente existe uma outra maneira bem mais usual de descrever todos os exemplos históricos esboçados acima. Muitos leitores certamente desejarão dizer que o que muda com o paradigma é apenas a interpretação que os cientistas dão às observações que estão, elas mesmas, fixadas de uma vez por todas pela natureza do meio ambiente e pelo aparato perceptivo. Dentro dessa perspectiva, tanto Priestley como Lavoisier viram oxigênio, mas interpretaram suas observações de maneira diversa; tanto Aristóteles como Galileu viram pêndulos, mas diferiram nas interpretações daquilo que tinham visto.

Direi desde logo que essa concepção muito corrente do que ocorre quando os cientistas mudam sua maneira de pensar a respeito de assuntos fundamentais não pode ser nem totalmente errônea, nem ser um simples engano. É antes uma parte essencial de um paradigma filosófico iniciado por Descartes e desenvolvido na mesma época que a dinâmica newtoniana. Esse paradigma serviu tanto à ciência como à filosofia. Sua exploração, tal como a da própria dinâmica, produziu uma compreensão fundamental que talvez não pudesse ser alcançada de outra maneira. Mas, como o exemplo da dinâmica newtoniana também indica, até mesmo o mais impressionante sucesso no passado não garante que a crise possa ser postergada indefinidamente. As pesquisas atuais que se desenvolvem em setores da filosofia, da psicologia, da linguística e mesmo da história da arte, convergem todas para a mesma sugestão: o paradigma tradicional está, de algum modo, equivocado. Além disso, essa incapacidade para ajustar-se aos dados torna-se cada vez mais aparente através do estudo histórico da ciência, assunto ao qual dedicamos necessariamente a maior parte de nossa atenção neste ensaio.

Nenhum desses temas promotores de crises produziu até agora uma alternativa viável para o paradigma epistemológico tradicional, mas já começaram a sugerir quais serão algumas das características desse paradigma. Estou, por exemplo, profundamente consciente das dificuldades criadas pela afirmação de que, quando Aristóteles e Galileu olharam para as pedras oscilantes, o primeiro viu uma queda constrangida e o segundo um pêndulo. As mesmas dificuldades estão presentes de uma forma ainda mais fundamental nas frases iniciais deste capítulo: embora o mundo não mude com uma mudança de paradigma, depois dela o cientista trabalha em um mundo diferente. Não obstante, estou convencido de que devemos aprender a compreender o sentido de proposições semelhantes a essa. O que ocorre durante uma revolução científica não é totalmente redutível a uma reinterpretação de dados estáveis e individuais. Em primeiro lugar, os dados não são inequivocamente estáveis. Um pêndulo não é uma pedra que cai e nem o oxigênio é ar desflogistizado. Consequentemente, os dados que os cientistas coletam a partir desses diversos objetos são, como veremos em breve, diferentes em si mesmos. Ainda mais importante, o processo pelo qual o indivíduo ou a comunidade levam a cabo a transição da queda constrangida para o pêndulo ou do ar desflogistizado para o oxigênio não se assemelha à interpretação. De fato, como poderia ser assim, dada a ausência de dados fixos para o cientista interpretar? Em vez de ser um intérprete, o cientista que abraça um novo paradigma é como o homem que usa lentes inversoras. Defrontado com a mesma constelação de objetos que antes e tendo consciência disso, ele os encontra, não obstante, totalmente transformados em muitos de seus detalhes.

Nenhuma dessas observações pretende indicar que os cientistas não se caracterizam por interpretar observações e dados. Pelo contrário: Galileu interpretou observações sobre o pêndulo, Aristóteles observações sobre as pedras

214

que caem, Musschenbroek aquelas relativas a uma garrafa eletricamente carregada e Franklin as sobre um condensador. Mas cada uma dessas interpretações pressupôs um paradigma. Essas eram partes da ciência normal, um empreendimento que, como já vimos, visa refinar, ampliar e articular um paradigma que já existe. O capítulo 2 forneceu muitos exemplos nos quais a interpretação desempenhou um papel central. Esses exemplos tipificam a maioria esmagadora das pesquisas. Em cada um deles, devido a um paradigma aceito, o cientista sabia o que era um dado, que instrumentos podiam ser usados para estabelecê-lo e que conceitos eram relevantes para sua interpretação. Dado um paradigma, a interpretação dos dados é essencial para o empreendimento que o explora.

Esse empreendimento interpretativo – e mostrar isso foi o encargo do penúltimo parágrafo – pode somente articular um paradigma, mas não corrigi-lo. Paradigmas não podem, de modo algum, ser corrigidos pela ciência normal. Em lugar disso, como já vimos, a ciência normal leva, ao fim e ao cabo, apenas ao reconhecimento de anomalias e crises. Essas terminam não através da deliberação ou interpretação, mas por meio de um evento relativamente abrupto e não estruturado semelhante a uma alteração da forma visual. Nesse caso, os cientistas falam frequentemente de "vendas que caem dos olhos" ou de uma "iluminação repentina" que "inunda" um quebra-cabeça que antes era obscuro, possibilitando que seus componentes sejam vistos de uma nova maneira – a qual, pela primeira vez, permite sua solução. Em outras ocasiões, a iluminação relevante vem durante o sonho[13]. Nenhum dos sentidos habituais do termo "interpretação" ajusta-se a essas iluminações

---

13. [Jacques] Hadamard, Subconscient intuition et logique dans la recherche scientifique (*Conférence faite au Palais de la Découverte le 8 Décembre 1945*) Alençon, [s.d.], p. 7-8. Um relato bem mais completo, embora restrito a inovações matemáticas, encontra-se no livro do mesmo autor, *The Psychology of Invention in the Mathematical Field*, Princeton, 1949.

da intuição através das quais nasce um novo paradigma. Embora tais intuições dependam das experiências, tanto autônomas como congruentes, obtidas através do antigo paradigma, não estão ligadas, nem lógica nem fragmentariamente a itens específicos dessas experiências, como seria o caso de uma interpretação. Em lugar disso, as intuições reúnem grandes porções dessas experiências e as transformam em um bloco de experiências que, a partir daí, será gradativamente ligado ao novo paradigma e não ao velho.

Para aprendermos mais a respeito do que podem ser essas diferenças, retornemos por um momento a Aristóteles, Galileu e o pêndulo. Que dados foram colocados ao alcance de cada um deles pela interação de seus diferentes paradigmas e seu meio ambiente comum? Ao ver uma queda forçada, o aristotélico mediria (ou pelo menos discutiria – o aristotélico raramente media) o peso da pedra, a altura vertical à qual ela fora elevada e o tempo necessário para alcançar o repouso. Essas – e mais a resistência do meio – eram as categorias conceituais empregadas pela ciência aristotélica quando se tratava de examinar a queda dos corpos[14]. A pesquisa normal por elas orientada não poderia ter produzido as leis que Galileu descobriu. Poderia apenas – e foi o que fez, por outro caminho – levar à série de crises das quais emergiu a concepção galileana da pedra oscilante. Devido a essas crises e outras mudanças intelectuais, Galileu viu a pedra oscilante de forma absolutamente diversa. Os trabalhos de Arquimedes sobre os corpos flutuantes tornaram o meio algo inessencial; a teoria do *impetus* tornou o movimento simétrico e duradouro; o neoplatonismo dirigiu a atenção de Galileu para a forma circular do movimento[15]. Por isso, ele media apenas o peso, o raio, o deslocamento angular e o tempo por oscilação, precisamente os dados que poderiam ser interpretados de modo

14. T.S. Kuhn, A Function for Thought Experiments, em R. Taton e I.B. Cohen (eds.), *Mélanges Alexandre Koyré*, Paris, 1963.

15. A. Koyré, *Etudes Galiléennes*, v. I, Paris, 1939, p. 46-51; e Gallileo and Plato, *Journal of the History of Ideas*, v. IV, 1943, p. 440-428.

a produzir as leis de Galileu sobre o pêndulo. Nesse caso, a interpretação demonstrou ser quase desnecessária. Dados os paradigmas de Galileu, as regularidades semelhantes ao pêndulo eram quase totalmente acessíveis à primeira vista. Senão, como poderíamos explicar a descoberta de Galileu, segundo a qual o período da bola do pêndulo é inteiramente independente da amplitude da oscilação, quando se sabe que a ciência normal proveniente de Galileu teve que erradicar essa descoberta e que atualmente somos totalmente incapazes de documentá-la? Regularidades que não poderiam ter existido para um aristotélico (e que, de fato, não são precisamente exemplificadas pela natureza em nenhum lugar) eram, para um homem que via a pedra oscilante do mesmo modo que Galileu, uma consequência da experiência imediata.

Talvez o exemplo seja demasiadamente fantasista, uma vez que os aristotélicos não deixaram qualquer discussão sobre as pedras oscilantes, fenômeno que no paradigma destes era extraordinariamente complexo. Mas os aristotélicos discutiram um caso mais simples, o das pedras que caem sem entraves incomuns. Nesse caso, as mesmas diferenças de visão são evidentes. Ao contemplar a queda de uma pedra, Aristóteles via uma mudança de estado, mais do que um processo. Por conseguinte, para ele as medidas relevantes de um movimento eram a distância total percorrida e o tempo total transcorrido, parâmetros esses que produzem o que atualmente chamaríamos não de velocidade, mas de velocidade média[16]. De maneira similar, por ser a pedra impulsionada por sua natureza e alcançar seu ponto final de repouso, Aristóteles via, como parâmetro de distância relevante para qualquer instante no decorrer do movimento, a distância *até* o ponto final, mais do que aquela *a partir do* ponto de origem do movimento[17]. Esses parâmetros conceituais servem de base e dão um sentido

---

16. T.S. Kuhn, A Function for Thought Experiments, em R. Taton e I.B. Cohen (eds.), *Mélanges Alexandre Koyré*.

17. A. Koyré, *Etudes Galiléennes*, v. II, p. 7-11.

217

à maior parte de suas bem conhecidas leis do movimento. Entretanto, em parte devido ao paradigma do *impetus* e em parte devido a uma doutrina conhecida como a latitude das formas, a crítica escolástica modificou essa maneira de ver o movimento. Uma pedra movida pelo *impetus* recebe mais e mais *impetus* ao afastar-se de seu ponto de partida; por isso, o parâmetro relevante passou a ser a *distância a partir do,* em lugar da *distância até o.* Além disso, os escolásticos bifurcaram a noção aristotélica de velocidade em conceitos que, pouco depois de Galileu, se tornaram as nossas velocidades média e velocidade instantânea. Mas, quando examinados a partir do paradigma do qual essas concepções faziam parte, tanto a pedra que cai como o pêndulo exibiam as leis que os regem quase à primeira vista. Galileu não foi o primeiro a sugerir que as pedras caem em movimento uniformemente acelerado[18]. Além disso, ele desenvolvera seu teorema sobre esse assunto, juntamente a muitas de suas consequências, antes de realizar suas experiências com o plano inclinado. Esse teorema foi mais um elemento na rede de novas regularidades, acessíveis ao gênio, em um mundo conjuntamente determinado pela natureza e pelos paradigmas com os quais Galileu e seus contemporâneos haviam sido educados. Vivendo em tal mundo, Galileu ainda poderia, quando quisesse, explicar por que Aristóteles vira o que viu. Não obstante, o conteúdo imediato da experiência de Galileu com a queda de pedras não foi o mesmo da experiência realizada por Aristóteles.

Por certo não está de modo algum claro que precisemos preocupar-nos tanto com a "experiência imediata" – isto é, com os traços perceptivos que um paradigma destaca de maneira tão notável que eles revelam suas regularidades quase à primeira vista. Tais traços devem obviamente mudar com os compromissos do cientista a paradigmas, mas estão longe do que temos em mente quando falamos dos dados não elaborados ou da experiência bruta, dos

18. Clagett, op. cit., caps. IV, VI e IX.

218

quais se acredita procedem a pesquisa científica. Talvez devêssemos deixar de lado a experiência imediata e, em vez disso, discutir as operações e medições concretas que os cientistas realizam em seus laboratórios. Ou talvez a análise deva distanciar-se ainda mais do imediatamente dado. Por exemplo, poderia ser levada a cabo em termos de alguma linguagem de observação neutra, talvez uma linguagem ajustada às impressões de retina que servem de intermediário para aquilo que o cientista vê. Somente procedendo de uma dessas maneiras é que podemos ter a esperança de reaver uma região na qual a experiência seja novamente estável, de uma vez para sempre – na qual o pêndulo e a queda violenta não são percepções diferentes, mas interpretações diferentes de dados inequívocos, proporcionados pela observação de uma pedra que oscila.

Mas a experiência dos sentidos é fixa e neutra? Serão as teorias simples interpretações humanas de determinados dados? A perspectiva epistemológica que mais frequentemente guiou a filosofia ocidental durante três séculos impõe um "sim!" imediato e inequívoco. Na ausência de uma alternativa já desenvolvida, considero impossível abandonar inteiramente essa perspectiva. Todavia ela já não funciona efetivamente e as tentativas para fazê-la funcionar por meio da introdução de uma linguagem de observação neutra parecem-me agora sem esperança.

As operações e medições que um cientista empreende em um laboratório não são "o dado" da experiência, mas "o coletado com dificuldade". Não são o que o cientista vê – pelo menos até que sua pesquisa se encontre bem adiantada e sua atenção esteja focalizada; são índices concretos para os conteúdos das percepções mais elementares. Como tais, são selecionadas para o exame mais detido da pesquisa normal tão somente porque parecem oferecer uma oportunidade para a elaboração frutífera de um paradigma aceito. As operações e medições, de maneira muito mais clara do que a experiência imediata da qual em parte derivam, são determinadas por um paradigma. A ciência não se ocupa com todas as manifestações possíveis no laboratório. Ao invés disso, seleciona aquelas que são relevantes para a justaposição de um paradigma com a experiência imediata, a qual, por sua vez, foi parcialmente determinada por esse mesmo paradigma. Disso resulta que cientistas com paradigmas diferentes empenham-se em manipulações concretas de laboratório diferentes. As medições que devem ser realizadas no caso de um pêndulo não são relevantes no caso da queda constrangida. Tampouco as operações relevantes para a elucidação das propriedades do oxigênio são precisamente as mesmas que as requeridas na investigação das características do ar desflogistizado.

Quanto a uma linguagem de observação pura, talvez ainda se chegue a elaborar uma. Mas, três séculos após Descartes, nossa esperança que isso ocorra ainda depende exclusivamente de uma teoria da percepção e do espírito. Por sua vez, a experimentação psicológica moderna está fazendo com que proliferem rapidamente fenômenos que essa teoria tem grande dificuldade em tratar. O pato-coelho mostra que dois homens com as mesmas impressões na retina podem ver coisas diferentes; as lentes inversoras mostram que dois homens com impressões de retina diferentes podem ver a mesma coisa. A psicologia fornece uma grande quantidade de evidências no mesmo sentido e as dúvidas que dela derivam aumentam ainda mais quando se considera a história das tentativas para apresentar uma linguagem de observação efetiva. Nenhuma das tentativas atuais conseguiu até agora aproximar-se de uma linguagem de objetos de percepção puros, aplicável de maneira geral. E as tentativas que mais se aproximaram desse objetivo compartilham uma característica que reforça vigorosamente diversas das teses principais deste ensaio. Elas pressupõem, desde o início, um paradigma, seja na forma de uma teoria científica em vigor, seja na forma de alguma fração do discurso cotidiano; tentam então depurá-lo de todos os seus termos não lógicos ou não perceptivos. Em alguns campos do discurso esse esforço foi levado bem longe, com resultados bastante fascinantes. Está fora de dúvida que esforços desse tipo merecem ser levados adiante. Mas seu resultado é uma linguagem que – tal como aquelas empregadas nas ciências expressam inúmeras expectativas sobre a natureza e deixam de funcionar no momento em que essas expectativas são violadas. Nelson Goodman insiste precisamente sobre esse ponto ao descrever os objetivos do seu *Structure of Appearance*: "É afortunado que nada mais (do que os fenômenos conhecidos) esteja em questão; já a noção de casos "possíveis", casos que não existem, mas poderiam ter existido, está longe de ser clara"[19]. Nenhuma linguagem limitada desse modo a relatar um mundo plenamente conhecido de antemão pode produzir meras informações neutras e objetivas sobre "o dado". A investigação filosófica ainda não forneceu nem sequer uma pista do que poderia ser uma linguagem capaz de realizar tal tarefa.

Nessas circunstâncias, podemos pelo menos suspeitar que os cientistas têm razão, tanto em termos de princípio como na prática, quando tratam o oxigênio e os pêndulos (e talvez também os átomos e elétrons) como ingredientes fundamentais de sua experiência imediata. O mundo do cientista, devido à experiência da raça, da cultura e, finalmente, da profissão, contida no paradigma, veio a ser habitado por planetas e pêndulos, condensadores e minerais compostos e outros corpos do mesmo tipo. Comparadas com esses objetos da percepção, tanto as leituras de um medidor como as impressões de retina são construções

19. N. Goodman, *The Structure of Appearance*, Cambridge, 1951, p. 4-5. A passagem merece uma citação extensa: "Se todos os indivíduos (e somente esses) residentes de Wilmington em 1947 que pesam entre 175 e 180 libras têm cabelos ruivos, então 'o residente de Wilmington em 1947 que tem cabelos ruivos' e 'o residente de Wilmington em 1947 que pesa entre 175 e 180 libras' podem ser reunidos numa definição construída (*constructional definition*) [...] A questão de saber se 'pode ter havido' alguém a quem se aplica um desses predicados, mas não o outro, não tem sentido [...] uma vez que tenhamos determinado que tal indivíduo não existe [...] É uma sorte que nada mais esteja em questão; pois a noção de casos 'possíveis', de casos que não existem mas poderiam ter existido, está longe de ser clara".

221

elaboradas às quais a experiência somente tem acesso direto quando o cientista, tendo em vista os objetivos especiais de sua investigação, providencia para que isso ocorra. Não queremos com isso sugerir que os pêndulos, por exemplo, sejam a única coisa que um cientista poderá ver ao olhar uma pedra oscilante. (Já observamos que membros de outra comunidade científica poderiam ver uma queda constrangida.) Queremos sugerir que o cientista que olha para a oscilação de uma pedra não pode ter nenhuma experiência que seja, em princípio, mais elementar que a visão de um pêndulo. A alternativa não é uma hipotética visão "fixa", mas a visão através de um paradigma que transforme a pedra oscilante em alguma outra coisa.

Tudo isso parecerá mais razoável se recordarmos mais uma vez que, nem o cientista, nem o leigo aprendem a ver o mundo gradualmente ou item por item. A não ser quando todas as categorias conceituais e de manipulação estão preparadas de antemão – por exemplo, para a descoberta de um elemento transurânico adicional ou para captar a imagem de uma nova casa tanto os cientistas como os leigos deixam de lado áreas inteiras do fluxo da experiência. A criança que transfere a aplicação da palavra "mamãe" de todos os seres humanos para todas as mulheres e então para a sua mãe não está apenas aprendendo o que "mamãe" significa ou quem é a sua mãe. Simultaneamente, está aprendendo algumas das diferenças entre homens e mulheres, bem como algo sobre a maneira na qual apenas uma mulher comporta-se em relação a ela. Suas reações, expectativas e crenças – na verdade, grande parte de seu mundo percebido – mudam de acordo com esse aprendizado. Pelo mesmo motivo, os copernicanos que negaram ao Sol seu título tradicional de "planeta" não estavam apenas aprendendo o que "planeta" significa ou o que era o Sol. Em lugar disso, estavam mudando o significado de "planeta", a fim de que essa expressão continuasse sendo capaz de estabelecer distinções úteis num mundo no qual todos os corpos celestes e não apenas o Sol estavam sendo vistos de uma maneira diversa daquela na qual haviam sido vistos anteriormente. A mesma coisa poderia ser dita a respeito de qualquer um dos nossos exemplos anteriores. Ver o oxigênio em vez do ar desflogistizado, o condensador em vez da garrafa de Leyden ou o pêndulo em vez da queda constrangida foi somente uma parte de uma alteração integrada na visão que o cientista possuía de muitos fenômenos químicos, elétricos ou dinâmicos. Os paradigmas determinam ao mesmo tempo grandes áreas da experiência.

Contudo, é somente após a experiência ter sido determinada dessa maneira que pode começar a busca de uma definição operacional ou de uma linguagem de observação pura. O cientista ou filósofo, que pergunta que medições ou impressões da retina fazem do pêndulo o que ele é, já deve ser capaz de reconhecer um pêndulo quando o vê. Se em lugar do pêndulo ele visse uma queda constrangida, sua questão nem mesmo poderia ter sido feita. E se ele visse um pêndulo, mas o visse da mesma maneira com que vê um diapasão ou uma balança de vibração, sua questão não poderia ter sido respondida. Pelo menos não poderia ter sido respondida da mesma maneira, porque já não se trataria da mesma questão. Por isso, embora elas sejam sempre legítimas e em determinadas ocasiões extraordinariamente frutíferas, as questões a respeito das impressões da retina ou sobre as consequências de determinadas manipulações de laboratório pressupõem um mundo já subdividido perceptual e conceitualmente de acordo com uma certa maneira. Num certo sentido, tais questões são partes da ciência normal, pois dependem da existência de um paradigma e recebem respostas diferentes quando ocorre uma mudança de paradigma.

Para concluir este capítulo, vamos daqui para diante negligenciar as impressões da retina e restringir novamente nossa atenção às operações de laboratório que fornecem ao cientista índices concretos, embora fragmentários, para o que ele já viu. Uma das maneiras pelas quais tais operações de laboratório mudam juntamente com os paradigmas já foi observada repetidas vezes. Após uma revolução científica, muitas manipulações e medições antigas tornam-se irrelevantes e são substituídas por outras. Não se aplicam exatamente os mesmos testes para o oxigênio e para o ar desflogistizado. Mas mudanças dessa espécie nunca são totais. Não importa o que o cientista possa então ver, após a revolução o cientista ainda está olhando para o mesmo mundo. Além disso, grande parte de sua linguagem e a maior parte de seus instrumentos de laboratório continuam sendo os mesmos de antes, embora anteriormente ele os possa ter empregado de maneira diferente. Em consequência disso, a ciência pós-revolucionária invariavelmente inclui muitas das mesmas manipulações, realizadas com os mesmos instrumentos e descritas nos mesmos termos empregados por sua predecessora pré-revolucionária. Se alguma mudança ocorreu com essas manipulações duradouras, esta deve estar nas suas relações com o paradigma ou nos seus resultados concretos. Sugiro agora, com a introdução de um último exemplo, que todas essas duas espécies de mudança ocorrem. Examinando a obra de Dalton e seus contemporâneos, descobriremos que uma e a mesma operação, quando vinculada à natureza por meio de um paradigma diferente, pode tornar-se um índice para um aspecto bastante diferente de uma regularidade da natureza. Além disso, veremos que ocasionalmente a antiga manipulação, no seu novo papel, produzirá resultados concretos diferentes.

Durante grande parte do século XVIII e mesmo no XIX, os químicos europeus acreditavam quase universalmente que os átomos elementares, com os quais eram constituídas todas as espécies químicas, se mantinham unidos por forças de afinidade mútuas. Assim, uma massa uniforme de prata mantinha-se unida devido às forças de afinidade entre os corpúsculos de prata (mesmo depois de Lavoisier esses corpúsculos eram pensados como compostos de partículas ainda mais elementares). Dentro dessa mesma teoria, a prata dissolvia-se no ácido (ou o sal na água) porque as partículas de ácido atraíam as da prata (ou as partículas de água atraíam as de sal) mais fortemente do que as partículas desses solutos atraíam-se mutuamente. Ou ainda: o cobre dissolver-se-ia numa solução de prata e precipitado de prata porque a afinidade cobre-ácido era maior que a afinidade entre o ácido e a prata. Um grande número de outros fenômenos era explicado da mesma maneira. No século XVIII, a teoria da afinidade eletiva era um paradigma químico admirável, larga e algumas vezes frutiferamente utilizado na concepção e análise da experimentação química[20].

Entretanto, a teoria da afinidade traçou os limites separando as misturas físicas dos compostos químicos de uma maneira que, desde a assimilação da obra de Dalton, deixou de ser familiar. Os químicos do século XVIII reconheciam duas espécies de processos. Quando a mistura produzia calor, luz, efervescência ou alguma coisa da mesma espécie, considerava-se que havia ocorrido a união química. Se, por outro lado, as partículas da mistura pudessem ser distinguidas a olho nu ou separadas mecanicamente, havia apenas mistura física. Mas, para o grande número de casos intermediários – o sal na água, a fusão de metais, o vidro, o oxigênio na atmosfera e assim por diante – esses critérios grosseiros tinham pouca utilidade. Guiados por seu paradigma, a maioria dos químicos concebia essa faixa intermediária como sendo química, porque os processos que a compunham eram todos governados por forças da mesma espécie. Sal na água ou oxigênio no nitrogênio eram exemplos de combinação química tão apropriados como a combinação produzida pela oxidação do cobre. Os argumentos para que se concebesse as soluções como compostos eram muito fortes. A própria teoria da afinidade fora bem confirmada. Além disso, a formação de um composto explicava a homogeneidade observada numa solução. Se, por exemplo, o oxigênio e o nitrogênio fossem somente misturados e não

20. H. Metzger, *Newton, Stahl, Boerhaave et la doctrine chimique*, Paris, 1930, p. 34-68.

combinados na atmosfera, então o gás mais pesado, o oxigênio, deveria depositar-se no fundo. Dalton, que considerava a atmosfera uma mistura, nunca foi capaz de explicar satisfatoriamente por que o oxigênio não se comportava dessa maneira. A assimilação de sua teoria atômica acabou criando uma anomalia onde anteriormente não havia nenhuma[21].

Somos tentados a afirmar que os químicos que concebiam as soluções como compostos difeririam de seus antecessores somente quanto a uma questão de definição. Em um certo sentido, pode ter sido assim. Mas esse sentido não é aquele que faz das definições meras comodidades convencionais. No século XVIII, as misturas não eram plenamente distinguíveis dos compostos através de testes operacionais e talvez não pudessem sê-lo. Mesmo se os químicos tivessem procurado descobrir tais testes, teriam buscado critérios que fizessem da solução um composto. A distinção mistura-composto fazia parte de seu paradigma – parte da maneira como os químicos concebiam todo seu campo de pesquisas – e como tal ela era anterior a qualquer teste de laboratório, embora não fosse anterior à experiência acumulada da química como um todo.

Mas, enquanto a química era concebida dessa maneira, os fenômenos químicos exemplificavam leis diferentes daquelas que emergiram após a assimilação do novo paradigma de Dalton. Mais especificamente, enquanto as soluções permaneceram como compostos, nenhuma quantidade de experiências químicas poderia ter produzido por si mesma a lei das proporções fixas. Ao final do século XVIII era amplamente sabido que *alguns* compostos continham comumente proporções fixas correspondentes ao peso de seus componentes. O químico alemão Richter chegou mesmo a notar, para algumas categorias de reações, as regularidades adicionais atualmente abarcadas pela lei

21. Ibidem, p. 124-129; 139-148. No tocante a Dalton, ver Leonard Nash, The Atomic-Molecular Theory, *Harvard Case Histories in Experimental Science*, Case 4, Cambridge, 1950, p. 14-21.

dos equivalentes químicos[22]. No entanto nenhum químico fez uso dessas regularidades, exceto em receitas e, quase até o fim do século, nenhum deles pensou em generalizá-las. Dados os contraexemplos óbvios, como o vidro e o sal na água, nenhuma generalização era possível sem o abandono da teoria da afinidade e uma reconceptualização dos limites dos domínios da química. Essa conclusão tornou-se explícita ao final do século, num famoso debate entre os químicos franceses Proust e Berthollet. O primeiro sustentava que todas as reações químicas ocorriam segundo proporções fixas; o segundo negava que isso ocorresse. Ambos reuniram evidências experimentais impressionantes em favor de sua concepção. Não obstante, os dois mantiveram um diálogo de surdos e o debate foi totalmente inconclusivo. Onde Berthollet via um composto que podia variar segundo proporções, Proust via apenas uma mistura física[23]. Nem experiências, nem uma mudança nas convenções de definição poderiam ser relevantes para essa questão. Os dois cientistas divergiam tão fundamentalmente como Galileu e Aristóteles.

Essa foi a situação durante anos quando John Dalton empreendeu as investigações que levaram finalmente à sua famosa teoria atômica da química. Mas até os últimos estágios dessas investigações, Dalton não era um químico nem estava interessado em química. Era um meteorologista investigando o que para ele eram os problemas físicos da absorção de gases pela água e da água pela atmosfera. Em parte porque fora treinado numa especialidade diferente e em parte devido a seu próprio trabalho nessa especialidade, Dalton abordou esses problemas com um paradigma diferente daquele empregado pelos químicos seus contemporâneos. Mais particularmente, concebeu a mistura de gases ou a absorção de um gás pela água como um processo físico, no

22. J.R. Partington, *A Short History of Chemistry*, 2. ed., Londres, 1951, p. 161-163.
23. A.N. Meldrum, The Development of the Atomic Theory: (1) Berthollet's Doctrine of Variable Proportions, *Manchester Memoirs*, v. 54, 1910, p. 1-16.

qual as forças de afinidade não desempenhavam nenhum papel. Por isso, para ele, a homogeneidade que fora observada nas soluções era um problema, mas um problema que ele pensava poder resolver caso pudesse determinar os tamanhos e os pesos relativos das várias partículas atômicas nas suas misturas experimentais. Foi para determinar esses tamanhos e pesos que Dalton se voltou finalmente para a química, supondo desde o início que, no âmbito restrito das reações que considerava químicas, os átomos somente poderiam combinar-se numa proporção de um para um ou em alguma outra proporção de simples números inteiros[24]. Esse pressuposto inicial permitiu-lhe determinar os tamanhos e os pesos das partículas elementares, mas também fez da lei das proporções constantes uma tautologia. Para Dalton, qualquer reação na qual os ingredientes não entrassem em proporções fixas não era, *ipso facto*, um processo puramente químico. Uma lei que as experiências não poderiam ter estabelecido antes dos trabalhos de Dalton tornou-se, após a aceitação destes, num princípio constitutivo que nenhum conjunto isolado de medições químicas poderia ter perturbado. Em consequência daquilo que talvez seja o nosso exemplo mais completo de uma revolução científica, as mesmas manipulações químicas assumiram uma relação com a generalização química muito diversa daquela que anteriormente tinham.

É desnecessário dizer que as conclusões de Dalton foram amplamente atacadas ao serem anunciadas pela primeira vez. Berthollet, sobretudo, nunca foi convencido. Considerando-se a natureza da questão, não era preciso convencê-lo. Mas para a maior parte dos químicos, o novo paradigma de Dalton demonstrou ser convincente onde o de Proust não o fora, visto ter implicações muito mais amplas e mais importantes do que um critério para distinguir uma mistura de um composto. Se, por exemplo,

24. L.K. Nash, The Origin of Dalton's Chemical Atomic Theory, *Isis*, n. 47, 1956, p. 101-116.

228

os átomos somente podiam combinar-se quimicamente segundo proporções simples de números inteiros, então um reexame dos dados químicos existentes deveria revelar tanto exemplos de proporções múltiplas como de proporções fixas. Os químicos deixaram de escrever que os dois óxidos de, por exemplo, carbono, continham 56% e 72% de oxigênio por peso; em lugar disso, passaram a escrever que um peso de carbono combinar-se-ia ou com 1,3 ou com 2,6 pesos de oxigênio. Quando os resultados das antigas manipulações foram computados dessa maneira, saltou à vista uma proporção de 2:1. Isso ocorreu na análise de muitas reações bem conhecidas, bem como na de algumas reações novas. Além disso, o paradigma de Dalton tornou possível a assimilação da obra de Richter e a percepção de sua ampla generalidade. Sugeriu também novas experiências, especialmente as de Gay-Lussac sobre a combinação de volumes, que tiveram como resultado novas regularidades com as quais os cientistas nunca haviam sonhado antes. O que os químicos tomaram de Dalton não foram novas leis experimentais, mas uma nova maneira de praticar a química (ele próprio chamou-a de "novo sistema de filosofia química"), que se revelou tão frutífera que somente alguns químicos mais velhos, na França e na Grã-Bretanha, foram capazes de opor-se a ela[25]. Em consequência disso, os químicos passaram a viver em um mundo no qual as reações químicas se comportavam de maneira bem diversa do que tinham feito anteriormente.

Enquanto tudo isso se passava, ocorria uma outra mudança típica e muito importante. Aqui e ali, os próprios dados numéricos da química começaram a mudar. Quando Dalton consultou pela primeira vez a literatura química em busca de dados que corroborassem sua teoria física, encontrou alguns registros de reações que se ajustavam a ela, mas dificilmente poderia ter deixado de encontrar outros que

25. A.N. Meldrum, The Development of the Atomic Theory (6) Reception Accorded to the Theory Advocated by Dalton, *Manchester Memoirs*, n. 55, 1911, p. 1-10.

não se ajustavam. Por exemplo, as medições do próprio Proust sobre os dois óxidos de cobre indicaram uma proporção de peso de oxigênio de 1,47:1, em lugar dos 2:1 exigidos pela teoria atômica; e Proust é precisamente o homem do qual poderíamos esperar que chegasse à proporção de Dalton[26]. Ele era um excelente experimentador e sua concepção da relação entre misturas e compostos era muito próxima da de Dalton. Mas é difícil fazer com que a natureza se ajuste a um paradigma. É por isso que os quebra-cabeças da ciência normal constituem tamanho desafio e as medições realizadas sem a orientação de um paradigma raramente levam a alguma conclusão. Por isso, os químicos não poderiam simplesmente aceitar a teoria de Dalton com base nas evidências existentes, já que uma grande parte destas ainda era negativa. Em lugar disso, mesmo após a aceitação da teoria, eles ainda tinham que forçar a natureza a conformar-se a ela, processo que no caso envolveu quase toda uma outra geração. Quando isso foi feito, até mesmo a percentagem de composição de compostos bem conhecidos passou a ser diferente. Os próprios dados haviam mudado. Esse é o último dos sentidos no qual desejamos dizer que, após uma revolução, os cientistas trabalham em um mundo diferente.

26. Quanto a Proust ver Meldrum, Berthollet's Doctrine of Variable Proportions, *Manchester Memoirs*, n. 54, 1910, p. 8. A história detalhada das mudanças graduais nas medições da composição química e dos pesos atômicos ainda está por ser escrita, mas Partington, op. cit., fornece muitas indicações úteis.

10. A INVISIBILIDADE DAS REVOLUÇÕES

Ainda nos resta perguntar como terminam as revoluções científicas. No entanto, antes de fazê-lo, parece necessário realizar uma última tentativa no sentido de reforçar a convicção do leitor quanto à sua existência e natureza. Tentei até aqui descrever as revoluções através de ilustrações: tais exemplos podem multiplicar-se *ad nauseam*. Mas é claro que a maior parte das ilustrações, que foram selecionadas por sua familiaridade, são habitualmente consideradas não como revoluções mas como adições ao conhecimento científico. Poder-se-ia considerar qualquer ilustração suplementar a partir dessa perspectiva e é provável que o exemplo resultasse ineficaz. Creio que existem excelentes razões para que as revoluções sejam quase totalmente invisíveis. Grande parte da imagem que cientistas e leigos têm da atividade científica criadora provém de uma fonte autorizada que disfarça sistematicamente – em parte devido a razões funcionais importantes – a existência e o significado das

231

revoluções científicas. Somente após o reconhecimento e a análise dessa autoridade é que poderemos esperar que os exemplos históricos passem a ser plenamente efetivos. Além disso, embora esse ponto só possa ser completamente desenvolvido na conclusão deste ensaio, a análise aqui exigida começará a indicar um dos aspectos que mais claramente distingue o trabalho científico de qualquer outro empreendimento criador, com exceção, talvez, da teologia.

Quando falo de fonte de autoridade, penso sobretudo nos principais manuais científicos, juntamente aos textos de divulgação e obras filosóficas moldadas naqueles. Essas três categorias – até recentemente não dispúnhamos de outras fontes importantes de informação sobre a ciência, além da prática da pesquisa – possuem uma coisa em comum. Referem-se a um corpo já articulado de problemas, dados e teorias, e muito frequentemente ao conjunto particular de paradigmas aceitos pela comunidade científica na época em que esses textos foram escritos. Os próprios manuais pretendem comunicar o vocabulário e a sintaxe de uma linguagem científica contemporânea. As obras de divulgação tentam descrever essas mesmas aplicações numa linguagem mais próxima da utilizada na vida cotidiana. E a filosofia da ciência, sobretudo aquela do mundo de língua inglesa, analisa a estrutura lógica desse corpo completo de conhecimentos científicos. Embora um tratamento mais completo devesse necessariamente lidar com as distinções muito reais entre esses três gêneros, suas semelhanças são o que mais nos interessam aqui. Todas elas registram o *resultado* estável das revoluções passadas e desse modo põem em evidência as bases da tradição corrente da ciência normal. Para preencher sua função não é necessário que proporcionem informações autênticas a respeito do modo pelo qual essas bases foram inicialmente reconhecidas e posteriormente adotadas pela profissão. Pelo menos no caso dos manuais, existem até mesmo boas razões para que sejam sistematicamente enganadores nesses assuntos.

No capítulo 1 observamos que uma confiança crescente nos manuais ou seus equivalentes era invariavelmente

232

concomitante com a emergência do primeiro paradigma em qualquer domínio da ciência. No capítulo final deste ensaio, argumentaremos que a dominação de uma ciência amadurecida por tais textos estabelece uma diferença significativa entre o seu padrão de desenvolvimento e aquele de outras disciplinas. No momento, vamos simplesmente assumir que, numa extensão sem precedentes em outras áreas, os conhecimentos científicos dos profissionais, bem como os dos leigos, estão baseados nos manuais e em alguns outros tipos de literatura deles derivada. Entretanto, sendo os manuais veículos pedagógicos destinados a perpetuar a ciência normal, devem ser parcial ou totalmente reescritos toda vez que a linguagem, a estrutura dos problemas ou as normas da ciência normal se modifiquem. Em suma, precisam ser reescritos imediatamente após cada revolução científica e, uma vez reescritos, dissimulam inevitavelmente não só o papel desempenhado, mas também a própria existência das revoluções que os produziram. A menos que tenha experimentado pessoalmente uma revolução durante sua vida, o sentido histórico do cientista ativo ou do leitor não especializado em literatura de manual englobará somente os resultados mais recentes das revoluções ocorridas em seu campo de interesse.

Desse modo, os manuais começam truncando a compreensão do cientista a respeito da história de sua própria disciplina e em seguida fornecem um substituto para aquilo que eliminaram. É característica dos manuais científicos conterem apenas um pouco de história, seja um capítulo introdutório, seja, como acontece mais frequentemente, em referências dispersas aos grandes heróis de uma época anterior. Através dessas referências, tanto os estudantes como os profissionais sentem-se participando de uma longa tradição histórica. Contudo, a tradição derivada dos manuais, da qual os cientistas sentem-se participantes, jamais existiu. Por razões ao mesmo tempo óbvias e muito funcionais, os manuais científicos (e muitas das antigas histórias da ciência) referem-se somente àquelas partes do trabalho de antigos cientistas que podem facilmente ser consideradas

233

como contribuições ao enunciado e à solução dos problemas apresentados pelo paradigma dos manuais. Em parte por seleção e em parte por distorção, os cientistas de épocas anteriores são implicitamente representados como se tivessem trabalhado sobre o mesmo conjunto de problemas fixos e utilizado o mesmo conjunto de cânones estáveis que a revolução mais recente em teoria e metodologia científica fez parecer científicos. Não é de admirar que os manuais e as tradições históricas neles implícitas tenham que ser reescritas após cada revolução científica. Do mesmo modo, não é de admirar que, ao ser reescrita, a ciência apareça, mais uma vez, como sendo basicamente cumulativa.

Por certo os cientistas não são o único grupo que tende a ver o passado de sua disciplina como um desenvolvimento linear em direção ao ponto de vista privilegiado do presente. A tentação de escrever a história passada a partir do presente é generalizada e perene. Mas os cientistas são mais afetados pela tentação de reescrever a história, em parte porque os resultados da pesquisa científica não revelam nenhuma dependência óbvia com relação ao contexto histórico da pesquisa e em parte porque, exceto durante as crises e as revoluções, a posição contemporânea do cientista parece muito segura. Multiplicar os detalhes históricos sobre o presente ou o passado da ciência, ou aumentar a importância dos detalhes históricos apresentados, não conseguiria mais do que conceder um *status* artificial à idiossincrasia, ao erro e à confusão humanos. Por que honrar o que os melhores e mais persistentes esforços da ciência tornaram possível descartar? A depreciação dos fatos históricos está profundamente, e talvez funcionalmente, enraizada na ideologia da profissão científica, a mesma profissão que atribui o mais alto valor possível a detalhes fatuais de outras espécies. Whitehead captou o espírito a-histórico da comunidade científica ao escrever: "A ciência que hesita em esquecer seus fundadores está perdida". Contudo, Whitehead não estava absolutamente correto, visto que as ciências, como outros empreendimentos profissionais, necessitam de seus heróis e reverenciam suas memórias. Felizmente, em vez de esquecer esses heróis, os cientistas têm esquecido ou revisado somente seus trabalhos.

Disso resulta uma tendência persistente a fazer com que a história da ciência pareça linear e cumulativa, tendência que chega a afetar mesmo os cientistas que examinam retrospectivamente suas próprias pesquisas, por exemplo, os três informes incompatíveis de Dalton sobre o desenvolvimento do seu atomismo químico dão a impressão de que ele estava interessado, desde muito cedo, precisamente naqueles problemas químicos referentes às proporções de combinação, cuja posterior solução o tornaria famoso. Na realidade, esses problemas parecem ter-lhe ocorrido junto às suas soluções e, mesmo assim, não antes que seu próprio trabalho criador estivesse quase totalmente completado[1]. O que todos os relatos de Dalton omitem são os efeitos revolucionários resultantes da aplicação da química a um conjunto de questões e conceitos anteriormente restritos à física e à meteorologia. Foi isso que Dalton fez; o resultado foi uma reorientação no modo de conceber a química, reorientação que ensinou aos químicos como introduzir novas questões e retirar conclusões novas de dados antigos.

Um outro exemplo: Newton escreveu que Galileu descobrira que a força constante da gravidade produz um movimento proporcional ao quadrado do tempo. De fato, o teorema cinemático de Galileu realmente toma essa forma quando inserido na matriz dos próprios conceitos dinâmicos de Newton. Mas Galileu não afirmou nada desse gênero. Sua discussão a respeito da queda dos corpos raramente alude a forças e muito menos a uma força gravitacional uniforme que causasse a queda dos corpos[2]. Ao atribuir

1. L.K. Nash, The Origins of Dalton's Chemical Atomic Theory, *Isis*, n. 47, 1956, p. 101-116.

2. Sobre essa observação de Newton, ver Floriam Cajori (ed.), *Sir Isaac Newton's Mathematical Principles of Natural Philosophy and his System of the world*, Berkeley, 1946, p. 21. Essa passagem deve ser comparada com a discussão de Galileu nos seus *Dialogues Concerning Two New Sciences*, trad. H. Crew e A. de Salvio, Evanston, 1946, p. 154-176.

a Galileu a resposta a uma questão que os paradigmas de Galileu não permitiam sugerir, o relato de Newton esconde o efeito de uma pequena mas revolucionária reformulação nas questões que os cientistas abordavam a respeito do movimento, bem como nas respostas que estavam dispostos a admitir. Mas é justamente essa mudança na formulação de perguntas e respostas que dá conta, bem mais do que as novas descobertas empíricas, da transição da dinâmica aristotélica para a de Galileu e da de Galileu para a de Newton. Ao disfarçar essas mudanças, a tendência dos manuais a tornarem linear o desenvolvimento da ciência acaba escondendo o processo que está na raiz dos episódios mais significativos do desenvolvimento científico.

Os exemplos precedentes colocam em evidência, cada um no contexto de uma revolução determinada, os começos de uma reconstrução histórica que é regularmente completada por textos científicos pós-revolucionários. Mas nessa reconstrução está envolvido algo mais do que a multiplicação de distorções históricas semelhantes às ilustradas acima. Essas distorções tornam as revoluções invisíveis; a disposição do material que ainda permanece visível nos textos científicos implica um processo que, se realmente existisse, negaria toda e qualquer função às revoluções. Os manuais, por visarem familiarizar rapidamente o estudante com o que a comunidade científica contemporânea julga conhecer, examinam as várias experiências, conceitos, leis e teorias da ciência normal em vigor tão isolada e sucessivamente quanto possível. Enquanto pedagogia, essa técnica de apresentação está acima de qualquer crítica. Mas quando combinada com a atmosfera geralmente a-histórica dos escritos científicos e com as distorções ocasionais ou sistemáticas examinadas acima, existem grandes possibilidades de que essa técnica cause a seguinte impressão: a ciência alcançou seu estado atual através de uma série de descobertas e invenções individuais, as quais, uma vez reunidas, constituem a coleção moderna dos conhecimentos técnicos. O manual sugere que os cientistas procuram realizar, desde os primeiros empreendimentos científicos, os objetivos particulares presentes nos paradigmas atuais. Num processo frequentemente comparado à adição de tijolos a uma construção, os cientistas juntaram um a um os fatos, conceitos, leis ou teorias ao caudal de informações proporcionado pelo manual científico contemporâneo.

Mas não é assim que uma ciência se desenvolve. Muitos dos quebra-cabeças da ciência normal contemporânea passaram a existir somente depois da revolução científica mais recente. Poucos deles remontam ao início histórico da disciplina na qual aparecem atualmente. As gerações anteriores ocuparam-se com seus próprios problemas, com seus próprios instrumentos e cânones de resolução. E não foram apenas os problemas que mudaram, mas toda a rede de fatos e teorias que o paradigma dos manuais adapta à natureza. Por exemplo: a constância da composição é um simples fato da experiência, que os químicos poderiam ter descoberto através de experiências realizadas em qualquer um dos mundos em que realizaram suas pesquisas? Ou é antes um elemento – e como tal indubitável – de um novo tecido de fatos e teoria que Dalton adaptou à experiência química anterior, transformando-a no curso do processo? A aceleração constante produzida por uma força constante é um fato que os estudantes de dinâmica pesquisam desde o início da disciplina, ou é a resposta a uma questão que apareceu pela primeira vez no interior da teoria de Newton e que esta teoria pode responder utilizando-se do corpo de informações disponíveis antes da formulação da questão?

Colocamos essas questões a propósito de fatos que, segundo os manuais, foram gradualmente descobertos. Mas, obviamente, esses problemas têm também relação com aquilo que tais textos apresentam como teorias. Não há dúvida de que essas teorias "ajustam-se aos fatos", mas somente transformando a informação previamente acessível em fatos que absolutamente não existiam para o paradigma precedente. Isso significa que as teorias também não evoluem gradualmente, ajustando-se a fatos que sempre

237

estiveram à nossa disposição. Em vez disso, surgem ao mesmo tempo que os fatos aos quais se ajustam, resultando de uma reformulação revolucionária da tradição científica anterior – uma tradição na qual a relação entre o cientista e a natureza, mediada pelo conhecimento, não era exatamente a mesma.

Um último exemplo poderá esclarecer essa explicação sobre o impacto da apresentação do manual sobre nossa imagem do desenvolvimento científico. Todos os textos elementares de química devem discutir o conceito de elemento químico. Quase sempre, quando essa noção é introduzida, sua origem é atribuída a Robert Boyle, químico do século XVII, em cujo *Sceptical Chymist* o leitor atento encontrará uma definição de "elemento" bastante próxima da utilizada atualmente. A referência a Boyle auxilia o neófito a perceber que a química não iniciou com as sulfanilamidas; além disso, diz-lhe que uma das tarefas tradicionais do cientista é inventar conceitos desse tipo. Não obstante, ilustra uma vez mais o exemplo de erro histórico que faz com que especialistas e leigos se iludam a respeito da natureza do empreendimento científico.

Segundo Boyle (que estava absolutamente certo), sua "definição" de um elemento não passava de uma paráfrase de um conceito químico tradicional; Boyle apresentou-o com o fim único de argumentar que não existia tal coisa chamada elemento químico; enquanto história, a versão que o manual apresenta da contribuição de Boyle está totalmente equivocada[3]. Sem dúvida esse erro é trivial, tão trivial como qualquer outra interpretação errônea de dados. O que não é trivial é a imagem de ciência fomentada quando esse tipo de erro é articulado e então integrado na estrutura técnica do texto. Como "tempo", "energia", "força", ou "partícula", o conceito de elemento é o tipo de ingrediente de manual que frequentemente não é inventado ou descoberto

3. T.S. Kuhn, Robert Boyle and Structural Chemistry in the Seventeenth Century, *Isis*, n. 43, 1952, p. 26-29.

de forma alguma. A definição de Boyle remonta pelo menos a Aristóteles e se projeta, por intermédio de Lavoisier, até os textos modernos. Contudo, isso não significa que a ciência tenha possuído o conceito de elemento desde a Antiguidade. Definições verbais como a de Boyle têm pouco conteúdo científico quando consideradas em si mesmas. Não são especificações lógicas e completas de sentido, mas mais precisamente instrumentos pedagógicos. Os conceitos científicos que expressam só obtêm um significado pleno quando relacionados, dentro de um texto ou apresentação sistemática, a outros conceitos científicos, a procedimentos de manipulação e a aplicações do paradigma. Segue-se daí que conceitos como o de elemento dificilmente podem ser inventados independentemente de um contexto. Além disso, dado o contexto, raramente precisam ser inventados, posto que já estão à disposição. Tanto Boyle como Lavoisier modificaram em aspectos importantes o significado químico da noção de "elemento". Mas não inventaram a noção nem modificaram a fórmula verbal que serve como sua definição. Como vimos, nem Einstein teve que inventar ou mesmo redefinir explicitamente "espaço" e "tempo", a fim de dar a esses conceitos novos significados no contexto de sua obra.

Qual foi então o papel histórico de Boyle naquela parte de seu trabalho que contém a famosa "definição"? Boyle foi o líder de uma revolução científica que, ao modificar a relação do "elemento" com a teoria e a manipulação químicas, transformou essa noção num instrumento bastante diverso do que fora até ali. Nesse processo modificou tanto a química como o mundo do químico[4]. Outras revoluções, incluindo a que teve seu centro em Lavoisier, foram necessárias para dar a esse conceito sua forma e função modernas. Mas Boyle proporciona um exemplo típico tanto do processo envolvido em cada um desses estágios como do que

4. Marie Boas, em seu *Robert Boyle and Seventeenth-Century Chemistry*, Cambridge, 1958, ocupa-se, em várias passagens, com as positivas contribuições de Boyle para a evolução do conceito de um elemento químico.

ocorre com esse processo quando o conhecimento existente é incorporado a um manual científico. Mais do que qualquer outro aspecto da ciência, essa forma pedagógica determinou nossa imagem a respeito da natureza da ciência e do papel desempenhado pela descoberta e pela invenção no seu progresso.

11. A RESOLUÇÃO DAS REVOLUÇÕES

Os manuais que estivemos discutindo são produzidos somente a partir dos resultados de uma revolução científica. Eles servem de base para uma nova tradição de ciência normal. Ao examinarmos a questão de sua estrutura omitimos obviamente um problema. Qual é o processo pelo qual um novo candidato a paradigma substitui seu antecessor? Qualquer nova interpretação da natureza, seja ela uma descoberta, seja uma teoria, aparece inicialmente na mente de um ou mais indivíduos. São eles os primeiros a aprender a ver a ciência e o mundo de uma nova maneira. Sua habilidade para fazer essa transição é facilitada por duas circunstâncias estranhas à maioria dos membros de sua profissão. Invariavelmente tiveram sua atenção concentrada sobre problemas que provocam crises. Além disso, são habitualmente tão jovens ou tão novos na área em crise que a prática científica comprometeu-os menos profundamente que seus contemporâneos à concepção de mundo e às regras estabelecidas pelo velho

241

paradigma. Como conseguem e o que devem fazer para converter todos os membros de sua profissão à sua maneira de ver a ciência e o mundo? O que leva um grupo a abandonar uma tradição de pesquisa normal por outra?

Para perceber a premência dessas questões, lembremo-nos de que essas são as únicas reconstruções que o historiador pode fornecer às investigações do filósofo a respeito dos testes, verificações e falsificações de teorias científicas estabelecidas. Na medida em que se dedica à ciência normal, o pesquisador é um solucionador de quebra-cabeças e não alguém que testa paradigmas. Embora ele possa, durante a busca da solução para um quebra-cabeça determinado, testar diversas abordagens alternativas, rejeitando as que não produzem o resultado desejado, ao fazer isso ele não está testando o *paradigma*. Assemelha-se mais ao enxadrista que, confrontado com um problema estabelecido e tendo à sua frente (física ou mentalmente) o tabuleiro, tenta vários movimentos alternativos na busca de uma solução. Essas tentativas de acerto, feitas pelo enxadrista ou pelo cientista, testam a si mesmas e não as regras do jogo. São possíveis somente enquanto o próprio paradigma é dado como pressuposto. Por isso, o teste de um paradigma ocorre somente depois que o fracasso persistente na resolução de um quebra-cabeça importante dá origem a uma crise. E, mesmo então, ocorre somente depois que o sentimento de crise evocar um candidato alternativo a paradigma. Na ciência, a situação de teste não consiste nunca – como é o caso da resolução de quebra-cabeças – em simplesmente comparar um único paradigma com a natureza. Ao invés disso, o teste representa parte da competição entre dois paradigmas rivais que lutam pela adesão da comunidade científica.

Examinada de forma mais detalhada, essa formulação apresenta paralelos inesperados e provavelmente significativos com duas das mais populares teorias filosóficas contemporâneas sobre a verificação. Não existem muitos filósofos da ciência que busquem critérios absolutos para a verificação de teorias científicas. Percebendo que nenhuma teoria pode ser submetida a todos os testes relevantes possíveis, perguntam não se a teoria foi verificada mas pela sua probabilidade, dada a evidência existente. Para responder a essa questão, uma escola importante é levada a comparar a habilidade das diferentes teorias para explicar a evidência disponível. Essa insistência em comparar teorias caracteriza igualmente a situação histórica na qual uma nova teoria é aceita. Muito provavelmente, ela indica uma das direções pelas quais deverão avançar as futuras discussões sobre o problema da verificação.

Entretanto, nas suas formas mais usuais, todas as teorias de verificação probabilísticas recorrem a uma ou outra das linguagens de observação puras ou neutras discutidas no capítulo 9. Uma teoria probabilística requer que comparemos a teoria científica em exame com todas as outras teorias imagináveis que se adaptem ao mesmo conjunto de dados observados. Uma outra exige a construção imaginária de todos os testes que possam ser concebidos para testar determinada teoria[1]. Aparentemente, tal construção é necessária para a computação de probabilidades específicas, absolutas ou relativas, mas é difícil perceber como possa ser obtida. Se, como já argumentamos, não pode haver nenhum sistema de linguagem ou de conceitos que seja científica ou empiricamente neutro, então a construção de testes e teorias alternativas deverá derivar-se de alguma tradição baseada em um paradigma. Com tal limitação, ela não terá acesso a todas as experiências ou teorias possíveis. Consequentemente, as teorias probabilísticas dissimulam a situação de verificação tanto quanto a iluminam. Embora essa situação dependa efetivamente, conforme insistem, da comparação entre teorias e evidências muito difundidas, as teorias e observações em questão estão sempre estreitamente relacionadas a outras já existentes. A verificação é como a seleção natural: escolhe

---

1. Para um breve esboço das principais maneiras de abordar as teorias de verificação probabilística, ver Ernest Nagel, *Principles of the Theory of Probability*, v. I, n. 6 da *International Encyclopedia of Unified Science*, p. 60-75.

243

a mais viável entre as alternativas existentes em uma situação histórica determinada. Essa escolha é a melhor possível, quando existem outras alternativas ou dados de outra espécie? Tal questão não pode ser apresentada de maneira produtiva, pois não dispomos de instrumentos que possam ser empregados na procura de respostas.

Uma abordagem muito diferente de todo esse conjunto de problemas foi desenvolvida por Karl Popper, que nega a existência de qualquer procedimento de verificação[2]. Ao invés disso, enfatiza a importância da falsificação, isto é, do teste que, em vista de seu resultado negativo, torna inevitável a rejeição de uma teoria estabelecida. O papel que Popper atribui à falsificação assemelha-se muito ao que este ensaio confere às experiências anômalas, isto é, experiências que, ao evocarem crises, preparam caminho para uma nova teoria. Não obstante, as experiências anômalas não podem ser identificadas com as experiências de falsificação. Na verdade, duvido muito de que essas últimas existam. Como já enfatizamos repetidas vezes, nenhuma teoria resolve todos os quebra-cabeças com os quais se defronta em um dado momento. Por sua vez, as soluções encontradas nem sempre são perfeitas. Ao contrário: é precisamente a adequação incompleta e imperfeita entre a teoria e os dados que define, em qualquer momento, muitos dos quebra-cabeças que caracterizam a ciência normal. Se todo e qualquer fracasso na tentativa de adaptar teoria e dados fosse motivo para a rejeição de teorias, todas as teorias deveriam ser sempre rejeitadas. Por outro lado, se somente um grave fracasso da tentativa de adequação justifica a rejeição de uma teoria, então os seguidores de Popper necessitam de algum critério de "improbabilidade" ou de "grau de falsificação". Ao elaborar tal critério, é quase certo que encontrarão a mesma cadeia de dificuldades que perseguiu os advogados das diversas teorias de verificação probabilística.

2. K.R. Popper, *The Logic of Scientific Discovery*, Nova York, 1959, especialmente caps. I-IV.

244

Muitas das dificuldades precedentes podem ser evitadas através do reconhecimento do fato de que essas duas concepções vigentes (e opostas) a respeito da lógica subjacente à investigação científica tentaram comprimir em um só dois processos muito separados. A experiência anômala de Popper é importante para a ciência porque gera competidores para um paradigma existente. Mas a falsificação, embora certamente ocorra, não aparece com, ou simplesmente devido, a emergência de uma anomalia ou de um exemplo que leve à falsificação. Trata-se, ao contrário, de um processo subsequente e separado, que bem poderia ser chamado de verificação, visto consistir no triunfo de um novo paradigma sobre um anterior. Além disso, é nesse processo conjunto de verificação e falsificação que a comparação probabilística das teorias desempenha um papel central. Creio que essa formulação em dois níveis tem a virtude de possuir uma grande verossimilhança, podendo igualmente capacitar-nos a começar a explicar o papel do acordo (ou desacordo) entre o fato e a teoria no processo de verificação. Ao menos para o historiador, tem pouco sentido sugerir que a verificação consiste em estabelecer o acordo do fato com a teoria. Todas as teorias historicamente significativas concordaram com os fatos; mas somente de uma forma relativa. Não podemos dar uma resposta mais precisa que essa à questão que pergunta se e em que medida uma teoria individual se adequa aos fatos. Mas questões semelhantes podem ser feitas quando teorias são tomadas em conjunto ou mesmo aos pares. Faz muito sentido perguntar qual das duas teorias existentes que estão em competição adequa-se *melhor* aos fatos. Por exemplo, embora nem a teoria de Priestley nem a de Lavoisier concordassem precisamente com as observações existentes, poucos contemporâneos hesitaram por mais de uma década para concluir que a teoria de Lavoisier era, das duas, a que melhor se adequava aos fatos.

Essa formulação, entretanto, faz com que a tarefa de escolher entre paradigmas pareça mais fácil e mais familiar do que realmente é. Se houvesse apenas um conjunto de problemas científicos, um único mundo no qual ocupar-se deles e um único conjunto de padrões científicos para sua solução, a competição entre paradigmas poderia ser resolvida de uma forma mais ou menos rotineira, empregando-se algum processo como o de contar o número de problemas resolvidos por cada um deles. Mas, na realidade, tais condições nunca são completamente satisfeitas. Aqueles que propõem os paradigmas em competição estão sempre em desentendimento, mesmo que em pequena escala. Nenhuma das partes aceitará todos os pressupostos não empíricos de que o adversário necessita para defender sua posição. Tal como Proust e Berthollet, quando de sua discussão sobre a composição dos compostos químicos serão, até certo ponto, forçados a um diálogo de surdos. Embora cada um deles possa ter a esperança de converter o adversário à sua maneira de ver a ciência e a seus problemas, nenhum dos dois pode ter a esperança de demonstrar sua posição. A competição entre paradigmas não é o tipo de batalha que possa ser resolvido por meio de provas.

Já vimos várias razões pelas quais os proponentes de paradigmas competidores fracassam necessariamente na tentativa de estabelecer um contato completo entre seus pontos de vista divergentes. Coletivamente, essas razões foram descritas como a incomensurabilidade das tradições científicas normais, pré e pós-revolucionárias; neste ponto precisamos apenas recapitulá-las brevemente. Em primeiro lugar, os proponentes de paradigmas competidores discordam seguidamente quanto à lista de problemas que qualquer candidato a paradigma deve resolver. Seus padrões científicos ou suas definições de ciência não são os mesmos. Uma teoria do movimento deve explicar a causa das forças de atração entre partículas de matéria ou simplesmente indicar a existência de tais forças? A dinâmica de Newton foi amplamente rejeitada porque, ao contrário das teorias de Aristóteles e Descartes, implicava a escolha da segunda alternativa. Por conseguinte, quando a teoria de Newton foi aceita, a primeira alternativa foi banida da ciência. Entretanto, mais

246

tarde, a Teoria Geral da Relatividade poderia orgulhosamente afirmar ter resolvido essa questão. Do mesmo modo, a teoria química de Lavoisier, tal como disseminada no século XIX, impedia os químicos de perguntarem por que os metais eram tão semelhantes entre si, questão essa que a química flogística perguntara e respondera. A transição ao paradigma de Lavoisier, tal como a transição ao de Newton, significara não apenas a perda de uma pergunta permissível, mas também a de uma solução já obtida. Contudo, essa perda não foi permanente. No século XX, questões relativas às qualidades das substâncias químicas foram novamente incorporadas à ciência, juntamente a algumas de suas respostas.

Entretanto, algo mais do que a incomensurabilidade dos padrões científicos está envolvido aqui. Dado que os novos paradigmas nascem dos antigos, incorporam comumente grande parte do vocabulário e dos aparatos, tanto conceituais como de manipulação, que o paradigma tradicional já empregara. Mas raramente utilizam esses elementos emprestados de uma maneira tradicional. Dentro do novo paradigma, termos, conceitos e experiências antigos estabelecem novas relações entre si. O resultado inevitável é o que devemos chamar, embora o termo não seja bem preciso, de um mal-entendido entre as duas escolas competidoras. Os leigos que zombavam da Teoria Geral da Relatividade de Einstein porque o espaço não poderia ser "curvo" – pois não era esse tipo de coisa – não estavam simplesmente errados ou enganados. Tampouco estavam errados os matemáticos, físicos e filósofos que tentaram desenvolver uma versão euclidiana da teoria de Einstein[3]. O que anteriormente se entendia por espaço era

3. A propósito das reações de leigos ao conceito de espaço curvo, ver Philipp Frank, *Einstein, his Life and Times,* traduzido e editado por G. Rosen e S. Kusaka, Nova York, 1947, p. 142-146. A respeito de algumas tentativas feitas para preservar as conquistas da relatividade geral no contexto de um espaço euclidiano, ver C. Nordmann, *Einstein and the Universe,* trad. J. McCabe, Nova York, 1922, cap. IX.

algo necessariamente plano, homogêneo, isotrópico e não afetado pela presença da matéria. Não fosse assim, a física newtoniana não teria produzido resultados. Para levar a cabo a transição ao universo de Einstein, toda a teia conceitual cujos fios são o espaço, o tempo, a matéria, a força etc., teve que ser alterada e novamente rearticulada em termos do conjunto da natureza. Somente os que haviam experimentado juntos (ou deixado de experimentar) essa transformação seriam capazes de descobrir precisamente quais seus pontos de acordo ou desacordo. A comunicação através da linha divisória revolucionária é inevitavelmente parcial. Consideremos, por exemplo, aqueles que chamaram Copérnico de louco porque este proclamou que a Terra se movia. Não estavam nem pouco, nem completamente errados. Parte do que entendiam pela expressão "Terra" referia-se a uma posição fixa. Tal Terra, pelos menos, não podia mover-se. Do mesmo modo, a inovação de Copérnico não consistiu simplesmente em movimentar a Terra. Era antes uma maneira completamente nova de encarar os problemas da física e da astronomia, que necessariamente modificava o sentido das expressões "Terra" e "movimento"[4]. Sem tais modificações, o conceito de Terra em movimento era uma loucura. Por outro lado, feitas e entendidas essas modificações, tanto Descartes como Huygens puderam compreender que a questão do movimento da Terra não possuía conteúdo científico[5].

Esses exemplos apontam para o terceiro e mais fundamental aspecto da incomensurabilidade dos paradigmas em competição. Em um sentido que sou incapaz de explicar melhor, os proponentes dos paradigmas competidores praticam seus ofícios em mundos diferentes. Um contém corpos que caem lentamente; o outro pêndulos que repetem seus movimentos sem cessar. Em um caso, as soluções

---

4. T.S. Kuhn, *The Copernican Revolution,* Cambridge, 1957, caps. III, IV e VII. Um dos temas centrais do livro tem a ver com a extensão em que o heliocentrismo era mais do que uma questão puramente astronômica.

5. Max Jammer, *Concepts of Space,* Cambridge, 1954, p. 118-124.

são compostos; no outro, misturas. Um encontra-se inserido numa matriz de espaço plana; o outro, em uma matriz curva. Por exercerem sua profissão em mundos diferentes, os dois grupos de cientistas veem coisas diferentes quando olham de um mesmo ponto para a mesma direção. Isso não significa que possam ver o que lhes aprouver. Ambos olham para o mundo e o que olham não mudou. Mas em algumas áreas veem coisas diferentes, que são visualizadas mantendo relações diferentes entre si. É por isso que uma lei, que para um grupo não pode nem mesmo ser demonstrada, pode, ocasionalmente, parecer intuitivamente óbvia a outro. É por isso, igualmente, que antes de poder esperar o estabelecimento de uma comunicação plena entre si, um dos grupos deve experimentar a conversão que estivemos chamando de alteração de paradigma. Precisamente por tratar-se de uma transição entre incomensuráveis, a transição entre paradigmas em competição não pode ser feita passo a passo, por imposição da lógica e de experiências neutras. Tal como a mudança da forma (*gestalt*) visual, a transição deve ocorrer subitamente (embora não necessariamente num instante) ou então não ocorre jamais.

Como, então, são os cientistas levados a realizar essa transposição? Parte da resposta é que frequentemente não são levados a realizá-la de modo algum. O copernicismo fez poucos adeptos durante quase um século após a morte de Copérnico. A obra de Newton não alcançou aceitação geral, especialmente no continente europeu, senão mais de meio século depois do aparecimento dos *Principia*[6]. Priestley nunca aceitou a teoria do oxigênio, Lorde Kelvin a teoria eletromagnética e assim por diante. As dificuldades da conversão foram frequentemente indicadas pelos próprios cientistas. Darwin, numa passagem particularmente perspicaz, escreveu: "Embora esteja plenamente convencido da verdade das concepções apresentadas neste volume [...],

6. I.B. Cohen, *Franklin and Newton: An Inquiry into Speculative Newtonian Experimental Science and Franklin's Work in Electricity as an Example Thereof*, Filadélfia, 1956, p. 93-94.

não espero, de forma alguma, convencer naturalistas experimentados cujas mentes estão ocupadas por uma multidão de fatos, concebidos através dos anos, de um ponto de vista diametralmente oposto ao meu [...] (Mas) encaro com confiança o futuro – os naturalistas jovens que estão surgindo, que serão capazes de examinar ambos os lados da questão com imparcialidade"[7]. Max Planck, ao passar em revista a sua carreira no seu *Scientific Autobiography*, observou tristemente que "uma nova verdade científica não triunfa convencendo seus oponentes e fazendo com que vejam a luz, mas porque seus oponentes finalmente morrem e uma nova geração cresce familiarizada com ela"[8].

Esses e outros fatos do mesmo gênero são demasiadamente conhecidos para necessitarem de maior ênfase. Mas necessitam de reavaliação. No passado foram seguidamente considerados como indicadores de que os cientistas, sendo apenas humanos, nem sempre podem admitir seus erros, mesmo quando defrontados com provas rigorosas. Ao invés disso, eu argumentaria que em tais assuntos nem prova nem erro estão em questão. A transferência de adesão de um paradigma a outro é uma experiência de conversão que não pode ser forçada. A resistência de toda uma vida, especialmente por parte daqueles cujas carreiras produtivas comprometeram-nos com uma tradição mais antiga da ciência normal, não é uma violação dos padrões científicos, mas um índice da própria natureza da pesquisa científica. A fonte dessa resistência é a certeza de que o paradigma antigo acabará resolvendo todos os seus problemas e que a natureza pode ser enquadrada na estrutura proporcionada pelo modelo paradigmático. Inevitavelmente, em períodos de revolução, tal certeza parece ser obstinação e teimosia e em alguns casos chega realmente a sê-lo. Mas é também algo mais. É essa mesma certeza que torna possível a ciência normal

7. Charles Darwin, *On the Origin of Species...* (ed. autorizada, conforme a 6. ed. inglesa), Nova York, 1889, v. II, p. 295-296.

8. Max Planck, *Scientific Autobiography and Other Papers*, trad. F. Gaynor, Nova York, 1949, p. 33-34.

ou solucionadora de quebra-cabeças. É somente através da ciência normal que a comunidade profissional de cientistas obtém sucesso; primeiro, explorando o alcance potencial e a precisão do velho paradigma e então isolando a dificuldade cujo estudo permite a emergência de um novo paradigma.

Contudo, afirmar que a resistência é inevitável e legítima e que a mudança de paradigma não pode ser justificada através de provas não é afirmar que não existem argumentos relevantes ou que os cientistas não podem ser persuadidos a mudar de ideia. Embora algumas vezes seja necessária uma geração para que a mudança se realize, as comunidades científicas seguidamente têm sido convertidas a novos paradigmas. Além disso, essas conversões não ocorrem apesar de os cientistas serem humanos, mas exatamente porque eles o são. Embora alguns cientistas, especialmente os mais velhos e mais experientes, possam resistir indefinidamente, a maioria deles pode ser atingida de uma maneira ou outra. Ocorrerão algumas conversões de cada vez, até que, morrendo os últimos opositores, todos os membros da profissão passarão a orientar-se por um único – mas já agora diferente – paradigma. Precisamos portanto perguntar como se produz a conversão e como se resiste a ela.

Que espécie de resposta podemos esperar? Nossa questão é nova, precisamente porque se refere a técnicas de persuasão ou a argumentos e contra-argumentos em uma situação onde não pode haver provas, exigindo precisamente por isso uma espécie de estudo que ainda não foi empreendido. Teremos que nos contentar com um exame muito parcial e impressionista. Além disso, o que já foi dito combina-se com o resultado desse exame para sugerir que a pergunta acerca da natureza do argumento científico – quando envolve a persuasão e não a prova – não pode ter uma resposta única ou uniforme. Cientistas individuais abraçam um novo paradigma por toda uma sorte de razões e normalmente por várias delas ao mesmo tempo. Algumas dessas razões – por exemplo, a adoração do Sol que ajudou a fazer de Kepler um copernicano – encontram-se inteiramente fora da esfera

251

aparente da ciência[9]. Outros cientistas dependem de idiossincrasias de natureza autobiográfica ou relativas a sua personalidade. Mesmo a nacionalidade ou a reputação prévia do inovador e seus mestres podem desempenhar algumas vezes um papel significativo[10]. Em última instância, portanto, precisamos aprender a colocar essa questão de maneira diferente. Nossa preocupação não será com os argumentos que realmente convertem um ou outro indivíduo, mas com o tipo de comunidade que cedo ou tarde se re-forma como um único grupo. Adio contudo esse problema até o capítulo final e enquanto isso examinarei alguns dos tipos de argumentos que se revelam particularmente eficazes nas batalhas relacionadas com mudanças de paradigmas.

Provavelmente a alegação isolada mais comumente apresentada pelos defensores de um novo paradigma é a de que são capazes de resolver os problemas que conduziram o antigo paradigma a uma crise. Quando pode ser feita legitimamente, essa alegação é, seguidamente, a mais eficaz de todas. Sabe-se que o paradigma enfrenta problemas no setor no qual tal alegação é feita. Tais problemas, nesses casos, foram explorados repetidamente e as tentativas para removê-los revelaram-se com frequência inúteis. "Experiências cruciais" – aquelas capazes de discriminar de forma particularmente nítida entre dois paradigmas – foram reconhecidas e atestadas antes mesmo da invenção do novo paradigma. Copérnico, por exemplo, alegava ter resolvido o problema de há muito irritante relativo à extensão do ano

---

9. Sobre o papel da adoração do Sol no pensamento de Kepler, ver E.A. Burtt, *The Metaphysical Foundations of Modern Physical Science*, ed. rev., Nova York, 1932, p. 44-49.

10. A respeito do papel da reputação, consideremos o seguinte: Lorde Rayleigh, já com a reputação estabelecida apresentou um trabalho à British Association tratando de alguns paradoxos da eletrodinâmica. Seu nome foi omitido inadvertidamente quando o artigo foi enviado pela primeira vez e o trabalho foi rejeitado como sendo obra de um "amante de paradoxos" (*paradoxer*). Pouco depois, já com o nome do autor, o trabalho foi aceito com muitas desculpas. R.J. Strutt, 4th Baron Rayleigh, *John William Strutt, Third Baron Rayleigh*, Nova York, 1924, p. 228

do calendário, Newton ter reconciliado a mecânica terrestre com a celeste, Lavoisier ter resolvido os problemas da identidade dos gases e das relações de peso e Einstein ter tornado a eletrodinâmica compatível com uma ciência reelaborada do movimento.

Alegações dessa natureza têm grande probabilidade de êxito, caso o novo paradigma apresente uma precisão quantitativa notavelmente superior à de seu competidor mais antigo. A superioridade quantitativa das *Tabulae rudolphinae* de Kepler sobre todas as computadas com base na teoria ptolomaica foi um fator importante na conversão de astrônomos ao copernicismo. O sucesso de Newton na predição de observações astronômicas quantitativas foi provavelmente a razão isolada mais importante para o triunfo de sua teoria sobre suas competidoras, que, embora mais razoáveis, eram uniformemente qualitativas. Neste século, o impressionante êxito quantitativo tanto da lei da radiação de Planck como do átomo de Bohr persuadiram rapidamente muitos cientistas a adotar essas teorias, embora, tomando-se a ciência física como um todo, ambas as contribuições criassem muito mais problemas do que soluções[11].

Contudo, a alegação de ter resolvido os problemas que provocam crises raras vezes é suficiente por si mesma. Além disso, nem sempre pode ser legitimamente apresentada. Na verdade, a teoria de Copérnico não era mais precisa que a de Ptolomeu e não conduziu imediatamente a nenhum aperfeiçoamento do calendário. A teoria ondulatória da luz, no período imediato à sua primeira aparição, não foi tão bem-sucedida como sua rival corpuscular na resolução do problema relativo aos efeitos de polarização, que era uma das principais causas da crise existente na óptica. Algumas vezes, a prática mais livre que caracteriza a pesquisa extraordinária produzirá um candidato a paradigma que, inicialmente, não contribuirá absolutamente

11. Sobre os problemas criados pela teoria dos *quanta*, ver F. Reiche, *The Quantum Theory*, Londres, 1922, caps. II, VI-IX. A propósito dos outros exemplos citados nesse parágrafo, ver as referências anteriores deste capítulo.

para a resolução dos problemas que provocaram crise. Quando isso ocorre, torna-se necessário buscar evidências em outros setores da área de estudos – o que, de qualquer forma, é realizado com frequência, haja ou não contribuição. Nesses outros setores, argumentos particularmente persuasivos podem ser desenvolvidos, caso o novo paradigma permita a predição de fenômenos totalmente insuspeitados pela prática orientada pelo paradigma anterior.

A teoria de Copérnico, por exemplo, sugeria que os planetas deveriam ser como a Terra, que Vênus deveria apresentar fases e que o Universo necessariamente seria muito maior do que até então se supunha. Em consequência disso, quando, sessenta anos após a sua morte, o telescópio exibiu repentinamente as montanhas da Lua, as fases de Vênus e um número imenso de estrelas de cuja existência não se suspeitava, numerosos adeptos, especialmente entre os não astrônomos, foram conquistados para a nova teoria por tais observações[12]. No caso da teoria ondulatória, uma das principais fontes de conversão profissional teve um caráter ainda mais dramático. A resistência oposta pelos cientistas franceses ruiu subitamente e de maneira quase completa quando Fresnel conseguiu demonstrar a existência de um ponto branco no centro da sombra projetada por um disco circular. Tratava-se de um efeito que nem mesmo Fresnel antecipara, mas que Poisson, de início um de seus oponentes, demonstrara ser uma consequência necessária, ainda que absurda, da teoria do primeiro[13]. Argumentos dessa natureza revelam-se particularmente persuasivos, devido a seu impacto e porque, evidentemente, não estavam "incluídos" na teoria desde o início. Algumas vezes essa força extra pode ser explorada, mesmo que o fenômeno em questão tenha sido observado muito antes da teoria que o explica. Einstein, por exemplo, parece não ter antecipado que a Teoria Geral da Relatividade haveria de explicar com precisão

12. Kuhn, op. cit., p. 219-225.
13. E.T. Whittaker, *A History of the Theories of Aether and Electricity*, v. I, 2. ed., Londres, 1951, p. 108.

a bem conhecida anomalia no movimento do periélio de Mercúrio, tendo experimentado uma sensação de triunfo quando isso ocorreu[14].

Todos os argumentos em favor de um novo paradigma discutidos até agora estão baseados na comparação entre a habilidade dos competidores para resolver problemas. Para os cientistas, tais argumentos são comumente os mais significativos e persuasivos. Os exemplos precedentes não deveriam deixar dúvidas quanto à origem de sua imensa atração. Mas, por razões que examinaremos dentro em breve, eles não são argumentos que forçam adesões individuais ou coletivas. Felizmente existe ainda uma outra espécie de consideração que pode levar os cientistas à rejeição de um velho paradigma em favor de um novo. Refiro-me aos argumentos, raras vezes completamente explicitados, que apelam, no indivíduo, ao sentimento do que é apropriado ou estético – a nova teoria é "mais clara", "mais adequada" ou "mais simples" que a anterior. Provavelmente tais argumentos são menos eficazes nas ciências do que na matemática. As primeiras versões da maioria dos paradigmas são grosseiras. Até que sua atração estética possa ser plenamente desenvolvida, a maior parte da comunidade científica já terá sido persuadida por outros meios. Não obstante, a importância das considerações estéticas pode algumas vezes ser decisiva. Embora seguidamente atraiam apenas alguns cientistas para a nova teoria, o triunfo final desta pode depender desses poucos. Se esses cientistas nunca tivessem aceito rapidamente o novo paradigma por razões individuais, ele nunca teria se desenvolvido suficientemente para atrair a adesão da comunidade científica como um todo.

Para que se perceba a razão da importância dessas considerações de natureza mais estética e subjetiva, recordemos

---

14. Ver ibidem, v. II, 1953, p. 151-180, com relação ao desenvolvimento da relatividade geral. No tocante à reação de Einstein ao constatar o acordo perfeito entre as predições da teoria e o movimento observado do periélio de Mercúrio, ver a carta citada em P.A. Schilpp (ed.), *Albert Einstein, Philosopher-Scientist*, Evanston, v. III, 1949, p. 101.

o que está envolvido em um debate entre paradigmas. Quando um novo candidato a paradigma é proposto pela primeira vez, muito dificilmente resolve mais do que alguns dos problemas com os quais se defronta, e a maioria dessas soluções está longe de ser perfeita. Até Kepler, a teoria copernicana praticamente não aperfeiçoou as predições sobre as posições planetárias feitas por Ptolomeu. Quando Lavoisier concebeu o oxigênio como "o próprio ar, inteiro", sua teoria de forma alguma podia fazer frente aos problemas apresentados pela proliferação de novos gases, ponto este que Priestley utilizou com grande sucesso no seu contra-ataque. Casos como o do ponto branco de Fresnel são extremamente raros. Em geral é somente muito mais tarde, após o desenvolvimento, a aceitação e a exploração do novo paradigma, que os argumentos aparentemente decisivos – o pêndulo de Foucault para demonstrar a rotação da Terra ou a experiência de Fizeau para mostrar que a luz se movimenta mais rapidamente no ar do que na água – são desenvolvidos. Produzi-los é parte da tarefa da ciência normal. Tais argumentos desempenham seu papel não no debate entre paradigmas, mas nos textos pós-revolucionários.

Durante o desenvolvimento do debate, quando tais textos ainda não foram escritos, a situação é bem diversa. Habitualmente os opositores de um novo paradigma podem alegar legitimamente que mesmo na área em crise ele é pouco superior a seu rival tradicional. Não há dúvidas de que trata de alguns problemas e revela algumas novas regularidades. Mas provavelmente o paradigma mais antigo pode ser rearticulado para enfrentar esses desafios da mesma forma que já enfrentou outros anteriormente. Tanto o sistema astronômico geocêntrico de Tycho Brahe, como as últimas versões da teoria flogística foram respostas aos desafios apresentados por um novo candidato a paradigma e ambas foram bastante bem-sucedidas[15]. Além disso, os defensores da teo-

---

15. Sobre o sistema de Brahe, que era inteiramente equivalente ao de Copérnico no plano geométrico, ver J.L.E. Dreyer, *A History of Astronomy from Thales to Kepler*, 2. ed., Nova York, 1953, p. 359-371. A respeito das

ria e dos procedimentos tradicionais podem quase sempre apontar problemas que seu novo rival não resolveu, embora não sejam absolutamente problemas na concepção desse último. Até a descoberta da composição da água, a combustão do hidrogênio representava um forte argumento em favor da teoria flogística e contra a teoria de Lavoisier. Após seu triunfo, a teoria do oxigênio ainda não era capaz de explicar a preparação de um gás combustível a partir do carbono, fenômeno que os defensores da teoria flogística apontavam como um apoio importante para sua concepção[16]. Mesmo na área da crise, o equilíbrio entre argumento e contra-argumento pode algumas vezes ser bastante grande. E fora do setor problemático, com frequência a balança penderá decisivamente para a tradição. Copérnico destruiu uma explicação do movimento terrestre aceita há muito, sem contudo substituí-la por outra, Newton fez o mesmo com uma explicação mais antiga da gravidade, Lavoisier com as propriedades comuns dos metais e assim por diante. Em suma: se um novo candidato a paradigma tivesse que ser julgado desde o início por pessoas práticas, que examinassem tão somente sua habilidade relativa para resolver problemas, as ciências experimentariam muito poucas revoluções de importância. Junte-se a isso os contra-argumentos gerados por aquilo que acima chamamos de incomensurabilidade dos paradigmas e as ciências poderiam não experimentar revoluções de espécie alguma.

Mas os debates entre paradigmas não tratam realmente da habilidade relativa para resolver problemas, embora sejam, por boas razões, expressos nesses termos. Ao invés disso, a questão é saber que paradigma deverá orientar no futuro as pesquisas sobre problemas. Com relação a muitos desses problemas, nenhum dos competidores pode alegar

últimas versões da teoria do flogisto e seu sucesso, ver J.R. Partington e D. McKie, Historical Studies of the Phlogiston Theory, *Annals of Science*, n. IV, 1939, p. 113-149.

16. No que diz respeito ao problema apresentado pelo hidrogênio, ver J.R. Partington, *A Short History of Chemistry*, 2. ed., Londres, 1951, p. 134. Quanto ao monóxido de carbono, ver H. Kopp, *Geschichte der Chemie*, v. III, Braunschweig, 1845, p. 294-296.

condições para resolvê-los completamente. Requer-se aqui uma decisão entre maneiras alternativas de praticar a ciência e nessas circunstâncias a decisão deve basear-se mais nas promessas futuras do que nas realizações passadas. O homem que adota um novo paradigma nos estágios iniciais de seu desenvolvimento frequentemente adota-o desprezando a evidência fornecida pela resolução de problemas. Dito de outra forma, precisa ter fé na capacidade do novo paradigma para resolver os grandes problemas com que se defronta, sabendo apenas que o paradigma anterior fracassou em alguns deles. Uma decisão desse tipo só pode ser feita com base na fé.

Essa é uma das razões pelas quais uma crise anterior demonstra ser tão importante. Cientistas que não a experimentaram raramente renunciarão às sólidas evidências da resolução de problemas para seguir algo que facilmente se revela um engodo e vir a ser amplamente considerado como tal. Mas somente a crise não é suficiente. É igualmente necessário que exista uma base para a fé no candidato específico escolhido, embora não precise ser nem racional nem correta. Deve haver algo que pelo menos faça alguns cientistas sentirem que a nova proposta está no caminho certo e em alguns casos somente considerações estéticas pessoais e inarticuladas podem realizar isso. Homens foram convertidos por essas considerações em épocas nas quais a maioria dos argumentos técnicos apontava noutra direção. Nem a teoria astronômica de Copérnico nem a teoria da matéria de De Broglie possuíam muitos outros atrativos significativos quando foram apresentadas. Mesmo hoje a teoria geral de Einstein atrai adeptos principalmente por razões estéticas, atração essa que poucas pessoas estranhas à matemática foram capazes de sentir.

Não queremos com isso sugerir que, no fim das contas, os novos paradigmas triunfem por meio de alguma estética mística. Ao contrário, muito poucos desertam uma tradição somente por essas razões. Os que assim procedem foram, com frequência, enganados. Mas para que o paradigma possa triunfar é necessário que ele conquiste alguns adeptos iniciais, que o desenvolverão até o ponto em que argumentos objetivos possam ser produzidos e multiplicados. Mesmo esses argumentos, quando surgem, não são individualmente decisivos. Visto que os cientistas são homens razoáveis, um ou outro argumento acabará persuadindo muitos deles. Mas não existe um único argumento que possa ou deva persuadi-los todos. Mais que uma conversão de um único grupo, o que ocorre é uma crescente alteração na distribuição de adesões profissionais.

No início o novo candidato a paradigma poderá ter poucos adeptos e em determinadas ocasiões os motivos destes poderão ser considerados suspeitos. Não obstante, se eles são competentes aperfeiçoarão o paradigma, explorando suas possibilidades e mostrando o que seria pertencer a uma comunidade guiada por ele. Na medida em que esse processo avança, se o paradigma estiver destinado a vencer sua luta, o número e a força de seus argumentos persuasivos aumentará. Muitos cientistas serão convertidos e a exploração do novo paradigma prosseguirá. O número de experiências, instrumentos, artigos e livros baseados no paradigma multiplicar-se-á gradualmente. Mais cientistas, convencidos da fecundidade da nova concepção, adotarão a nova maneira de praticar a ciência normal, até que restem apenas alguns poucos opositores mais velhos. E mesmo estes não podemos dizer que estejam errados. Embora o historiador sempre possa encontrar homens – Priestley, por exemplo – que não foram razoáveis ao resistir por tanto tempo, não encontrará um ponto onde a resistência torna-se ilógica ou acientífica. Quando muito ele poderá querer dizer que o homem que continua a resistir após a conversão de toda a sua profissão deixou *ipso facto* de ser um cientista.

12. O PROGRESSO ATRAVÉS
DE REVOLUÇÕES

Nas páginas precedentes apresentei uma descrição esquemática do desenvolvimento científico de maneira tão elaborada quanto era possível neste ensaio. Entretanto, essas páginas não podem proporcionar uma conclusão. Se essa descrição captou a estrutura essencial da evolução contínua da ciência, colocou ao mesmo tempo um problema especial: por que o empreendimento científico progride regularmente utilizando meios que a arte, a teoria política ou a filosofia não podem empregar? Por que será o progresso uma prerrogativa reservada quase exclusivamente para a atividade que chamamos ciência? As respostas mais usuais para essa questão foram recusadas no corpo deste ensaio. Temos que concluí-lo perguntando se é possível encontrar respostas substitutivas.

Percebe-se imediatamente que parte da questão é inteiramente semântica. O termo ciência está reservado,

261

em grande medida, para aquelas áreas que progridem de uma maneira óbvia. Mais do que em qualquer outro lugar, nota-se isso claramente nos debates recorrentes sobre a cientificidade de uma ou outra ciência social contemporânea. Tais debates apresentam paralelos com os períodos pré-paradigmáticos em áreas que atualmente são rotuladas de científicas sem hesitação. O objeto ostensivo dessas discussões consiste numa definição desse termo vexatório. Por exemplo, alguns argumentam que a psicologia é uma ciência porque possui tais e tais características. Outros, ao contrário, argumentam que tais características são desnecessárias ou não são suficientes para converter esse campo de estudos numa ciência. Muitas vezes investe-se grande quantidade de energia numa discussão desse gênero, despertam-se grandes paixões, sem que o observador externo saiba por quê. Uma *definição* de ciência possui tal importância? Pode uma definição indicar-nos se um homem é ou não um cientista? Se é assim, por que os artistas e os cientistas naturais não se preocupam com a definição do termo? Somos inevitavelmente levados a suspeitar de que está em jogo algo mais fundamental. Provavelmente estão sendo colocadas outras perguntas, como as seguintes: por que minha área de estudos não progride do mesmo modo que a física? Que mudanças de técnica, método ou ideologia fariam com que progredisse? Entretanto, essas não são perguntas que possam ser respondidas através de um acordo sobre definições. Se vale o precedente das ciências naturais, tais questões não deixariam de ser uma fonte de preocupações caso fosse encontrada uma definição, mas somente quando os grupos que atualmente duvidam de seu *status* chegassem a um consenso sobre suas realizações passadas e presentes. Por exemplo, talvez seja significativo que os economistas discutam menos sobre a cientificidade de seu campo de estudo do que profissionais de outras áreas da ciência social. Deve-se isso ao fato de os economistas saberem o que é ciência? Ou será que estão de acordo a respeito da economia?

Essa afirmação possui uma recíproca que, embora já não seja simplesmente semântica, pode auxiliar a exposição das conexões inextricáveis entre nossas noções de ciência e progresso. Por muitos séculos, tanto na Antiguidade como nos primeiros tempos da Europa moderna, a pintura foi considerada como *a* disciplina cumulativa por excelência. Supunha-se então que o objetivo do artista era a representação. Críticos e historiadores, como Plínio e Vasari, registravam com veneração a série de invenções que, do escorço ao claro-escuro, haviam tornado possível representações sempre mais perfeitas da natureza[1]. Mas nesse período, e especialmente durante a Renascença, não se estabelecia uma clivagem muito grande entre as ciências e as artes. Leonardo, entre muitos outros, passava livremente de um campo para outro. Uma separação categórica entre a ciência e a arte surgiu somente mais tarde[2]. Além disso, mesmo após a interrupção desse intercâmbio contínuo, o termo "arte" continuou a ser aplicado tanto à tecnologia como ao artesanato, que também eram considerados como passíveis de aperfeiçoamento, tal como a pintura e a escultura. Foi somente quando essas duas últimas disciplinas renunciaram de modo inequívoco fazer da representação seu objetivo último e começaram novamente a aprender com modelos primitivos que a separação atual adquiriu toda sua profundidade. Mesmo hoje em dia, parte das nossas dificuldades para perceber as diferenças profundas que separam a ciência e a tecnologia deve estar relacionada com o fato de o progresso ser um atributo óbvio dos dois campos. Contudo, reconhecer que tendemos a considerar como científica qualquer área de estudos que apresente um progresso marcante ajuda-nos apenas a esclarecer, mas não a resolver nossa dificuldade atual. Permanece ainda o problema

1. E.H. Gombrich, *Art and Illusion: A Study in the Psychology of Pictorial Representation*, Nova York, 1960, p. 11-12.
2. Ibidem, p. 97 e Giorgio de Santillana, The Role of Art in the Scientific Renaissance, em M. Clagett (ed.), *Critical Problems in the History of Science*, Madison, 1959, p. 33-65.

de compreender por que o progresso é uma característica notável em um empreendimento conduzido com as técnicas e os objetivos que descrevemos neste ensaio. Tal pergunta possui diversos aspectos e teremos que examinar cada um deles separadamente. Em todos esses aspectos, com exceção do último, a solução dependerá da inversão de nossa concepção normal das relações entre a atividade científica e a comunidade que a pratica. Precisamos aprender a reconhecer como causas o que em geral temos considerado como efeitos. Se pudermos fazer isso, as expressões "progresso científico" e mesmo "objetividade científica" poderão parecer redundantes. Na realidade, acabamos de ilustrar um aspecto dessa redundância. Um campo de estudos progride porque é uma ciência ou é uma ciência porque progride?

Perguntemos agora por que um empreendimento como a ciência normal deve progredir, começando por recordar algumas de suas características mais salientes. Normalmente, os membros de uma comunidade científica amadurecida trabalham a partir de um único paradigma ou conjunto de paradigmas estreitamente relacionados. Raramente comunidades científicas diferentes investigam os mesmos problemas. Em tais casos excepcionais, os grupos partilham vários dos principais paradigmas. Entretanto, examinando a questão a partir de uma única comunidade, de cientistas ou não cientistas, o resultado do trabalho criador bem-sucedido é o progresso. Como poderia ser de outra forma? Por exemplo, acabamos de observar que enquanto os artistas tiveram como objetivo a representação, tanto os críticos como os historiadores registraram o progresso do grupo, que aparentemente era unido. Outras áreas de criatividade apresentam progressos do mesmo gênero. O teólogo que articula o dogma ou o filósofo que aperfeiçoa os imperativos kantianos contribuem para o progresso, ainda que apenas para o do grupo que compartilha de suas premissas. Nenhuma escola criadora reconhece uma categoria de trabalho que, de um lado, é um êxito criador, mas que, de outro, não é uma adição às realizações coletivas do grupo.

264

Se, como fazem muitos, duvidamos de que áreas não científicas realizem progressos, isso não se deve ao fato de que escolas individuais não progridam. Deve-se antes à existência de escolas competidoras, cada uma das quais questiona constantemente os fundamentos alheios. Quem, por exemplo, argumenta que a filosofia não progrediu, sublinha o fato de que ainda existam aristotélicos e não que o aristotelismo tenha estagnado. Contudo, tais dúvidas a respeito do progresso também surgem nas ciências. Durante o período pré-paradigmático, quando temos uma multiplicidade de escolas em competição, torna-se muito difícil encontrar provas de progresso, a não ser no interior das escolas. O capítulo 1 descreveu esse período como sendo aquele no qual os indivíduos praticam a ciência, mas os resultados de seu empreendimento não se acrescentam à ciência, tal como a conhecemos. Durante os períodos revolucionários, quando mais uma vez os princípios fundamentais de uma disciplina são questionados, repetem-se as dúvidas sobre a própria possibilidade de progresso contínuo, caso um ou outro dos paradigmas alheios sejam adotados. Os que rejeitavam as teorias de Newton declaravam que sua confiança nas forças inatas faria a ciência voltar à Idade das Trevas. Os que se opunham à química de Lavoisier sustentavam que a rejeição dos "princípios" químicos em favor dos elementos estudados no laboratório equivalia à rejeição das explicações químicas estabelecidas por parte daqueles que se refugiariam numa simples nomenclatura. Um sentimento semelhante, ainda que expresso de maneira mais moderada, parece estar na base da oposição de Einstein, Bohr e outros contra a interpretação probabilística dominante na mecânica quântica. Em suma, o progresso parece óbvio e assegurado somente durante aqueles períodos em que predomina a ciência normal. Durante tais períodos, contudo, a comunidade científica está impossibilitada de conceber os frutos de seu trabalho de outra maneira.

Assim, no que diz respeito à ciência normal, parte da resposta para o problema do progresso está no olho do espectador. O progresso científico não difere daquele obtido em outras áreas, mas a ausência, na maior parte dos casos, de escolas competidoras que questionem mutuamente seus objetivos e critérios, torna bem mais fácil perceber o progresso de uma comunidade científica normal. Entretanto, isso é somente parte da resposta e de modo algum a parte mais importante. Por exemplo, já observamos que a comunidade científica, uma vez liberada da necessidade de reexaminar constantemente seus fundamentos em vista da aceitação de um paradigma comum, permite a seus membros concentrarem-se exclusivamente nos fenômenos mais esotéricos e sutis que lhes interessam. Inevitavelmente isso aumenta tanto a competência como a eficácia com as quais o grupo como um todo resolve novos problemas. Outros aspectos da vida profissional científica aumentam ainda mais essa eficácia muito especial.

Alguns desses aspectos são consequência de um isolamento sem paralelo das comunidades científicas amadurecidas diante das exigências dos não especialistas e da vida cotidiana. Tal isolamento nunca foi completo – estamos discutindo questões de grau. Não obstante, em nenhuma outra comunidade profissional o trabalho criador individual é endereçado a outros membros da profissão (e por eles avaliado) de uma maneira tão exclusiva. O mais esotérico dos poetas e o mais abstrato dos teólogos estão muito mais preocupados do que o cientista com a aprovação de seus trabalhos criadores por parte dos leigos, embora possam estar menos preocupados com a aprovação como tal. Essa diferença gera uma série de consequências. Uma vez que o cientista trabalha apenas para uma audiência de colegas, audiência que partilha de seus valores e crenças, ele pode pressupor um conjunto específico de critérios. O cientista não necessita preocupar-se com o que pensará outro grupo ou escola. Poderá portanto resolver um problema e passar ao seguinte mais rapidamente do que os que trabalham para um grupo mais heterodoxo. Mais importante ainda, a insulação da comunidade científica em face da sociedade permite a cada cientista concentrar sua atenção sobre os problemas que ele se julga competente para resolver. Ao contrário do engenheiro, de muitos médicos e da maioria dos teólogos, o cientista não está obrigado a escolher um problema somente porque este necessita de uma solução urgente. Mais: não está obrigado a escolher um problema sem levar em consideração os instrumentos disponíveis para resolvê-lo. Desse ponto de vista, o contraste entre os cientistas ligados às ciências da natureza e muitos cientistas sociais é instrutivo. Os últimos tendem frequentemente, e os primeiros quase nunca, a defender sua escolha de um objeto de pesquisa – por exemplo, os efeitos da discriminação racial ou as causas do ciclo econômico – principalmente em termos da importância social de uma solução. Em vista disso, qual dos dois grupos nos permite esperar uma solução mais rápida dos problemas?

Os efeitos do isolamento perante a sociedade global são largamente intensificados por uma outra característica da comunidade científica profissional: a natureza de seu aprendizado. Na música, nas artes gráficas e na literatura, o profissional adquire sua educação ao ser exposto aos trabalhos de outros artistas, especialmente àqueles de épocas anteriores. Manuais, com exceção dos compêndios ou manuais introdutórios às obras originais, desempenham um papel apenas secundário. Em história, filosofia e nas ciências sociais, a literatura dos manuais adquire uma significação mais importante. Mas, mesmo nessas áreas, os cursos universitários introdutórios utilizam leituras paralelas das fontes originais, algumas sobre os "clássicos" da disciplina, outras relacionadas com os relatórios de pesquisas mais recentes que os profissionais do setor escreveram para seus colegas. Resulta assim que o estudante de cada uma dessas disciplinas é constantemente posto a par da imensa variedade de problemas que os membros de seu futuro grupo tentarão resolver com o correr do tempo. Mais importante ainda, ele tem constantemente diante de si numerosas soluções para tais problemas, conflitantes e incomensuráveis, soluções que em última instância ele terá que avaliar por si mesmo.

Comparemos essa situação com a das ciências naturais contemporâneas. Nessas áreas o estudante fia-se principalmente nos manuais até iniciar sua própria pesquisa, no terceiro ou quarto ano de trabalho graduado. Muitos currículos científicos nem sequer exigem que os alunos de pós-graduação leiam livros que não foram escritos especialmente para estudantes. Os poucos que exigem leituras suplementares de monografias e artigos de pesquisa restringem tais tarefas aos cursos mais avançados, e as leituras que desenvolvem os assuntos tratados nos manuais. Até os últimos estágios da educação de um cientista, os manuais substituem sistematicamente a literatura científica da qual derivam. Dada a confiança em seus paradigmas, que torna essa técnica educacional possível, poucos cientistas gostariam de modificá-la. Por que deveria o estudante de física ler, por exemplo, as obras de Newton, Faraday, Einstein ou Schrödinger, se tudo que ele necessita saber acerca desses trabalhos está recapitulado de uma forma mais breve, mais precisa e mais sistemática em diversos manuais atualizados?

Sem querer defender os excessos a que levou esse tipo de educação em determinadas ocasiões, não se pode deixar de reconhecer que, em geral, ele foi imensamente eficaz. Trata-se certamente de uma educação rígida e estreita, provavelmente mais do que qualquer outra, com a possível exceção da teologia ortodoxa. Mas para o trabalho científico normal, para a resolução de quebra-cabeças a partir de uma tradição definida pelos manuais, o cientista está equipado de forma quase perfeita. Além disso, está bem equipado para uma outra tarefa – a produção de crises significativas por intermédio da ciência normal. Quando tais crises surgem, o cientista não está, bem entendido, tão bem preparado. Embora as crises prolongadas provavelmente deem margem a práticas educacionais menos rígidas, o treino científico não é planejado para produzir alguém capaz de descobrir facilmente uma nova abordagem para os problemas existentes. Mas enquanto houver alguém com um novo candidato a paradigma – em geral proposta de um jovem ou de um novato no campo – os inconvenientes da rigidez atingirão somente o indivíduo isolado. Quando se dispõe de uma geração para realizar a modificação, a rigidez individual pode ser compatível com uma comunidade capaz de trocar de paradigma quando a situação o exigir. Mais especificamente, pode ser compatível se essa mesma rigidez for capaz de fornecer à comunidade um indicador sensível de que algo vai mal.

Desse modo, no seu estado normal, a comunidade científica é um instrumento imensamente eficiente para resolver problemas ou quebra-cabeças definidos por seu paradigma. Além do mais, a resolução desses problemas deve levar inevitavelmente ao progresso. Esse ponto não é problemático. Contudo, isso serve apenas para ressaltar o segundo aspecto da questão do progresso nas ciências. Examinemo-lo perguntando pelo progresso alcançado através da ciência extraordinária. Aparentemente o progresso acompanha, na totalidade dos casos, as revoluções científicas. Por quê? Ainda uma vez poderíamos aprender muito perguntando que outro resultado uma revolução poderia ter. As revoluções terminam com a vitória total de um dos dois campos rivais. Alguma vez o grupo vencedor afirmará que o resultado de sua vitória não corresponde a um progresso autêntico? Isso equivaleria a admitir que o grupo vencedor estava errado e seus oponentes certos. Pelo menos para a facção vitoriosa, o resultado de uma revolução deve ser o progresso. Além disso, essa facção dispõe de uma posição excelente para assegurar que certos membros de sua futura comunidade julguem a história passada desde o mesmo ponto de vista. O capítulo 10 descreveu detalhadamente as técnicas que asseguram a consecução desse objetivo. Ainda há pouco examinamos um aspecto da vida científica profissional estreitamente relacionado com esse ponto. Quando a comunidade científica repudia um antigo paradigma, renuncia simultaneamente à maioria dos livros e artigos que o corporificam, deixando de considerá-los como objeto adequado ao escrutínio científico. A educação científica não possui algo equivalente ao museu de arte ou à biblioteca de clássicos. Daí decorre, em alguns casos, uma distorção drástica da percepção que o cientista possui do passado de sua disciplina. Mais do que os estudiosos de outras áreas criadoras, o cientista vê esse passado como algo que se encaminha, em linha reta, para a perspectiva atual da disciplina. Em suma, vê o passado da disciplina como orientado para o progresso. Não terá outra alternativa enquanto permanecer ligado à atividade científica.

Tais considerações sugerirão, inevitavelmente, que o membro de uma comunidade científica amadurecida é, como o personagem típico do livro *1984* de Orwell, a vítima de uma história reescrita pelos poderes constituídos – sugestão aliás não totalmente inadequada. Um balanço das revoluções científicas revela a existência tanto de perdas como de ganhos e os cientistas tendem a ser particularmente cegos para as primeiras[3]. Por outro lado, nenhuma explicação do progresso gerado por revoluções pode ser interrompida neste ponto. Isso seria subentender que nas ciências o poder cria o direito, formulação que não seria inteiramente equivocada se não suprimisse a natureza do progresso e da autoridade por meio dos quais se escolhe entre paradigmas. Se somente a autoridade (e especialmente a autoridade não profissional) fosse o árbitro dos debates sobre paradigmas, daí ainda poderia resultar uma revolução, mas não uma revolução *científica*. A própria existência da ciência depende da delegação do poder de escolha entre paradigmas e membros de um tipo especial de comunidade. Quão especial essa comunidade precisa ser para que a ciência

3. Os historiadores da ciência encontram seguidamente esse gênero de cegueira sob uma forma particularmente surpreendente. Entre os diversos grupos de estudantes, o composto por aqueles dotados de formação científica é o que mais gratifica o professor. Mas é também o mais frustrante no início do trabalho. Já que os estudantes de ciência "sabem quais são as respostas certas", torna-se particularmente difícil fazê-los analisar uma ciência mais antiga a partir dos pressupostos desta.

possa sobreviver e crescer verifica-se pela fragilidade do controle que a humanidade possui sobre o empreendimento científico. Cada uma das civilizações a respeito das quais temos informações possuía uma tecnologia, uma arte, uma religião, um sistema político, leis e assim por diante. Em muitos casos, essas facetas da civilização eram tão desenvolvidas como as nossas. Mas apenas as civilizações que descendem da Grécia helênica possuíram algo mais do que uma ciência rudimentar. A massa dos conhecimentos científicos existentes é um produto europeu gerado nos últimos quatro séculos. Nenhuma outra civilização ou época manteve essas comunidades muito especiais das quais provêm a produtividade científica.

Quais são as características essenciais de tais comunidades? Obviamente, elas requerem muito mais estudo do que o existente. Nesse terreno, somente são possíveis as generalizações exploratórias. Não obstante, diversos requisitos necessários para tornar-se membro de um grupo científico profissional devem estar perfeitamente claros a esta altura. Por exemplo, o cientista precisa estar preocupado com a resolução de problemas relativos ao comportamento da natureza. Além disso, embora essa sua preocupação possa ter uma amplitude global, os problemas nos quais trabalha devem ser problemas de detalhe. Mais importante ainda, as soluções que o satisfazem não podem ser meramente pessoais, mas devem ser aceitas por muitos. Contudo, o grupo que as partilha não pode ser extraído ao acaso da sociedade global. Ele é, ao contrário, a comunidade bem definida formada pelos colegas profissionais do cientista. Uma das leis mais fortes, ainda que não escrita, da vida científica é a proibição de apelar a chefes de Estado ou ao povo em geral quando está em jogo um assunto relativo à ciência. O reconhecimento da existência de um grupo profissional competente e sua aceitação como árbitro exclusivo das realizações profissionais possui outras implicações. Os membros do grupo, enquanto indivíduos e em virtude de seu treino e experiência comuns, devem ser vistos como os

271

únicos conhecedores das regras do jogo ou de algum critério equivalente para julgamentos inequívocos. Duvidar da existência de tais critérios comuns de avaliação seria admitir a existência de padrões incompatíveis entre si para a avaliação das realizações científicas. Tal admissão traria inevitavelmente à baila a questão de se a verdade alcançada pelas ciências pode ser una.

Essa pequena lista de características comuns às comunidades científicas foi inteiramente retirada da prática da ciência normal, tal como era requerido. O cientista é originalmente treinado para realizar semelhante atividade. Observe-se, entretanto, que a despeito de sua concisão a lista permite distinguir tais comunidades de todos os outros grupos profissionais. Note-se ainda que, a despeito de sua origem na ciência normal, a lista explica muitas das características especiais das respostas da comunidade científica durante revoluções (e especialmente durante debates sobre o paradigma). Já observamos que um grupo dessa natureza deve necessariamente considerar a mudança de paradigma como um progresso. Podemos agora admitir que a maneira de perceber contém em si, em aspectos importantes, sua autoconfirmação. A comunidade científica é um instrumento extremamente eficaz para maximizar o número e a precisão dos problemas resolvidos por intermédio da mudança de paradigma.

Uma vez que o problema da unidade do empreendimento científico está solucionado e visto que o grupo sabe perfeitamente quais os problemas já esclarecidos, poucos cientistas poderão ser facilmente persuadidos a adotar um ponto de vista que reabra muitos problemas já resolvidos. Antes de mais nada é preciso que a natureza solape a segurança profissional, fazendo com que as explicações anteriores pareçam problemáticas. Além disso, mesmo nos casos em que isso ocorre e um novo candidato a paradigma aparece, os cientistas relutarão em adotá-lo a menos que sejam convencidos de que duas condições primordiais foram preenchidas. Em primeiro lugar, o novo candidato deve parecer capaz de solucionar algum problema extraordinário, reconhecido como tal pela comunidade e que não possa ser analisado de nenhuma outra maneira. Em segundo, o novo paradigma deve garantir a preservação de uma parte relativamente grande da capacidade objetiva de resolver problemas, conquistada pela ciência com o auxílio dos paradigmas anteriores. A novidade em si mesma não é um desiderato das ciências, tal como em outras áreas da criatividade humana. Como resultado, embora novos paradigmas raramente (ou mesmo nunca) possuam todas as potencialidades de seus predecessores, preservam geralmente, em larga medida, o que as realizações científicas passadas possuem de mais concreto. Além disso, sempre permitem a solução concreta de problemas adicionais.

Não queremos com isso sugerir que a habilidade para resolver problemas constitua a única base ou uma base inequívoca para a escolha de paradigmas. Já apontamos muitas razões que impossibilitam a existência de um critério desse tipo. Contudo, sugerimos que uma comunidade de especialistas científicos fará todo o possível para assegurar o crescimento contínuo dos dados coletados que está em condições de examinar de maneira precisa e detalhada. No decorrer desse processo, a comunidade sofrerá perdas. Com frequência alguns problemas antigos precisarão ser abandonados. Além disso, comumente a revolução diminui o âmbito dos interesses profissionais da comunidade, aumenta seu grau de especialização e atenua sua comunicação com outros grupos, tanto científicos como leigos. Embora certamente a ciência se desenvolva em termos de profundidade, pode não desenvolver-se em termos de amplitude. Quando o faz, essa amplitude manifesta-se principalmente através da proliferação de especialidades científicas e não através do âmbito de uma única especialidade. Todavia, apesar dessas e de outras perdas experimentadas pelas comunidades individuais, a natureza de tais grupos fornece uma garantia virtual de que tanto a relação dos problemas resolvidos pela ciência como a precisão das soluções individuais de problemas aumentarão cada vez mais. Se existe possibilidade de fornecer tal garantia, ela será proporcionada pela natureza da comunidade. Poderia haver melhor critério do que a decisão de um grupo científico?

Os últimos parágrafos indicam em que direções creio se deva buscar uma solução mais refinada para o problema do progresso nas ciências. Talvez indiquem que o progresso científico não é exatamente o que acreditávamos que fosse. Mas, ao mesmo tempo, mostram que algum tipo de progresso inevitavelmente caracterizará o empreendimento científico enquanto tal atividade sobreviver. Nas ciências, não é necessário haver progresso de outra espécie. Para ser mais preciso, talvez tenhamos que abandonar a noção, explícita ou implícita, segundo a qual as mudanças de paradigma levam os cientistas e os que com eles aprendem a uma proximidade sempre maior da verdade.

Já é tempo de indicar que, até as últimas páginas deste ensaio, o termo "verdade" só havia aparecido numa citação de Francis Bacon. Mesmo nesse caso, apareceu tão somente como uma fonte de convicção do cientista que afirma a impossibilidade da coexistência entre regras incompatíveis para o exercício da ciência – exceto durante as revoluções. Nessas ocasiões, a tarefa principal da profissão consiste em eliminar todos os conjuntos de regras, salvo um único. O processo de desenvolvimento descrito neste ensaio é um processo de evolução *a partir* de um início primitivo – processo cujos estágios sucessivos caracterizam-se por uma compreensão sempre mais refinada e detalhada da natureza. Mas nada do que foi ou será dito transforma-o num processo de evolução *em direção* a algo. Inevitavelmente, tal lacuna terá perturbado muitos leitores. Estamos muito acostumados a ver a ciência como um empreendimento que se aproxima cada vez mais de um objetivo estabelecido de antemão pela natureza.

Mas tal objetivo é necessário? Não poderemos explicar tanto a existência da ciência como seu sucesso a partir da evolução do estado dos conhecimentos da comunidade em um dado momento? Será realmente útil conceber a existência de uma explicação completa, objetiva e verdadeira da natureza, julgando as realizações científicas de acordo com sua capacidade para nos aproximar daquele objetivo último? Se pudermos aprender a substituir a evolução-a-partir-do-que-sabemos pela evolução-em-direção-ao-que-queremos-saber, diversos problemas aflitivos poderão desaparecer nesse processo. Por exemplo, o problema da indução deve estar situado em algum ponto desse labirinto.

Ainda não posso especificar detalhadamente as consequências dessa concepção alternativa do progresso científico. A questão se esclarece melhor se reconhecemos que a transposição conceitual aqui recomendada aproxima-se muito daquela empreendida pelo Ocidente há apenas um século. Isto porque, em ambos os casos, o principal obstáculo para a transposição era o mesmo. Em 1859, quando Darwin publicou pela primeira vez sua teoria da evolução pela seleção natural, a maior preocupação de muitos profissionais não era nem a noção de mudança das espécies, nem a possível descendência do homem a partir do macaco. As provas apontando para a evolução do homem haviam sido acumuladas por décadas e a ideia de evolução já fora amplamente disseminada. Embora a evolução, como tal, tenha encontrado resistência, especialmente por parte de muitos grupos religiosos, essa não foi, de forma alguma, a maior das dificuldades encontradas pelos darwinistas. Tal dificuldade brotava de uma ideia muito chegada às do próprio Darwin. Todas as bem conhecidas teorias evolucionistas pré-darwinianas – as de Lamarck, Chambers, Spencer e dos *Naturphilosophen* alemães – consideravam a evolução um processo orientado para um objetivo. A "ideia" de homem, bem como as da flora e fauna contemporâneas, eram pensadas como existentes desde a primeira criação da vida, presentes talvez na mente divina. Essa ideia ou plano fornecera a direção e o impulso para todo o processo de evolução. Cada novo estágio do desenvolvimento da evolução era uma realização mais perfeita de um plano presente desde o início[4].

Para muitos, a abolição dessa espécie de evolução teleológica foi a mais significativa e a menos aceitável das sugestões de Darwin[5]. *A Origem das Espécies* não reconheceu nenhum objetivo posto de antemão por Deus ou pela natureza. Ao invés disso, a seleção natural, operando em um meio ambiente dado e com os organismos reais disponíveis, era a responsável pelo surgimento gradual, mas regular, de organismos mais elaborados, mais articulados e muito mais especializados. Mesmo órgãos tão maravilhosamente adaptados como a mão e o olho humanos – órgãos cuja estrutura fornecera no passado argumentos poderosos em favor da existência de um artífice supremo e de um plano prévio – eram produtos de um processo que avançava com regularidade *desde* um início primitivo, sem contudo *dirigir-se a* nenhum objetivo. A crença de que a seleção natural, resultando de simples competição entre organismos que lutam pela sobrevivência, teria produzido o homem juntamente aos animais e plantas superiores era o aspecto mais difícil e mais perturbador da teoria de Darwin. O que poderiam significar "evolução", "desenvolvimento" e "progresso" na ausência de um objetivo especificado? Para muitas pessoas, tais termos adquiriram subitamente um caráter contraditório.

A analogia que relaciona a evolução dos organismos com a evolução das ideias científicas pode facilmente ser levada longe demais. Mas com referência aos assuntos tratados neste capítulo final ela é quase perfeita. O processo que o capítulo 11 descreve como a resolução das revoluções corresponde à seleção pelo conflito da maneira mais adequada de praticar a ciência – seleção realizada no interior

---

4. Loren Eiseley, *Darwin's Century: Evolution and the Men Who Discovered It*, Nova York, 1958, caps. II, IV-V.

5. Para um relato particularmente penetrante da luta de um eminente darwinista com esse problema, ver A. Hunter Dupree, *Asa Gray, 1810-1888*, Cambridge, 1959, p. 295-306; 355-383.

da comunidade científica. O resultado final de uma sequência de tais seleções revolucionárias, separadas por períodos de pesquisa normal, é o conjunto de instrumentos notavelmente ajustados que chamamos de conhecimento científico moderno. Estágios sucessivos desse processo de desenvolvimento são marcados por um aumento de articulação e especialização do saber científico. Todo esse processo pode ter ocorrido, como no caso da evolução biológica, sem o benefício de um objetivo preestabelecido, sem uma verdade científica permanentemente fixada, da qual cada estágio do desenvolvimento científico seria um exemplar mais aprimorado.

Quem quer que tenha seguido a discussão até aqui sentirá, não obstante, a necessidade de perguntar por que o processo evolucionário haveria de ser bem-sucedido. Como deve ser a natureza, incluindo-se nela o homem, para que a ciência seja possível? Por que a comunidade científica haveria de ser capaz de alcançar um consenso estável, inatingível em outros domínios? Por que tal consenso há de resistir a uma mudança de paradigma após outra? E por que uma mudança de paradigma haveria de produzir invariavelmente um instrumento mais perfeito do que aqueles anteriormente conhecidos? Tais questões, com exceção da primeira, já foram respondidas, de um ponto de vista determinado. Mas, vistas de outra perspectiva, estão tão em aberto como no início deste ensaio. Não é apenas a comunidade científica que deve ser algo especial. O mundo do qual essa comunidade faz parte também possui características especiais. Que características devem ser essas? Nesse ponto do ensaio não estamos mais próximos da resposta do que quando o iniciamos. Esse problema – O que deve ser o mundo para que o homem possa conhecê-lo? – não foi, entretanto, criado por este ensaio. Ao contrário, é tão antigo como a própria ciência e permanece sem resposta. Mas não precisamos respondê-lo aqui. Qualquer concepção da natureza compatível com o crescimento da ciência é compatível com a noção evolucionária de ciência desenvolvida neste ensaio. Uma vez que essa noção é igualmente compatível com a observação rigorosa da vida científica, existem fortes argumentos para empregá-la nas tentativas de resolver a multidão de problemas que ainda perduram.

POSFÁCIO – 1969

Este livro foi publicado pela primeira vez há quase sete anos[1]. Nesse intervalo, graças às reações dos críticos e ao meu trabalho adicional, passei a compreender melhor numerosas questões que ele apresenta. Quanto ao fundamental, meu ponto de vista permanece quase sem modificações, mas agora reconheço aspectos de minha formulação inicial que criaram dificuldades e mal-entendidos gratuitos. Já que sou o responsável por alguns desses mal-entendidos, sua eliminação me possibilita conquistar um terreno que servirá de base para uma nova versão do livro[2]. Nesse

---

1. Este posfácio foi originalmente preparado por sugestão do Dr. Shigeru Nakayama da Universidade de Tóquio, meu antigo aluno e amigo, para ser incluído na tradução japonesa deste livro. Sou grato a ele pela ideia, pela paciência com que esperou sua realização e pela permissão para incluir o resultado na edição em língua inglesa.

2. Não procurei, para esta edição, reescrever sistematicamente o livro. Restringi-me a corrigir alguns erros tipográficos, além de duas passagens que continham erros isoláveis. Um desses erros é a descrição do papel dos

meio tempo acolho com agrado a possibilidade de esboçar as revisões necessárias, tecer comentários a respeito de algumas críticas mais frequentes e sugerir as direções nas quais meu próprio pensamento se desenvolve atualmente[3].

Muitas das dificuldades-chave do meu texto original agrupam-se em torno do conceito de paradigma. Começarei minha discussão por aí[4]. No primeiro item que segue, proporei a conveniência de desligar esse conceito da noção de comunidade científica, indicarei como isso pode ser feito e discutirei algumas consequências significativas da separação analítica resultante. Em seguida considerarei o que ocorre quando se busca paradigmas examinando o comportamento dos membros da comunidade científica *previamente determinada*. Percebe-se rapidamente que na maior parte do livro o termo "paradigma" é usado em dois sentidos diferentes. De um lado, indica toda a constelação de crenças, valores, técnicas etc., partilhadas pelos membros de uma comunidade determinada. De outro, denota um tipo de elemento dessa constelação: as soluções concretas de quebra-cabeças que, empregadas como modelos ou exemplos, podem substituir regras explícitas como base para a solução dos restantes quebra-cabeças da ciência normal. O primeiro sentido do termo, que chamaremos de sociológico, é o objeto do item 2; o item 3 é devotado aos paradigmas enquanto realizações passadas dotadas de natureza exemplar.

Principia de Newton no desenvolvimento da mecânica do século XVIII que aparece nas p. 51-54. O outro refere-se à resposta às crises, na p. 115.

3. Outras indicações podem ser encontradas em dois ensaios recentes de minha autoria: Reflection on My Critics, em Imre Lakatos; Alan Musgrave (eds.), *Criticism and the Growth of Knowledge*, Cambridge, 1970; e Second Thoughts on Paradigms, em Patrick Suppes (ed.), *The Structure of Scientific Theories*, Urbana, 1969. Daqui para a frente citarei o primeiro desses ensaios como "Reflections" e o volume no qual aparece como o *Growth of Knowledge*; o segundo ensaio aparecerá como "Second Thoughts".

4. Para uma crítica particularmente cogente da minha apresentação inicial dos paradigmas, ver: Margaret Masterman, The Nature of a Paradigm, *Growth of Knowledge*; e Duley Shapere, The Structure of Scientific Revolutions, *Philosophical Review*, n. 73, 1964, p. 383-394.

280

Pelo menos filosoficamente, esse segundo sentido de "paradigma" é o mais profundo dos dois. As reivindicações que fiz em seu nome são a principal fonte das controvérsias e mal-entendidos que o livro evocou, especialmente a acusação de que transformo a ciência num empreendimento subjetivo e irracional. Tais temas serão considerados nos itens 4 e 5. O primeiro deles argumenta que termos como "subjetivo" e "intuitivo" não podem ser adequadamente aplicados aos componentes do conhecimento que descrevi como tacitamente inseridos em exemplos partilhados. Embora tal conhecimento não possa, sem modificação essencial, ser parafraseado em termos de regras e critérios, não obstante, é sistemático, testado pelo tempo e em algum sentido, passível de correção. O item 5 aplica esse argumento ao problema da escolha entre duas teorias incompatíveis. Numa breve conclusão, instamos a que os homens que defendem pontos de vista não comparáveis sejam pensados como membros de diferentes comunidades de linguagem e que analisemos seus problemas de comunicação como problemas de tradução. Três assuntos residuais são discutidos nos itens finais 6 e 7. O primeiro examina a acusação de que a concepção de ciência desenvolvida neste livro é totalmente relativista. O segundo começa perguntando se minha argumentação realmente sofre, como tem sido dito, de uma confusão entre o descritivo e o normativo; conclui com observações sumárias a respeito de um tópico merecedor de um ensaio em separado: a extensão na qual as teses principais do livro podem ser legitimamente aplicadas a outros campos além da ciência.

1. Os paradigmas e a estrutura da comunidade

O termo "paradigma" aparece nas primeiras páginas do livro e a sua forma de aparecimento é intrinsecamente circular. Um paradigma é aquilo que os membros de uma comunidade partilham *e*, inversamente, uma comunidade científica consiste em homens que partilham um paradigma. Nem todas as circularidades são viciosas (ao final deste posfácio defenderei um argumento de estrutura similar), mas essa circularidade é uma fonte de dificuldades reais. As comunidades podem e devem ser isoladas sem recurso prévio aos paradigmas; em seguida esses podem ser descobertos através do escrutínio do comportamento dos membros de uma comunidade dada. Se este livro estivesse sendo reescrito, iniciaria com uma discussão da estrutura comunitária da ciência, um tópico que recentemente se tornou um assunto importante para a pesquisa sociológica e que os historiadores da ciência também estão começando a levar a sério. Os resultados preliminares, muitos dos quais ainda não publicados, sugerem que as técnicas empíricas exigidas para a exploração desse tópico não são comuns, mas algumas delas se encontram à nossa disposição e outras certamente serão desenvolvidas[5]. A maioria dos cientistas em atividade responde imediatamente a perguntas sobre suas filiações comunitárias, certos de que a responsabilidade pelas várias especialidades atuais está distribuída entre grupos com um número de membros pelo menos aproximadamente determinado. Portanto, pressuporei aqui que serão encontradas formas mais sistemáticas para a sua identificação. Em lugar de apresentar os resultados da investigação preliminar, permitam-me articular sucintamente a noção intuitiva de comunidade que subjaz em grande parte dos primeiros capítulos deste livro. Atualmente essa noção é amplamente partilhada por cientistas, sociólogos e um certo número de historiadores da ciência.

5. W.O. Hagstrom, *The Scientific Community*, Nova York, 1965, caps. IV e V; D.J. Price e D. de B. Beaver, Collaboration in an Invisible College, *American Psychologist*, n. 21, 1966, p. 1011-1018; Diana Crane, Social Structure in a Group of Scientists: A Test of the "Invisible College" Hypothesis, *American Sociological Review*, n. 34, 1969, p. 335-352; N.C. Mullins, *Social Networks among Biological Scientists*, dissertação de doutorado, Universidade de Harvard, 1966; e The Microstructure of an Invisible College: The Phage Group, comunicação apresentada na reunião anual da American Sociological Association, Boston, 1968.

De acordo com essa concepção, uma comunidade científica é formada pelos praticantes de uma especialidade científica. Estes foram submetidos a uma iniciação profissional e a uma educação similares, numa extensão sem paralelos na maioria das outras disciplinas. Nesse processo absorveram a mesma literatura técnica e dela retiraram muitas das mesmas lições. Normalmente as fronteiras dessa literatura-padrão marcam os limites de um objeto de estudo científico e em geral cada comunidade possui um objeto de estudo próprio. Há escolas nas ciências, isto é, comunidades que abordam o mesmo objeto científico a partir de pontos de vista incompatíveis. Mas são bem mais raras aqui do que em outras áreas; estão sempre em competição e na maioria das vezes essas competições terminam rapidamente. O resultado disso é que os membros de uma comunidade científica veem a si próprios e são vistos pelos outros como os únicos responsáveis pela perseguição de um conjunto de objetivos comuns, que incluem o treino de seus sucessores. No interior de tais grupos a comunicação é relativamente ampla e os julgamentos profissionais relativamente unânimes. Uma vez que a atenção de diferentes comunidades científicas está focalizada sobre assuntos distintos, a comunicação profissional entre grupos é algumas vezes árdua. Frequentemente resulta em mal-entendidos e pode, se nela persistirmos, evocar desacordos significativos e previamente insuspeitados.

Nesse sentido as comunidades podem certamente existir em muitos níveis. A comunidade mais global é composta por todos os cientistas ligados às ciências naturais. Em um nível imediatamente inferior, os principais grupos científicos profissionais são comunidades: físicos, químicos, astrônomos, zoólogos e outros similares. Para esses agrupamentos maiores, o pertencente a uma comunidade é rapidamente estabelecido, exceto nos casos-limites. Possuir a mais alta titulação, participar de sociedades profissionais, ler periódicos especializados, são geralmente condições mais do que suficientes. Técnicas similares nos permitirão isolar também os principais subgrupos: químicos orgânicos (e, talvez entre esses, os químicos especializados em proteínas), físicos do estado sólido e de energia de alta intensidade, radioastrônomos e assim por diante. Os problemas empíricos emergem apenas no nível imediatamente inferior. Para tomar um exemplo contemporâneo: como se isolaria o grupo bacteriófago antes de seu reconhecimento público? Para isso deveríamos valer-nos da assistência a conferências especiais, da distribuição de esboços de manuscritos e de provas para a publicação e sobretudo das redes formais e informais de comunicação, inclusive daquelas descobertas na correspondência dos cientistas e nas ligações entre citações[6]. Tenho para mim que essa tarefa pode ser e será feita, pelo menos no tocante ao período contemporâneo e épocas históricas mais recentes. De um ponto de vista típico, poderemos produzir comunidades de talvez cem membros e, ocasionalmente, de um número significativamente menor. Em geral os cientistas individuais, especialmente os mais capazes, pertencerão a diversos desses grupos, simultaneamente ou em sucessão.

As unidades que este livro apresentou como produtoras e legitimadoras do conhecimento científico são comunidades desse tipo. Os paradigmas são algo compartilhado pelos membros de tais comunidades. Sem uma referência à natureza desses elementos compartilhados, muitos dos aspectos da ciência descritos nas páginas precedentes dificilmente podem ser entendidos. Mas outros aspectos podem ser compreendidos, embora não sejam apresentados de forma independente no meu texto original. Por isso, antes de passarmos aos paradigmas, vale a pena mencionar uma série de temas que exigem referência apenas à estrutura comunitária.

---

6. Eugene Garfield, *The Use of Citation Data in Writing the History of Science,* Filadélfia, Institute of Scientific Information, 1964; M.M. Kessler, Comparison of the Results of Bibliographic Coupling and Analytic Subject Indexing, *American Documentation,* n. 16, 1965, p. 223-233; D.J. Price, Networks of Scientific Papers, *Science,* n. 102, 1965, p. 510-515.

O mais surpreendente desses temas é provavelmente aquilo que chamei de a transição do período pré-paradigmático para o pós-paradigmático durante o desenvolvimento de um campo científico. Essa transição está esboçada no capítulo 1. Antes de ela ocorrer, diversas escolas competem pelo domínio de um campo de estudos determinado. Mais tarde, no rasto de alguma realização científica notável, o número de escolas é grandemente reduzido, em geral para uma única. Começa então um tipo mais eficiente de prática científica. Essa prática é geralmente esotérica e orientada para a solução de quebra-cabeças. O mesmo ocorre com o trabalho de um grupo, que somente inicia quando seus membros estão seguros a respeito dos fundamentos de seu campo de estudos.

A natureza dessa transição à maturidade merece uma discussão mais ampla do que a recebida neste livro, especialmente por parte daqueles interessados no desenvolvimento das ciências sociais contemporâneas. Indicar que a transição não precisa (atualmente penso que não deveria) estar associada com a primeira aquisição de um paradigma pode ser útil a essa discussão. Os membros de todas as comunidades científicas, incluindo as escolas do período "pré-paradigmático", compartilham os tipos de elementos que rotulei coletivamente de "um paradigma". O que muda com a transição à maturidade não é a presença de um paradigma, mas antes a sua natureza. Somente depois da transição é possível a pesquisa normal orientada para a resolução de quebra-cabeças. Em vista disso, atualmente eu consideraria muitos dos atributos de uma ciência desenvolvida (que acima associei à obtenção de um paradigma) como consequência da aquisição de um tipo de paradigma que identifica os quebra-cabeças desafiadores, proporciona pistas para sua solução e garante o sucesso do praticante realmente inteligente. Somente aqueles que retiram encorajamento da constatação de que seu campo de estudo (ou escola) possui paradigma estão aptos a perceber que algo importante é sacrificado nessa mudança.

Um segundo tema, mais importante (pelo menos para os historiadores), diz respeito à identificação biunívoca implícita neste livro entre comunidades científicas e objetos de estudo científicos. Procedi repetidamente como se, digamos, "óptica física", "eletricidade" e "calor" devessem indicar comunidades científicas porque nomeiam objetos de estudos para a pesquisa. A única interpretação alternativa que meu texto parece permitir é a de que todos esses objetos tenham pertencido à comunidade da física. Contudo, como tem sido repetidamente apontado por meus colegas de história da ciência, identificações desse tipo não resistem a um exame. Não havia, por exemplo, nenhuma comunidade de cientistas ligados à física antes da metade do século XIX, tendo então sido formada pela fusão de partes de duas comunidades anteriormente separadas: a da matemática e da filosofia natural (*physique expérimentale*). O que hoje é objeto de estudo de uma única e ampla comunidade, no passado era distribuído entre diversas comunidades. Para descobri-las e analisá-las é preciso primeiro deslindar a estrutura mutável das comunidades científicas através dos tempos. Um paradigma governa, em primeiro lugar, não um objeto de estudo, mas um grupo de praticantes da ciência. Qualquer estudo de pesquisas orientadas por paradigma, ou que levam à destruição de paradigma, deve começar pela localização do grupo ou grupos responsáveis.

Quando a análise do desenvolvimento científico é examinada a partir dessa perspectiva, várias dificuldades que foram alvo de críticas podem desaparecer. Por exemplo, um certo número de comentadores usou a teoria da matéria para sugerir que exagero drasticamente a unanimidade dos cientistas no que toca à sua fidelidade a um paradigma. Fazem notar que, até bem pouco, essas teorias eram tópicos de debate e desacordo contínuos. Concordo com a descrição, mas não penso que seja um exemplo em contrário. Pelo menos até por volta de 1920, teorias da matéria não eram território específico ou objeto de estudo de qualquer comunidade científica. Em lugar disso, eram instrumentos para um grande número de especialistas. Algumas vezes membros de diferentes comunidades escolhem instrumentos diferentes e criticam as escolhas feitas por outros. E o que é mais importante: a teoria da matéria não é o tipo de tópico com o qual devem concordar necessariamente os membros de uma comunidade dada. A necessidade do acordo depende do que faz essa comunidade. A química, na primeira metade do século XIX, proporciona um exemplo adequado. Embora muitos dos instrumentos fundamentais da comunidade – proporção constante, proporção múltipla e pesos de combinação – tenham se tornado propriedade comum em razão da teoria atômica de Dalton, foi perfeitamente possível aos químicos, depois desse acontecimento, basear seu trabalho nesses instrumentos e discordar, algumas vezes veementemente, da existência dos átomos.

Acredito que outras dificuldades e mal-entendidos serão dissolvidos da mesma maneira. Alguns leitores deste livro concluíram que minha preocupação se orienta principal ou exclusivamente para as grandes revoluções, como as associadas aos nomes de Copérnico, Newton, Darwin ou Einstein. Isso se deve em parte aos exemplos que escolhi e em parte à minha imprecisão a respeito da natureza e tamanho das comunidades relevantes. Contudo, um delineamento mais claro da estrutura comunitária deveria fortalecer a impressão bastante diferente que procurei criar. Para mim, uma revolução é uma espécie de mudança envolvendo um certo tipo de reconstrução dos compromissos de grupo. Mas não necessita ser uma grande mudança, nem precisa parecer revolucionária para os pesquisadores que não participam da comunidade – comunidade composta talvez de menos de vinte e cinco pessoas. É precisamente porque esse tipo de mudança, muito pouco reconhecida ou discutida na literatura da filosofia da ciência, ocorre tão regularmente nessa escala reduzida que a mudança revolucionária precisa tanto ser entendida como oposta às mudanças cumulativas.

Uma última alteração, estreitamente relacionada com a precedente, pode facilitar a compreensão dessa mudança.

Diversos críticos puseram em dúvida se as crises (consciência comum de que algo saiu errado) precedem as revoluções tão invariavelmente como dei a entender no meu texto original. Contudo, nenhuma parte importante da minha argumentação depende da existência de crises como um pré-requisito essencial para as revoluções; precisam apenas ser o prelúdio costumeiro, proporcionando um mecanismo de autocorreção, capaz de assegurar que a rigidez da ciência normal não permanecerá para sempre sem desafio. É igualmente possível que as revoluções sejam induzidas de outras maneiras, embora pense que isso raramente ocorre. Finalmente, gostaria de assinalar um ponto obscurecido pela ausência de uma discussão adequada da estrutura comunitária: as crises não são necessariamente geradas pelo trabalho da comunidade que as experimenta e, algumas vezes, sofre em consequência disso uma revolução. Novos instrumentos como o microscópio eletrônico ou novas leis como as de Maxwell podem ser desenvolvidas numa especialidade, enquanto a sua assimilação provoca uma crise em outra.

2. Os paradigmas como a constelação dos compromissos de grupo

Voltemos agora aos paradigmas e perguntemos o que podem ser. Esse é o ponto mais obscuro e mais importante de meu texto original. Uma leitora simpatizante, que partilha da minha convicção de que o "paradigma" nomeia os elementos filosóficos centrais deste livro, preparou um índice analítico parcial e concluiu que o termo é utilizado de pelo menos vinte e duas maneiras diferentes[7]. Atualmente penso que a maioria dessas diferenças é devida a incongruências estilísticas (por exemplo: algumas vezes as leis de Newton são um paradigma, em outras, partes de um paradigma, ou, em ainda outras, paradigmáticas)

7. Masterman, op. cit.

288

e podem ser eliminadas com relativa facilidade. Feito esse trabalho editorial, permaneceriam dois usos muito distintos do termo, que devem ser distinguidos. O emprego mais global é o assunto deste item; o outro sentido será considerado no próximo.

Após isolar uma comunidade particular de especialistas através de técnicas semelhantes às que acabamos de discutir, valeria a pena perguntar: dentre o que é partilhado por seus membros, o que explica a relativa abundância de comunicação profissional e a relativa unanimidade de julgamentos profissionais? Meu texto original permite responder a essa pergunta: um paradigma ou um conjunto de paradigmas. Mas, nesse sentido, ao contrário daquele a ser discutido mais adiante, o termo paradigma é inapropriado. Os próprios cientistas diriam que partilham de uma teoria ou de um conjunto de teorias. Eu ficaria satisfeito se esse último termo pudesse ser novamente utilizado no sentido que estamos discutindo. Contudo, o termo "teoria", tal como é empregado presentemente na filosofia da ciência, conota uma estrutura bem mais limitada em natureza e alcance do que a exigida aqui. Até que o termo possa ser liberado de suas implicações atuais, evitaremos confusão adotando um outro. Para os nossos propósitos atuais, sugiro "matriz disciplinar": "disciplinar" porque se refere a uma posse comum aos praticantes de uma disciplina particular; "matriz" porque é composta de elementos ordenados de várias espécies, cada um deles exigindo uma determinação mais pormenorizada. Todos ou quase todos os objetos de compromisso grupal que meu texto original designa como paradigmas, partes de paradigma ou paradigmáticos, constituem essa matriz disciplinar e como tais formam um todo, funcionando em conjunto. Contudo, esses elementos não serão discutidos como se constituíssem uma única peça. Não procurarei apresentar aqui uma lista exaustiva, mas a indicação dos principais tipos de componentes de uma matriz disciplinar esclarecerá a natureza da minha presente abordagem e preparará a próxima questão.

Rotularei de "generalizações simbólicas" um tipo importante de componente do paradigma. Tenho em mente aquelas expressões, empregadas sem discussão ou dissensão pelos membros do grupo, que podem ser facilmente expressas numa forma lógica como $(x)\,(y)\,(z)\,\varphi\,(x,y,z)$. Falo dos componentes formais ou facilmente formalizáveis da matriz disciplinar. Algumas vezes são encontradas ainda sob a forma simbólica: $f = ma$ ou $I = V/R$. Outras vezes são expressas em palavras: "os elementos combinam-se numa proporção constante aos seus pesos" ou "a uma ação corresponde uma reação igual e contrária". Se não fossem expressões geralmente aceitas como essas, os membros do grupo não teriam pontos de apoio para a aplicação das poderosas técnicas de manipulação lógica e matemática no seu trabalho de resolução de enigmas. Embora o exemplo da taxonomia sugira que a ciência normal pode avançar com poucas dessas expressões, em geral o poder de uma ciência parece aumentar com o número de generalizações simbólicas que os praticantes têm ao seu dispor.

Tais generalizações assemelham-se a leis da natureza, mas muitas vezes não possuem apenas essa função para os membros do grupo. Por certo isso pode ocorrer, como no caso da lei de Joule-Lenz, $H = RI^2$. Quando essa lei foi descoberta, os membros da comunidade já sabiam o que significavam H, R e I; essas generalizações lhes disseram alguma coisa a respeito do comportamento do calor, da corrente e da resistência, que anteriormente ignoravam. Porém, mais frequentemente, como indicam as discussões anteriores deste livro, as generalizações simbólicas prestam-se simultaneamente a uma segunda função, em geral rigorosamente distinguida da primeira nas análises dos filósofos da ciência. Da mesma maneira que $f = ma$ ou $I = V/R$, as generalizações simbólicas funcionam em parte como leis e em parte como definições de alguns dos símbolos que elas empregam. Além disso, o equilíbrio entre suas forças legislativas e definitórias – que são inseparáveis – muda com o tempo. Em outro contexto esses pontos mereciam uma análise detalhada, já que a natureza de um compromisso com uma lei é muito diferente do compromisso com uma definição. Com frequência as leis podem ser gradualmente corrigidas, mas não as definições, que são tautologias. Por exemplo, a aceitação da lei de Ohm exigiu, entre outras coisas, uma redefinição dos termos "corrente" e "resistência". Se esses dois termos continuassem a ter o mesmo sentido que antes, a lei de Ohm não poderia estar certa. Foi exatamente por isso que provocou uma oposição tão violenta, ao contrário, por exemplo, da lei de Joule-Lenz[8]. Provavelmente essa situação é típica. No momento, suspeito que, entre outras coisas, todas as revoluções envolvem o abandono de generalizações cuja força era parcialmente tautológica. O que fez Einstein: mostrou que a simultaneidade era relativa ou alterou a própria noção de simultaneidade? Estavam pura e simplesmente errados aqueles que viam um paradoxo na expressão "relatividade na simultaneidade"?

Consideremos um segundo componente da matriz disciplinar, a respeito do qual muita coisa foi dita no meu texto original sob rubricas como "paradigmas metafísicos" ou "partes metafísicas dos paradigmas". Tenho em mente compromissos coletivos com crenças como: o calor é a energia cinética das partes constituintes dos corpos; todos os fenômenos perceptivos são devidos à interação de átomos qualitativamente neutros no vazio ou, alternativamente, à matéria e à força ou aos campos. Se agora reescrevesse este livro, eu descreveria tais compromissos como crenças em determinados modelos e expandiria a categoria "modelos" de modo a incluir também a variedade relativamente heurística: o circuito elétrico pode ser encarado como um sistema hidrodinâmico em estado de equilíbrio; as moléculas de um gás comportam-se como pequeninas bolas de bilhar

---

8. Uma apresentação de partes significativas desse episódio encontra-se em: T.M. Brown, The Electric Current in Early Nineteenth-Century French Physics, em *Historical Studies in the Physical Sciences*, n. 1, 1969, p. 61-103; e Morton Schagrin, Resistance to Ohm's Law, *American Journal of Physics*, n. 21, 1963, p. 536-547.

elásticas movendo-se ao acaso. Embora a intensidade do compromisso do grupo com determinados princípios varie, acarretando consequências importantes ao longo de um espectro que abrange desde modelos heurísticos até ontológicos, todos os modelos possuem funções similares. Entre outras coisas, fornecem ao grupo as analogias ou metáforas preferidas ou permissíveis. Desse modo auxiliam a determinar o que será aceito como uma explicação ou como uma solução de quebra-cabeça e, inversamente, ajudam a estabelecer a lista dos quebra-cabeças não solucionados e a avaliar a importância de cada um deles. Note-se, entretanto, que os membros de comunidades científicas não precisam partilhar nem mesmo modelos heurísticos, embora usualmente o façam. Já indiquei anteriormente que a condição de membro numa comunidade de cientistas durante a primeira metade do século XIX não pressupunha a crença nos átomos.

O terceiro grupo de elementos da matriz disciplinar que descreverei é constituído por valores. Em geral são mais amplamente partilhados por diferentes comunidades do que as generalizações simbólicas ou modelos. Contribuem bastante para proporcionar aos especialistas em ciências naturais um sentimento de pertencerem a uma comunidade global. Embora nunca deixem de ter eficácia, a importância particular dos valores aparece quando os membros de uma comunidade determinada precisam identificar uma crise ou, mais tarde, escolher entre maneiras incompatíveis de praticar sua disciplina. Provavelmente os valores aos quais os cientistas aderem com mais intensidade são aqueles que dizem respeito a predições: devem ser acuradas; predições quantitativas são preferíveis às qualitativas; qualquer que seja a margem de erro permissível, deve ser respeitada regularmente numa área dada; e assim por diante. Contudo, existem também valores que devem ser usados para julgar teorias completas: esses precisam, antes de mais nada, permitir a formulação de quebra-cabeças e de soluções; quando possível, devem ser simples, dotadas de coerência interna e plausíveis, vale dizer, compatíveis com outras teorias disseminadas no momento. (Atualmente penso que uma fraqueza do meu texto original está na pouca atenção prestada a valores como a coerência interna e externa ao considerar fontes de crises e fatores que determinam a escolha de uma teoria.) Existem ainda outras espécies de valores – por exemplo, a ciência deve (ou não) ter uma utilidade social? –, mas as considerações apresentadas acima devem ser suficientes para tornar compreensível o que tenho em mente.

Entretanto, um aspecto dos valores partilhados requer uma menção especial. Os valores, num grau maior do que os outros elementos da matriz disciplinar, podem ser compartilhados por homens que divergem quanto à sua aplicação. Julgamentos quanto à acuidade são relativamente, embora não inteiramente, estáveis de uma época a outra e de um membro a outro em um grupo determinado. Mas julgamentos de simplicidade, coerência interna, plausibilidade e assim por diante, variam enormemente de indivíduo para indivíduo. Aquilo que para Einstein era uma incongruência insuportável na velha teoria dos *quanta,* a ponto de tornar impossível a prática da teoria normal, para Bohr e outros não passava de uma dificuldade passível de resolução através dos meios normais. Ainda mais importante é notar que nas situações onde valores devem ser aplicados, valores diferentes, considerados isoladamente, ditariam com frequência escolhas diferentes. Uma teoria pode ser mais acurada, mas menos coerente ou plausível que outra; aqui, uma vez mais, a velha teoria dos *quanta* nos proporciona um exemplo. Em suma, embora os valores sejam amplamente compartilhados pelos cientistas e esse compromisso seja ao mesmo tempo profundo e constitutivo da ciência, algumas vezes a aplicação dos valores é consideravelmente afetada pelos traços da personalidade individual e pela biografia que diferencia os membros do grupo.

Para muitos leitores, essa característica do emprego dos valores partilhados apareceu como a maior fraqueza da minha posição. Sou ocasionalmente acusado de glorificar a subjetividade e mesmo a irracionalidade, porque insisto sobre o fato de que aquilo que os cientistas partilham não é suficiente para impor um acordo uniforme no caso de assuntos como a escolha de duas teorias concorrentes ou a distinção entre uma anomalia comum e uma provocadora de crise[9]. Mas essa reação ignora duas características apresentadas pelos julgamentos de valor em todos os campos de estudo. Primeiro, os valores compartilhados podem ser determinantes centrais do comportamento de grupo, mesmo quando seus membros não os empregam da mesma maneira. (Se não fosse assim, não haveria problemas filosóficos *especiais* a respeito da teoria dos valores ou da estética.) Nem todos pintaram da mesma maneira durante os períodos nos quais a representação era o valor primário, mas o padrão de desenvolvimento das artes plásticas mudou drasticamente quando esse valor foi abandonado[10]. Imaginemos o que aconteceria nas ciências se a coerência interna deixasse de ser um valor fundamental. Segundo, a variabilidade individual no emprego de valores compartilhados pode ter funções essenciais para a ciência. Os pontos aos quais os valores devem ser aplicados são também invariavelmente aqueles nos quais um risco deve ser enfrentado. A maior parte das anomalias é solucionada por meios normais; grande parte das novas teorias propostas demonstram efetivamente ser falsas. Se todos os membros de uma comunidade respondessem a cada anomalia como se essa fosse uma fonte de crise ou abraçassem cada nova teoria apresentada por um colega, a ciência deixaria de existir. Se, por outro lado, ninguém reagisse às anomalias ou teorias novas, aceitando riscos elevados, haveria poucas ou nenhuma revolução. Em assuntos dessa natureza, o controle da escolha individual pode ser feito antes

9. Ver especialmente: Dudley Shapere, Meaning and Scientific Change, *Mind and Cosmos: Essays in Contemporary Science and Philosophy*, The University of Pittsburgh Series in Philosophy of Science, n. III, Pittsburgh, 1966, p. 41-85; Israel Scheffler, *Science and Subjectivity*, Nova York, 1967; e os ensaios de Sir Karl Popper e Imre Lakatos em *Growth of Knowledge*.
10. Ver a discussão no início do cap. 7, supra.

pelos valores partilhados do que pelas regras partilhadas. Essa é talvez a maneira que a comunidade encontra para distribuir os riscos e assegurar o sucesso do seu empreendimento a longo prazo.

Voltemos agora a um quarto tipo de elemento presente na matriz disciplinar (existem outros que não discutirei aqui). Nesse caso o termo "paradigma" seria totalmente apropriado, tanto filológica como autobiograficamente. Foi esse componente dos compromissos comuns do grupo que primeiro me levaram à escolha dessa palavra. Contudo, já que o termo assumiu uma vida própria, substituí-lo-ei aqui por "exemplares". Com essa expressão quero indicar, antes de mais nada, as soluções concretas de problemas que os estudantes encontram desde o início de sua educação científica, seja nos laboratórios, exames, seja no fim dos capítulos dos manuais científicos. Contudo, devem ser somados a esses exemplos partilhados pelo menos algumas das soluções técnicas de problemas encontráveis nas publicações periódicas que os cientistas encontram durante suas carreiras como investigadores. Tais soluções indicam, através de exemplos, como devem realizar seu trabalho. Mais do que os outros tipos de componentes da matriz disciplinar, as diferenças entre conjuntos de exemplares apresentam a estrutura comunitária da ciência. Por exemplo, todos os físicos começam aprendendo os mesmos exemplares: problemas como o do plano inclinado, do pêndulo cônico, das órbitas de Kepler; e o uso de instrumentos como o vernier, o calorímetro e a ponte de Wheatstone. Contudo, na medida em que seu treino se desenvolve, as generalizações simbólicas são cada vez mais exemplificadas através de diferentes exemplares. Embora os físicos do estado sólido e os da teoria dos campos compartilhem a equação de Schrödinger, somente suas aplicações mais elementares são comuns aos dois grupos.

3. Os paradigmas como exemplos compartilhados

O paradigma, enquanto exemplo compartilhado, é o elemento central daquilo que atualmente me parece ser o aspecto mais novo e menos compreendido deste livro. Em vista disso os exemplos exigirão mais atenção do que os outros componentes da matriz disciplinar. Até agora os filósofos da ciência não têm, em geral, discutido os problemas encontrados por um estudante nos textos científicos ou nos seus trabalhos de laboratório porque se pensa que servem apenas para pôr em prática o que o estudante já sabe. Afirma-se que ele não pode resolver nenhum problema antes de ter aprendido a teoria e algumas regras que indicam como aplicá-la. O conhecimento científico está fundado na teoria e nas regras; os problemas são fornecidos para que se alcance destreza daquelas. Todavia, tentei argumentar que essa localização do conteúdo cognitivo da ciência está errada. O estudante que resolveu muitos problemas pode apenas ter ampliado sua facilidade para resolver outros mais. Mas, no início e por algum tempo, resolver problemas é aprender coisas relevantes a respeito da natureza. Na ausência de tais exemplares, as leis e teorias anteriormente aprendidas teriam pouco conteúdo empírico.

Para tornar compreensível o que tenho em mente, reverto brevemente às generalizações simbólicas. A Segunda Lei de Newton é um exemplo amplamente partilhado, geralmente expresso sob a forma: $f = ma$. O sociólogo ou o linguista que descobre que a expressão correspondente é expressa e recebida sem problemas pelos membros de uma dada comunidade não terá, sem muita investigação adicional, aprendido grande coisa a respeito do que significam tanto a expressão como seus termos ou como os cientistas relacionam essa expressão à natureza. Na verdade, o fato de que eles a aceitem sem perguntas e a utilizem como um ponto de partida para a introdução de manipulações lógicas e matemáticas não significa que eles concordem quanto ao seu sentido ou sua aplicação. Não há dúvida de que estão de acordo em larga medida, pois de outro modo o desacordo apareceria rapidamente nas suas conversações subsequentes. Mas pode-se perguntar em que momento e com que meios chegaram a isso. Como aprenderam, confrontados com uma determinada situação experimental, a selecionar forças, massas e acelerações relevantes?

Na prática, embora esse aspecto da situação nunca ou quase nunca seja notado, os estudantes devem aprender algo que é ainda mais complicado que isso. Não é exato afirmar que as manipulações lógicas e matemáticas aplicam-se diretamente à fórmula $f = ma$. Quando examinada, essa expressão demonstra ser um esboço ou esquema de lei. À medida que o estudante e o cientista praticante passam de uma situação problemática a outra, modifica-se a generalização simbólica à qual se aplicam essas manipulações. No caso da queda livre, $f = ma$ torna-se $mg = m \frac{d^2s}{dt^2}$; no caso do pêndulo simples, transforma-se em $mg\,\mathrm{sen}\,\theta = - ml \frac{d^2s}{dt^2}$; para um par de oscilações harmônicas em ação recíproca transmuta-se em duas equações, a primeira das quais pode ser formulada como $m_1 \frac{d^2s_1}{dt^2} + k_1 s_1 = k_2 (s_2 - s_1 + d)$; e para situações mais complexas, como o giroscópio, toma ainda outras formas, cujo parentesco com $f = ma$ é ainda mais difícil de descobrir. Contudo, enquanto aprende a identificar forças, massas e acelerações numa variedade de situações físicas jamais encontradas anteriormente, o estudante aprende ao mesmo tempo a elaborar a versão apropriada de $f = ma$, que permitirá inter-relacioná-las. Muito frequentemente será uma versão para a qual anteriormente ele não encontrou um equivalente literal. Como aprendeu a fazer isso?

Um fenômeno familiar, tanto aos estudantes como aos historiadores da ciência, pode nos fornecer uma pista. Os primeiros relatam sistematicamente que leram do início ao fim um capítulo de seu manual, compreenderam-no perfeitamente, mas não obstante encontram dificuldades para resolver muitos dos problemas que encontram no fim do capítulo. Comumente essas dificuldades se dissipam da mesma maneira. O estudante descobre, com ou sem a assistência de seu instrutor, uma maneira de encarar seu problema como se fosse um problema que já encontrou antes. Uma vez percebida a semelhança e apreendida a analogia entre dois ou mais problemas distintos, o estudante pode estabelecer relações entre os símbolos e aplicá-los à natureza segundo maneiras que já tenham demonstrado sua eficácia anteriormente. O esboço de lei, digamos, $f = ma$ funcionou como um instrumento, informando ao estudante que similaridades procurar, sinalizando o contexto (*gestalt*) dentro do qual a situação deve ser examinada. Dessa aplicação resulta a habilidade para ver a semelhança entre uma variedade de situações, todas elas submetidas à fórmula $f = ma$ ou qualquer outra generalização simbólica. Tal habilidade me parece ser o que de mais essencial um estudante adquire, ao resolver problemas exemplares, seja com lápis e papel, seja num laboratório bem planejado. Depois de resolver um certo número de problemas (número que pode variar grandemente de indivíduo para indivíduo), o estudante passa a conceber as situações que o confrontam como um cientista, encarando-as a partir do mesmo contexto (*gestalt*) que os outros membros do seu grupo de especialistas. Já não são mais as mesmas situações que encontrou no início de seu treinamento como cientista. Nesse meio tempo, assimilou uma maneira de ver testada pelo tempo e aceita pelo grupo.

O papel das relações de similaridade adquiridas revela-se claramente também na história da ciência. Os cientistas resolvem quebra-cabeças modelando-os de acordo com soluções anteriores, frequentemente com um recurso mínimo e generalizações simbólicas. Galileu descobriu que uma bola que desce rolando um plano inclinado adquire velocidade suficiente para voltar à mesma altura vertical num segundo plano inclinado com qualquer aclive. Aprendeu também a ver essa situação experimental como se fosse similar à do pêndulo com massa pontual para uma bola do pêndulo. A partir daí Huygens resolveu o problema do centro de oscilação de um pêndulo físico, imaginando que

298

o corpo desse último, considerado na sua extensão, nada mais era do que um conjunto de pêndulos pontuais galileanos e que as ligações entre esses poderiam ser instantaneamente desfeitas em qualquer momento da oscilação. Desfeitas as ligações, os pêndulos pontuais individuais poderiam oscilar livremente, mas seu centro de gravidade coletivo elevar-se-ia quando cada um desses pontos alcançasse sua altura máxima. Mas, tal como no pêndulo de Galileu, o centro de gravidade coletivo não ultrapassaria a altura a partir da qual o centro de gravidade do pêndulo real começara a cair. Finalmente, Daniel Bernoulli descobriu como fazer o fluxo de água através de um orifício aproximar-se do pêndulo de Huygens. Determina-se o abaixamento do centro de gravidade da água no tanque e no jato durante um intervalo de tempo infinitésimo. Em seguida imaginemos que cada partícula de água se move separadamente para cima até a altitude máxima que lhe é possível alcançar com a velocidade adquirida durante aquele intervalo. A elevação do centro de gravidade das partículas individuais deve então igualar o abaixamento do centro de gravidade da água no tanque e no jato. A partir dessa concepção do problema, descobriu-se rapidamente a velocidade do fluxo, que vinha sendo procurada há muito tempo[11].

Esse exemplo deveria começar a tornar claro o que quero dizer quando falo em aprender por meio de problemas a ver situações como semelhantes, isto é, como objetos para a aplicação do mesmo esboço de lei ou lei científica. Ao mesmo tempo mostra por que me refiro ao relevante conhecimento da natureza que se adquire ao compreender

---

11. A propósito do exemplo, ver René Dugas, *A History of Mechanics*, trad. de J.R. Maddox, Neuchâtel, 1955, p. 135-136; 186-193; e Daniel Bernoulli, *Hydrodynamica, sive de veribus et motibus fluidorum, commentarii opus academicum*, Estrasburgo, 1738, seção III. Para compreender o grau de desenvolvimento alcançado pela mecânica durante a primeira metade do século XVIII, obtido modelando-se uma solução de problema sobre outra, ver Clifford Truesdell, Reactions of Late Baroque Mechanics to Success, Conjecture, Error and Failure in Newton's *Principia, Texas Quarterly*, n. 10, 1967, p. 238-258.

a relação de semelhança, conhecimento que se encarna numa maneira de ver as situações físicas e não em leis ou regras. Os três problemas do exemplo (todos eles exemplares para os mecânicos do século XVIII) empregam apenas uma lei da natureza. Conhecida como o Princípio da *vis viva* (força viva), foi comumente expressa da seguinte forma: "A descida real iguala a subida potencial". A aplicação que Bernoulli fez dessa lei deveria sugerir quão plena de consequências ela era. E, contudo, o enunciado verbal da lei, tomado em si mesmo, é virtualmente impotente. Apresentemo-lo a um estudante contemporâneo de física, que conhece as palavras e é capaz de resolver todos esses problemas que atualmente emprega meios diferentes. Imaginemos em seguida o que essas palavras, embora todas bem conhecidas, podem ter dito a um homem que não conhecia nem mesmo esses problemas. Para ele a generalização somente poderia começar a funcionar quando fosse capaz de reconhecer "descidas reais" e "subidas potenciais" como ingredientes da natureza. Isso corresponde a aprender, antes da lei, alguma coisa a respeito das situações que se apresentam ou não na natureza. Esse gênero de aprendizado não se adquire exclusivamente através de meios verbais. Ocorre, ao contrário, quando alguém aprende as palavras juntamente aos exemplos concretos de como funcionam na prática; a natureza e as palavras são aprendidas simultaneamente. Pedindo emprestada mais uma vez a útil expressão de Michael Polanyi: desse processo resulta um "conhecimento tácito", conhecimento que se aprende fazendo ciência e não simplesmente adquirindo regras para fazê-la.

4. Conhecimento tácito e intuição

Essa referência ao conhecimento tácito e a rejeição concomitante de regras circunscreve um outro problema que tem preocupado muitos de meus críticos e que parece motivar as acusações de subjetivismo e irracionalidade. Alguns leitores tiveram a impressão de que eu tentava assentar a ciência em intuições individuais não analisáveis e não sobre a lógica e as leis. Mas essa interpretação perde-se em dois pontos essenciais. Primeiro, essas intuições não são individuais – se é que estou falando de intuições. São antes possessões testadas e compartilhadas pelos membros de um grupo bem-sucedido. O novato adquire-as através do treinamento, como parte de sua preparação para tornar-se membro do grupo. Segundo, elas não são, em princípio, impossíveis de analisar. Ao contrário, estou presentemente trabalhando com um programa de computador planejado para investigar suas propriedades em um nível elementar.

Nada direi a respeito desse programa aqui[12], mas o simples fato de o mencionar deveria esclarecer meu argumento central. Quando falo de conhecimento baseado em exemplares partilhados, não estou me referindo a uma forma de conhecimento menos sistemática ou menos analisável que o conhecimento baseado em regras, leis ou critérios de identificação. Em vez disso, tenho em mente uma forma de conhecimento que pode ser interpretada erroneamente, se a reconstruirmos em termos de regras que primeiramente são abstraídas de exemplares e que a partir daí passam a substituí-los. Dito de outro modo: quando falo em adquirir a partir de exemplares a capacidade de reconhecer que uma situação dada se assemelha (ou não se assemelha) a situações anteriormente encontradas, não estou apelando para um processo que não pode ser totalmente explicado em termos de mecanismos neurocerebrais. Sustento, ao contrário, que tal explicação, dada a sua natureza, não será capaz de responder à pergunta: "Semelhante em relação a quê?" Essa questão pede uma regra – nesse caso, os critérios através dos quais situações particulares são agrupadas em conjuntos semelhantes. Reivindico que nesse caso é necessário resistir à tentação de procurar os critérios (ou pelo menos

---

12. Alguma informação sobre esse assunto pode ser encontrada no meu ensaio Second Thoughts.

um conjunto de critérios). Contudo, não me oponho a sistemas, mas apenas a algumas de suas formas particulares.

Para dar peso à minha afirmação, farei uma breve digressão. Atualmente parece-me óbvio o que digo a seguir, mas o recurso constante em meu texto original a frases como "o mundo transforma-se" sugere que nem sempre foi assim. Se duas pessoas estão no mesmo lugar e olham fixamente na mesma direção, devemos concluir, sob pena de solipsismo, que recebem estímulos muito semelhantes. (Se ambas pudessem fixar seus olhos no mesmo local, os estímulos seriam idênticos.) Mas as pessoas não veem os estímulos; nosso conhecimento a respeito deles é altamente teórico e abstrato. Em lugar de estímulos, temos sensações e nada nos obriga a supor que as sensações dos nossos dois espectadores são uma e a mesma. (Os céticos poderiam relembrar que a cegueira com relação a cores nunca fora percebida até sua descrição por John Dalton em 1794.) Pelo contrário: muitos processos nervosos têm lugar entre o recebimento de um estímulo e a consciência de uma sensação. Entre as poucas coisas que sabemos a esse respeito estão: estímulos muito diferentes podem produzir a mesma sensação; o mesmo estímulo pode produzir sensações muito diferentes; e, finalmente, o caminho que leva do estímulo à sensação é parcialmente determinado pela educação. Indivíduos criados em sociedades diferentes comportam-se, em algumas ocasiões, como se vissem coisas diferentes. Se não fôssemos tentados a estabelecer uma relação biunívoca entre estímulo e sensação, poderíamos admitir que tais indivíduos realmente veem coisas diferentes.

Note-se que dois grupos cujos membros têm sistematicamente sensações diferentes ao captar os mesmos estímulos vivem, *em certo sentido,* em mundos diferentes. Postulamos a existência de estímulos para explicar nossas percepções do mundo e postulamos sua imutabilidade para evitar tanto o solipsismo individual como o social. Não tenho a menor reserva quanto a qualquer desses postulados. Mas nosso mundo é povoado, em primeiro lugar, não pelos estímulos, mas pelos objetos de nossas sensações, e esses não precisam ser os mesmos de indivíduo para indivíduo, de grupo para grupo. Evidentemente, na medida em que os indivíduos pertencem ao mesmo grupo e portanto compartilham a educação, a língua, a experiência e a cultura, temos boas razões para supor que suas sensações são as mesmas. Se não fosse assim, como poderíamos compreender a plenitude de sua comunicação e o caráter coletivo de suas respostas comportamentais ao meio ambiente? É preciso que vejam as coisas e processem os estímulos de uma maneira quase igual. Mas onde existe a diferenciação e a especialização de grupos, não dispomos de nenhuma prova semelhante com relação à imutabilidade das sensações. Suspeito que um mero paroquialismo nos faz supor que o trajeto dos estímulos às sensações é o mesmo para os membros de todos os grupos.

Voltando aos exemplares e às regras, eis o que tenho tentado sugerir, se bem que de uma forma preliminar: uma das técnicas fundamentais pelas quais os membros de um grupo (trata-se de toda cultura ou de um subgrupo de especialistas que atua no seu interior) aprendem a ver as mesmas coisas quando confrontados com os mesmos estímulos consiste na apresentação de exemplos de situações que seus predecessores no grupo já aprenderam a ver como semelhantes entre si ou diferentes de outros gêneros de situações. Essas situações semelhantes podem ser apresentações sensoriais sucessivas do mesmo indivíduo – por exemplo, da mãe, que é finalmente reconhecida à primeira vista como ela mesma e como diferente do pai ou da irmã. Podem ser apresentações de membros de famílias naturais, digamos, cisnes de um lado e gansos de outro. Ou podem ser, no caso dos membros de grupos mais especializados, exemplos de situações de tipo newtoniano, isto é, situações que têm em comum o fato de estarem submetidas a uma versão da forma simbólica $f = ma$ e que são diferentes daquelas situações às quais se aplicam, por exemplo, os esboços de leis da óptica.

Admitamos por enquanto que alguma coisa desse tipo realmente ocorre. Devemos dizer que o que se obtém a partir de exemplares são regras e a habilidade para aplicá-las? Essa descrição é tentadora, porque o ato de ver uma situação a partir de sua semelhança com outras anteriormente encontradas deve ser o resultado de um processo neurológico, totalmente governado por leis físicas e químicas. Nesse sentido, o reconhecimento da semelhança deve, uma vez que aprendamos a fazê-lo, ser tão absolutamente sistemático quanto as batidas de nosso coração. Mas esse mesmo paralelo sugere que o reconhecimento pode ser involuntário, envolvendo um processo sobre o qual não temos controle. Nesse caso, não é adequado concebê-lo como algo que podemos manejar através da aplicação de regras e critérios. Falar nesses termos implica ter acesso a outras alternativas – poderíamos, por exemplo, ter desobedecido a uma regra ou aplicado mal um critério, ou ainda experimentado uma nova maneira de ver[13]. Essas parecem-me ser precisamente o gênero de coisas que não podemos fazer.

Ou, mais precisamente, essas são as coisas que não podemos fazer antes de termos tido uma sensação, percebido algo. Então o que fazemos frequentemente é buscar critérios e utilizá-los. Podemos em seguida empenhar-nos na interpretação, um processo deliberativo através do qual escolhemos entre alternativas, algo que não podemos fazer quando se trata da própria percepção. Por exemplo, talvez exista algo estranho no que vimos (recorde-se as cartas de baralho anômalas). Ao dobrar uma esquina, vemos nossa mãe entrando numa loja do centro da cidade, num horário em que a supúnhamos em casa. Refletindo sobre o que vimos, exclamamos repentinamente: "Não era minha mãe,

---

13. Não haveria necessidade de insistir nesse ponto se todas as leis fossem como as de Newton e todas as regras como as dos Dez Mandamentos. Nesse caso, a expressão "desobedecer uma lei" não teria sentido e a rejeição de regras não daria a impressão de implicar um processo não governado por uma lei. Infelizmente, leis de tráfego e produtos similares da legislação podem ser desobedecidos, o que facilita a confusão.

304

pois ela tem cabelo ruivo". Ao entrar na loja, vemos novamente a mulher e não conseguimos compreender como pudemos tomá-la por nossa mãe. Ou então vemos as penas da cauda de uma ave aquática alimentando-se de alguma coisa no leito de uma piscina rasa. É um cisne ou um ganso? Examinamos nossa visão, comparando essas penas de cauda com as dos cisnes e gansos que já vimos anteriormente. Ou talvez, sendo cientistas primitivos, queiramos simplesmente conhecer alguma característica geral (por exemplo, a brancura dos cisnes) dos membros de uma família natural que já conseguimos reconhecer com facilidade. Aqui, refletimos mais uma vez sobre o que percebemos previamente, buscando o que os membros de uma determinada família têm em comum.

Todos esses processos são deliberados e neles procuramos e desenvolvemos regras e critérios. Isto é, tentamos interpretar as sensações que estão à nossa disposição para podermos analisar o que o dado é para nós. Não obstante façamos isso, os processos envolvidos devem, em última instância, ser neurológicos. São por isso governados pelas mesmas leis *físico-químicas* que dirigem tanto a mão como nossos batimentos cardíacos. Mas o fato de que o sistema obedeça às mesmas leis nos três casos não nos permite supor que nosso aparelho neurológico está programado para operar da mesma maneira na interpretação e na percepção ou mesmo nos nossos batimentos cardíacos. Neste livro venho me opondo à tentativa, tradicional desde Descartes, mas não antes dele, de analisar a percepção como um processo interpretativo, como uma versão inconsciente do que fazemos depois de termos percebido.

O que torna a integridade da percepção digna de ênfase é, certamente, o fato de que tanta experiência passada esteja encarnada no aparelho neurológico que transforma os estímulos em sensações. Um mecanismo perceptivo adequadamente programado possui um valor de sobrevivência. Dizer que os membros de diferentes grupos podem ter percepções diferentes quando confrontados com os mesmos estímulos não implica afirmar que podem ter quaisquer percepções. Em muitos meios ambientes, um grupo incapaz de distinguir lobos de cachorros não poderia sobreviver. Atualmente um grupo de físicos nucleares seria incapaz de sobreviver como grupo científico caso fosse incapaz de reconhecer os traços de partículas alfa e elétrons. É exatamente porque tão poucas maneiras de ver nos permitirão fazer isso que as que resistem aos testes do emprego grupal são dignas de serem transmitidas de geração a geração. Do mesmo modo, devemos falar da experiência e do conhecimento baseados no trajeto estímulo-resposta, exatamente porque essas maneiras de ver foram selecionadas por seu sucesso ao longo de um determinado período histórico.

Talvez "conhecimento" seja uma palavra inadequada, mas há muitas razões para empregá-la. Aquilo que constitui o processo neurológico que transforma estímulos em sensações possui as seguintes características: foi transmitido pela educação; demonstrou ser, através de tentativas, mais efetivo que seus competidores históricos num meio ambiente de um grupo; e, finalmente, está sujeito a modificações tanto através da educação posterior como pela descoberta de desajustamentos com a natureza. Essas são as características do conhecimento e explicam por que uso o termo. Mas é um uso estranho, porque está faltando uma outra característica. Não temos acesso direto ao que conhecemos, nem regras ou generalizações com as quais expressar esse conhecimento. As regras que poderiam nos fornecer esse acesso deveriam referir-se aos estímulos e não às sensações e só podemos conhecer os estímulos utilizando uma teoria elaborada. Na ausência dessa última, o conhecimento baseado no trajeto estímulo-resposta permanece tácito.

Embora tudo isso não tenha senão um valor preliminar e não necessite ser corrigido em todos os seus detalhes, o que acabamos de dizer a respeito da sensação deve ser tomado em seu sentido literal. É, no mínimo, uma hipótese a respeito da visão que deveria ser submetida à investigação experimental, embora provavelmente não a uma verificação direta. Mas falar aqui da sensação e da visão também serve a funções metafóricas, tal como no corpo do livro. Não *vemos* elétrons, mas sim suas trajetórias ou bolhas de vapor numa câmara barométrica (câmara de Wilson). Não *vemos* as correntes elétricas, mas a agulha de um amperímetro ou galvanômetro. Contudo, nas páginas precedentes e especialmente no capítulo 9, procedi repetidamente como se realmente percebêssemos entidades teóricas como correntes, elétrons e campos, como se aprendêssemos a fazer isso através do exame de exemplares e como se também nesses casos fosse equivocado substituir o tema da visão pelo tema dos critérios e da interpretação. A metáfora que permite transferir "visão" para contextos desse tipo dificilmente pode servir de base para tais reivindicações. A longo prazo precisará ser eliminada em favor de uma forma mais literal de discurso.

O programa de computador acima referido começa a sugerir maneiras pelas quais isso pode ser feito, mas nem o espaço disponível, nem a extensão de minha compreensão atual do tema permitem que eu elimine aqui essa metáfora[14]. Em lugar disso tentarei brevemente reforçá-la. A visão de pequenas gotas d'água ou de uma agulha contra

---

14. Para os leitores de Second Thoughts as seguintes observações pouco explícitas podem servir de guia. A possibilidade de um reconhecimento imediato dos membros de famílias naturais depende da existência, depois do processamento neurológico, de espaços perceptivos vazios entre as famílias a serem discriminadas. Se, por exemplo, houvesse um *continuum* perceptivo das classes de aves aquáticas que fosse de gansos até cisnes, poderíamos ser compelidos a introduzir um critério específico para distingui-los. Uma observação semelhante pode ser feita com relação a entidades não observáveis. Se uma teoria física não admite a existência de nada além da corrente elétrica, então um pequeno número de critérios, que pode variar consideravelmente de caso para caso, será suficiente para identificar as correntes, mesmo quando não houver um conjunto de regras que especifique as condições necessárias e suficientes para sua identificação. Essa última observação sugere um corolário plausível que pode ser mais importante. Dado um conjunto de condições necessárias e suficientes para a identificação de uma entidade teórica, essa entidade pode ser eliminada da ontologia de uma teoria através da substituição. Contudo, na ausência de tais regras, essas entidades não são elimináveis; a teoria exige sua existência.

uma escala numérica é uma experiência perceptiva primitiva para qualquer um que não esteja familiarizado com as câmaras barométricas e amperímetros. Sendo assim, a observação cuidadosa, a análise e a interpretação (ou ainda a intervenção de uma autoridade externa) são exigidas, antes que se possa chegar a conclusões sobre os elétrons e as correntes. Mas a posição daquele que conhece esses instrumentos e teve muitas experiências de seu uso é bastante diferente. Existem diferenças correspondentes na maneira com que ele processa os estímulos que lhe chegam dos instrumentos. Ao olhar o vapor de sua respiração numa manhã fria de inverno, sua sensação talvez seja a mesma do leigo; mas ao olhar uma câmara barométrica ele não vê (aqui literalmente) gotas d'água, mas as trajetórias dos elétrons, das partículas alfa e assim por diante. Essas trajetórias são, se quiserem, critérios que ele interpreta como índices da presença das partículas correspondentes, mas esse trajeto não só é mais curto, como é diferente daquele feito pelo homem que interpreta as pequenas gotas d'água.

Consideremos ainda o cientista que inspeciona um amperímetro para determinar o número que a agulha está indicando. Sua sensação é provavelmente a mesma de um leigo, especialmente se esse último já leu outros tipos de medidores anteriormente. Mas ele viu o amperímetro (ainda aqui com frequência de forma literal) no contexto do circuito total e sabe alguma coisa a respeito de sua estrutura interna. Para ele a posição da agulha é um critério, mas apenas *do valor* da corrente. Para interpretá-la, necessita apenas determinar em que escala o medidor deve ser lido. Para o leigo, por outro lado, a posição da agulha não é critério de coisa alguma, exceto de si mesmo. Para interpretá-la, ele deve examinar toda a disposição dos fios internos e externos, experimentá-los com baterias e ímãs e assim por diante. Tanto no sentido metafórico como no sentido literal do termo "visão", a interpretação começa onde a percepção termina. Os dois processos não são o mesmo e o que a percepção deixa para a interpretação completar depende drasticamente da natureza e da extensão da formação e da experiência prévias.

5. Exemplares, incomensurabilidade e revoluções

O que acabamos de dizer fornece uma base para o esclarecimento de mais um aspecto deste livro: minhas observações sobre a incomensurabilidade e suas consequências para os cientistas que debatem sobre a escolha entre teorias sucessivas[15]. Argumentei nos capítulos 9 e 11 que as partes que intervêm em tais debates inevitavelmente veem de maneira distinta certas situações experimentais ou de observação e que ambas têm acesso. Já que os vocabulários com os quais discutem tais situações consistem predominantemente dos mesmos termos, as partes devem estar vinculando esses termos de modo diferente à natureza, o que torna sua comunicação inevitalmente parcial. Consequentemente, a superioridade de uma teoria sobre outra não pode ser demonstrada por meio de uma discussão. Insisti, em vez disso, na necessidade de cada partido tentar convencer através da persuasão. Somente os filósofos se equivocaram seriamente sobre a intenção dessa parte de minha argumentação. Alguns deles, entretanto, afirmaram que acredito no seguinte[16]: os defensores de teorias incomensuráveis não podem absolutamente comunicar-se entre si; consequentemente, num debate sobre a escolha de teorias não cabe recorrer a *boas* razões; a teoria deve ser escolhida por razões que são, em última instância, pessoais e subjetivas; alguma espécie de apercepção mística é responsável pela decisão a que se chega. Mais do que qualquer outra parte do livro, as passagens em que se baseiam essas

15. Os pontos seguintes são tratados com mais detalhe nas seções v e vi das *Reflections*.

16. Ver os trabalhos citados na nota 9, supra, e igualmente o ensaio de Stephen Toulmin em *Growth of Knowledge*.

309

interpretações equivocadas estão na origem das acusações de irracionalidade.

Consideremos primeiramente minhas observações a respeito da prova. O que estou tentando demonstrar é algo muito simples, de há muito familiar à filosofia da ciência. Os debates sobre a escolha de teorias não podem ser expressos numa forma que se assemelhe totalmente a provas matemáticas ou lógicas. Nessas últimas, as premissas e regras de inferência estão estipuladas desde o início. Se há um desacordo sobre as conclusões, as partes comprometidas no debate podem refazer seus passos um a um e conferi-los com as estipulações prévias. Ao final desse processo, um ou outro deve reconhecer que cometeu um erro, violando uma regra previamente aceita. Após esse reconhecimento não são aceitos recursos e a prova do oponente deve ser aceita. Somente se ambos descobrem que diferem quanto ao sentido ou aplicação das regras estipuladas e que seu acordo prévio não fornece base suficiente para uma prova, somente então é que o debate continua segundo a forma que toma inevitavelmente durante as revoluções científicas. Esse debate é sobre premissas e recorre à persuasão como um prelúdio à possibilidade de prova.

Nada nessa tese relativamente familiar implica afirmar que não existam boas razões para deixar-se persuadir ou que essas razões não sejam decisivas para o grupo. E nem mesmo implica afirmar que as razões para a escolha sejam diferentes daquelas comumente enumeradas pelos filósofos da ciência: exatidão, simplicidade, fecundidade e outros semelhantes. Contudo, queremos sugerir que tais razões funcionam como valores e portanto podem ser aplicados de maneiras diversas, individual e coletivamente, por aqueles que estão de acordo quanto à sua validade. Por exemplo, se dois homens discordam a respeito da fecundidade relativa de suas teorias, ou, concordando a esse respeito, discordam sobre a importância relativa da fecundidade e, digamos, da importância de se chegar a uma escolha, então nenhum deles pode ser acusado de erro. E nenhum

310

deles está procedendo de maneira acientífica. Não existem algoritmos neutros para a escolha de uma teoria. Nenhum procedimento sistemático de decisão, mesmo quando aplicado adequadamente, deve necessariamente conduzir cada membro de um grupo a uma mesma decisão. Nesse sentido, pode-se dizer que quem toma a decisão efetiva é antes a comunidade dos especialistas do que seus membros individuais. Para compreender a especificidade do desenvolvimento da ciência, não precisamos deslindar os detalhes biográficos e de personalidade que levam cada indivíduo a uma escolha particular, embora esse tópico seja fascinante. Entretanto, precisamos entender a maneira pela qual um conjunto determinado de valores compartilhados entra em interação com as experiências particulares comuns a uma comunidade de especialistas, de tal modo que a maior parte do grupo acabe por considerar que um conjunto de argumentos é mais decisivo que outro.

Esse processo é persuasivo, mas apresenta um problema mais profundo. Dois homens que percebem a mesma situação de maneira diversa e que, não obstante isso, utilizam o mesmo vocabulário para discuti-la, devem estar empregando as palavras de modo diferente. Eles falam a partir daquilo que chamei de pontos de vista incomensuráveis. Se não podem nem se comunicar como poderão persuadir um ao outro? Até mesmo uma resposta preliminar a essa questão requer uma precisão maior a respeito da natureza da dificuldade. Suponho que, pelo menos em parte, tal precisão tome a forma que passo a descrever.

A prática da ciência normal depende da habilidade, adquirida através de exemplares, para agrupar objetos e situações em conjuntos semelhantes. Tais conjuntos são primitivos no sentido de que o agrupamento é efetuado sem que se responda à pergunta: "Similares com relação a quê?" Assim, um aspecto central de qualquer revolução reside no fato de que algumas das relações de similaridade mudam. Objetos que antes estavam agrupados no mesmo conjunto passam a agrupar-se em conjuntos diferentes e vice-versa.

311

Pensemos no Sol, na Lua, em Marte e na Terra antes e depois de Copérnico; na queda livre e nos movimentos planetários e pendulares antes e depois de Galileu; ou nos sais, nas fusões de metais e na mistura de enxofre e limalha de ferro antes e depois de Dalton. Visto que a maior parte dos objetos continua a ser agrupada, mesmo quando em conjuntos alterados, os nomes dos grupos são em geral conservados. Não obstante, a transferência de um subconjunto é, de ordinário, parte de uma modificação fundamental na rede de inter-relações que os une. A transferência de metais de um conjunto de compostos para um conjunto de elementos desempenhou um papel essencial no surgimento de uma nova teoria da combustão, da acidez e da combinação física e química. Em pouco tempo essas modificações tinham se espalhado por toda a química. Por isso não é surpreendente que, quando essas redistribuições ocorrem, dois homens que até ali pareciam compreender-se perfeitamente durante suas conversações, podem descobrir-se repentinamente reagindo ao mesmo estímulo através de generalizações e descrições incompatíveis. Essas dificuldades não serão sentidas nem mesmo em todas as áreas de seus discursos científicos, mas surgirão e agrupar-se-ão mais densamente em torno dos fenômenos dos quais depende basicamente a escolha da teoria.

Tais problemas, embora apareçam inicialmente na comunicação, não são meramente linguísticos e não podem ser resolvidos simplesmente através da estipulação das definições dos termos problemáticos. Uma vez que as palavras em torno das quais se cristalizam as dificuldades foram parcialmente apreendidas a partir da aplicação direta de exemplares, os que participam de uma interrupção da comunicação não podem dizer: "utilizei a palavra 'elemento' (ou 'mistura', ou 'planeta', ou 'movimento livre') na forma estabelecida pelos seguintes critérios". Não podem recorrer a uma linguagem neutra, utilizada por todos da mesma maneira e adequada para o enunciado de suas teorias ou mesmo das consequências empíricas dessas teorias. Parte das diferenças é anterior à utilização das linguagens, mas, não obstante, reflete-se nelas.

Todavia, aqueles que experimentam tais dificuldades de comunicação devem possuir algum recurso alternativo. Os estímulos que encontram são os mesmos. O mesmo se dá com seus aparelhos neurológicos, não importa quão diferentemente programados. Além disso, com exceção de um setor da experiência reduzido, mas da mais alta importância, até mesmo suas programações neurológicas devem ser aproximadamente as mesmas, já que partilham uma história comum, salvo no passado imediato. Em consequência, compartilham tanto seu cotidiano como a maior parte de sua linguagem e mundo científicos. Dado que possuem tanto em comum, deveriam ser capazes de descobrir muita coisa a respeito da maneira como diferem. Mas as técnicas exigidas para isso não são nem simples, nem confortáveis e nem mesmo parte do arsenal habitual do cientista. Os cientistas raramente as reconhecem exatamente pelo que são e raramente as utilizam por mais tempo do que o necessário para realizar uma conversão ou convencerem-se a si mesmos de que ela não será obtida.

Em suma, o que resta aos interlocutores que não se compreendem mutuamente é reconhecerem-se uns aos outros como membros de diferentes comunidades de linguagem e a partir daí tornarem-se tradutores[17]. Tomando como objeto de estudo as diferenças encontradas nos discursos no interior dos grupos ou entre esses, os interlocutores podem tentar primeiramente descobrir os termos e as locuções que, usadas sem problemas no interior de cada comunidade, são, não obstante, focos de problemas para

---

17. A fonte já clássica para a maioria dos aspectos relevantes da tradução é *Word and Object*, de W.V.O. Quine, Cambridge e Nova York, 1960, caps. I e II. Quine parece supor que dois homens que recebem o mesmo estímulo devem ter a mesma sensação e, portanto, tem pouco a dizer a respeito do grau em que o tradutor deve ser capaz de *descrever* o mundo ao qual se aplica a linguagem que está traduzida. Sobre esse último ponto, ver E.A. Nida, Linguistics and Ethnology in Translation Problems, em Del Hymes (ed.), *Language and Culture in Society*, Nova York, 1964, p. 90-97.

as discussões intergrupais. (Locuções que não apresentam tais dificuldades podem ser traduzidas homofonamente.) Depois de isolar tais áreas de dificuldade na comunicação científica, podem em seguida recorrer aos vocabulários cotidianos que lhes são comuns, num esforço para elucidar ainda mais seus problemas. Cada um pode tentar descobrir o que o outro veria e diria quando confrontado com um estímulo para o qual sua própria resposta verbal seria diferente. Se conseguirem refrear suficientemente suas tendências para explicar o comportamento anômalo como a consequência de simples erro ou loucura poderão, com o tempo, começar a prever bastante bem o comportamento recíproco. Cada um terá aprendido a traduzir para sua própria linguagem a teoria do outro, bem como suas consequências e, simultaneamente, a descrever na sua linguagem o mundo ao qual essa teoria se aplica. É isso que o historiador da ciência faz regularmente (ou deveria fazer) quando examina teorias científicas antiquadas.

A tradução, quando levada adiante, é um instrumento potente de persuasão e conversão, pois permite aos participantes de uma comunicação interrompida experimentarem vicariamente alguma coisa dos méritos e defeitos recíprocos. Mas mesmo a persuasão não necessita ser bem-sucedida e, se ela o é, não necessita ser acompanhada ou seguida pela conversão. Essas duas experiências não são a mesma coisa. Apenas recentemente reconheci essa distinção importante em toda sua extensão.

Penso que persuadir alguém é convencê-lo de que nosso ponto de vista é superior e por isso deve suplantar o dele. Ocasionalmente chega-se a esse resultado sem recorrer a nada semelhante à suma tradução. Na ausência dessa última, muitas explicações e enunciados de problemas endossados pelos membros de um grupo científico serão opacos para os membros de outro grupo. Mas cada comunidade de linguagem pode produzir habitualmente, desde o início, alguns resultados de pesquisa concretos que, embora possam ser descritos em frases compreendidas da mesma maneira pelos dois grupos, ainda não podem ser explicados pela outra comunidade em seus próprios termos. Se o novo ponto de vista perdura por algum tempo e continua a dar frutos, os resultados das pesquisas que podem ser verbalizados dessa forma crescem provavelmente em número. Para alguns, tais resultados já serão decisivos. Eles poderão dizer: não sei como os adeptos do novo ponto de vista tiveram êxito, mas preciso aprender; o que quer que estejam fazendo é evidentemente correto. Essa reação ocorre mais facilmente entre os que acabam de ingressar na profissão, porque ainda não adquiriram o vocabulário e os compromissos especiais de qualquer um dos grupos. Contudo, os argumentos enunciáveis no vocabulário utilizado da mesma maneira por ambos os grupos habitualmente não são decisivos, pelo menos até o último estágio da evolução dos pontos de vista opostos. Entre os indivíduos admitidos na profissão, poucos serão persuadidos sem que se recorra às comparações mais amplas permitidas pela tradução. Embora o preço desse tipo de tradução seja frequentemente sentenças muito longas e complexas (recorde-se a controvérsia Proust-Berthollet, conduzida sem recorrer ao termo "elemento"), muitos resultados adicionais da pesquisa podem ser *traduzidos* da linguagem de uma comunidade para a de outra. Além disso, à medida que a tradução avança, alguns membros de cada comunidade podem começar a compreender, colocando-se no lugar do opositor, de que modo um enunciado, que anteriormente lhes parecia opaco, podia parecer uma explicação para os membros do grupo oposto. Por certo a disponibilidade de tais técnicas não garante a persuasão. Para a maioria das pessoas a tradução é um processo ameaçador e completamente estranho à ciência normal. De qualquer modo, existem sempre contra-argumentos disponíveis e não existem regras que prescrevam como se deve estabelecer o equilíbrio entre as partes. Não obstante, na medida em que os argumentos se acumulam, e desafio após desafio é enfrentado com êxito, torna-se necessária uma obstinação cega para continuar resistindo.

Nesse caso um segundo aspecto da tradução, de longa data familiar a linguistas e historiadores, assume uma importância crucial. Traduzir uma teoria ou visão de mundo na sua própria linguagem não é fazê-la sua. Para isso é necessário utilizar essa língua como se fosse nossa língua materna, descobrir que se está pensando e trabalhando – e não simplesmente traduzindo – uma língua que antes era estranha. Contudo, essa transição não é daquelas que possam ser feitas ou não através de deliberações e escolhas, por melhores razões que se tenha para desejar proceder desse modo. Em lugar disso, num determinado momento do processo de aprendizagem da tradução, o indivíduo descobre que ocorreu a transição, que ele deslizou para a nova linguagem sem ter tomado qualquer decisão a esse respeito. Ou ainda: o indivíduo, tal como muitos que, por exemplo, encontram a teoria da relatividade ou a mecânica quântica somente na metade de suas carreiras, descobre-se totalmente persuadido pelo novo ponto de vista e no entanto é incapaz de internalizá-lo e de sentir-se à vontade no mundo que este ajuda a constituir. Intelectualmente tal homem fez sua escolha, mas a conversão que essa escolha requer para ser eficaz lhe escapa. Não obstante, ele pode utilizar a nova teoria, mas o fará como um forasteiro num lugar estranho: a alternativa lhe será acessível apenas porque já é utilizada pelos naturais do lugar. Seu trabalho será parasitário com relação ao desses últimos, pois lhe falta a constelação de disposições mentais que os futuros membros da comunidade irão adquirir através da educação.

A experiência de conversão que comparei a uma mudança de perspectiva (*gestalt*) permanece, portanto, no cerne do processo revolucionário. Boas razões em favor da escolha proporcionam motivos para a conversão e um clima no qual ela tem maiores probabilidades de ocorrer. Além disso, a tradução pode fornecer pontos de partida para a reprogramação neurológica que, embora seja inescrutável a esta altura, deve estar subjacente à conversão. Mas nem as boas razões nem a tradução constituem a conversão e é este processo que devemos explicar para que se possa entender um tipo fundamental de mudança científica.

6. Revoluções e relativismo

Uma consequência de posição recém-delineada irritou especialmente muitos de meus críticos[18]. Eles consideram relativista minha perspectiva, particularmente na forma em que está desenvolvida no último capitulo deste livro. Minhas observações sobre a tradução iluminam as razões que levam à acusação. Os defensores de teorias diferentes são como membros de comunidades de cultura e linguagem diferentes. Reconhecer esse paralelismo sugere, em certo sentido, que ambos os grupos podem estar certos. Essa posição é relativista, quando aplicada à cultura e seu desenvolvimento.

Mas, quando aplicada à ciência, ela pode não sê-lo e, de qualquer modo, está longe de um *simples* relativismo, num aspecto que meus críticos não foram capazes de perceber. Argumentei que, tornados como um grupo ou em grupos, os praticantes das ciências desenvolvidas são fundamentalmente indivíduos capazes de resolver quebra-cabeças. Embora os valores aos quais se apeguem em períodos de escolha de teoria derivam igualmente de outros aspectos de seu trabalho, a habilidade demonstrada para formular e resolver quebra-cabeças apresentados pela natureza é, no caso de um conflito de valores, o critério dominante para muitos membros de um grupo científico. Como qualquer valor, a habilidade para resolver quebra-cabeças revela-se equívoca na aplicação. Dois indivíduos que a possuam podem, apesar disso, diferir quanto aos julgamentos que extraem de seu emprego. Mas o comportamento de uma comunidade que torna tal valor preeminente será muito

18. Shapere, Structure of Scientific Revolutions; e Popper em *Growth of Knowledge*.

diverso daquela que não procede dessa forma. Acredito que o alto valor outorgado nas ciências à habilidade de resolver quebra-cabeças possui as consequências seguintes.

Imaginemos uma árvore representando a evolução e o desenvolvimento das especialidades científicas modernas a partir de suas origens comuns, digamos, na filosofia da natureza primitiva e no artesanato. Uma única linha, traçada desde o tronco até a ponta de algum galho no alto, demarcaria uma sucessão de teorias relacionadas por sua descendência. Se tomássemos quaisquer dessas duas teorias, escolhendo-as em pontos não muito próximos de sua origem, deveria ser fácil organizar uma lista de critérios que permitiriam a um observador independente distinguir, em todos os casos, a teoria mais antiga da teoria mais recente. Entre os critérios mais úteis encontraríamos: a exatidão nas predições, especialmente no caso das predições quantitativas; o equilíbrio entre o objeto de estudo cotidiano e o esotérico; o número de diferentes problemas resolvidos. Valores como a simplicidade, alcance e compatibilidade seriam menos úteis para tal propósito, embora também sejam determinantes importantes da vida científica. Essas ainda não são as listas exigidas, mas não tenho dúvidas de que podem ser completadas. Se isso pode ser realizado, então o desenvolvimento científico, tal como o biológico, é um processo unidirecional e irreversível. As teorias científicas mais recentes são melhores que as mais antigas no que toca à resolução de quebra-cabeças nos contextos frequentemente diferentes aos quais são aplicadas. Essa não é uma posição relativista e revela em que sentido sou um crente convicto do progresso científico.

Contudo, se comparada com a concepção de progresso dominante, tanto entre filósofos da ciência como leigos, essa posição revela-se desprovida de um elemento essencial. Em geral uma teoria científica é considerada superior a suas predecessoras não apenas porque é um instrumento mais adequado para descobrir e resolver quebra-cabeças, mas também porque é, de algum modo, uma representação melhor do que a natureza realmente é. Ouvimos frequentemente dizer que teorias sucessivas se desenvolvem sempre mais perto da verdade ou se aproximam mais e mais desta. Aparentemente generalizações desse tipo referem-se não às soluções de quebra-cabeças, ou predições concretas derivadas de uma teoria, mas antes à sua ontologia, isto é, ao ajuste entre as entidades com as quais a teoria povoa a natureza e o que "está realmente aí".

Talvez exista alguma outra maneira de salvar a noção de "verdade" para a aplicação de teorias completas, mas ela não será capaz de realizar isso. Parece-me que não existe maneira de reconstruir expressões como "realmente aí" sem auxílio de uma teoria; a noção de um ajuste entre a ontologia de uma teoria e sua contrapartida "real" na natureza parece-me ilusória por princípio. Além disso, como um historiador, estou impressionado com a falta de plausibilidade dessa concepção. Não tenho dúvidas, por exemplo, de que a mecânica de Newton aperfeiçoou a de Aristóteles e de que a mecânica de Einstein aperfeiçoou a de Newton enquanto instrumento para a resolução de quebra-cabeças. Mas não percebo, nessa sucessão, uma direção coerente de desenvolvimento ontológico. Ao contrário: em alguns aspectos importantes, embora de maneira alguma em todos, a Teoria Geral da Relatividade de Einstein está mais próxima da teoria de Aristóteles do que qualquer uma das duas está da de Newton. Embora a tentação de descrever essa posição como relativista seja compreensível, a descrição parece-me equivocada. Inversamente, se essa posição é relativista, não vejo por que falte ao relativista qualquer coisa necessária para a explicação da natureza e do desenvolvimento das ciências.

7. A natureza da ciência

Concluo com uma breve discussão das duas reações frequentes ao meu texto original, a primeira crítica, a segunda favorável, e nenhuma, no meu entender, totalmente correta.

Embora não haja nenhuma relação entre essas reações ou com o que foi dito até aqui, ambas têm sido suficientemente frequentes para exigir pelo menos alguma resposta.

Alguns leitores de meu texto original observaram que eu passo repetidamente do descritivo ao normativo e vice-versa; essa transição é particularmente clara em passagens que começam com "Mas não é isto que os cientistas fazem" e terminam afirmando que os cientistas não devem proceder assim. Alguns críticos alegam que estou confundindo descrição com prescrição, violando dessa forma o teorema filosófico tradicionalmente respeitado: o "é" não implica o "deve"[19].

Esse teorema tornou-se uma etiqueta na prática e já não é mais respeitado em toda parte. Diversos filósofos contemporâneos descobriram contextos importantes nos quais o normativo e o descritivo estão inextricavelmente misturados[20]. O "é" e o "deve" não estão sempre tão completamente separados como pareciam. Mas não é necessário recorrer às sutilezas da filosofia da linguagem contemporânea para precisar o que me pareceu confuso a respeito desse aspecto da minha posição. As páginas precedentes apresentam um ponto de vista ou uma teoria sobre a natureza da ciência e, como outras filosofias da ciência, a teoria tem consequências no que toca à maneira pela qual os cientistas devem comportar-se para que seu empreendimento seja bem-sucedido. Embora essa teoria não necessite ser correta, não mais que qualquer outra, ela proporciona uma base legítima para o uso reiterado de afirmações sobre o que deve ser. Inversamente, uma das razões para que se tome a teoria a sério é a de que os cientistas, cujos métodos foram desenvolvidos e selecionados em vista de seu sucesso, realmente comportam-se como prescreve a teoria. Minhas generalizações descritivas são provas da teoria precisamente porque foram

19. Para um entre muitos exemplos possíveis, ver o ensaio de P.K. Feyerabend em *Growth of Knowledge*.
20. Stanley Cavell, *Must We Mean What We Say?*, Nova York, 1969, cap. I.

derivadas dela, enquanto em outras concepções da natureza elas constituem um comportamento anômalo.

Não penso que a circularidade desse argumento seja viciosa. As consequências do ponto de vista estudado não são esgotadas pelas observações sobre as quais repousava no início. Mesmo antes da primeira publicação deste livro, constatei que partes da teoria que ele apresenta são um instrumento útil para a exploração do comportamento e desenvolvimento científico. Uma comparação deste posfácio com o texto original pode sugerir que a teoria continuou a desempenhar esse papel. Nenhum ponto de vista estritamente circular proporciona tal orientação.

Minha resposta a um último tipo de reação a este livro deve ser de natureza diversa. Vários daqueles que retiraram algum prazer da leitura do livro reagiram assim não porque ele ilumina a natureza da ciência, mas porque consideraram suas teses principais aplicáveis a muitos outros campos. Percebo o que querem dizer e não gostaria de desencorajar suas tentativas de ampliar essa perspectiva, mas apesar disso fiquei surpreendido com suas reações. Na medida em que o livro retrata o desenvolvimento científico como uma sucessão de períodos ligados à tradição e pontuados por rupturas não cumulativas, suas teses possuem indubitavelmente uma larga aplicação. E deveria ser assim, pois essas teses foram tomadas de empréstimo a outras áreas. Historiadores da literatura, da música, das artes, do desenvolvimento político e de muitas outras atividades humanas descrevem seus objetos de estudo dessa maneira desde muito tempo. A periodização em termos de rupturas revolucionárias em estilo, gosto e na estrutura institucional têm estado entre seus instrumentos habituais. Se tive uma atitude original em face desses conceitos, isso se deve sobretudo ao fato de tê-los aplicado às ciências, áreas que geralmente foram consideradas como dotadas de um desenvolvimento peculiar. Pode-se conceber a noção de paradigma como uma realização concreta, como um exemplar, a segunda contribuição deste livro. Suspeito, por exemplo, de que algumas das dificuldades notórias envolvendo a noção de estilo nas artes poderiam desvanecer-se se as pinturas pudessem ser vistas como modeladas umas nas outras, em lugar de produzidas em conformidade com alguns cânones abstratos de estilo[21].

Contudo, este livro visava também apresentar uma outra proposição, que não se apresentou de maneira tão visível para muitos de seus leitores. Embora o desenvolvimento científico possa assemelhar-se ao de outros domínios muito mais estreitamente do que o frequentemente suposto, possui também diferenças notáveis. Não pode ser inteiramente falso afirmar, por exemplo, que as ciências, pelo menos depois de um certo ponto de seu desenvolvimento, progridem de uma maneira diversa da de outras áreas de estudo, não obstante o que o progresso possa ser em si mesmo. Um dos objetivos deste livro foi examinar tais diferenças e começar a explicá-las.

Consideremos, por exemplo, a ênfase reiterada concedida acima à ausência ou, como devo dizer agora, à relativa carência de escolas competidoras nas ciências desenvolvidas. Lembremos também minhas observações a respeito do grau em que os membros de uma comunidade científica constituem a única audiência e os únicos juízes do trabalho dessa comunidade. Ou pensemos novamente a respeito da natureza peculiar da educação científica, sobre o caráter de objetivo que possui a resolução de quebra-cabeças e acerca do sistema de valores que o grupo científico apresenta em períodos de crise e decisão. O livro isola outras características semelhantes, das quais nenhuma é exclusiva da ciência, mas que no conjunto distinguem a atividade científica.

Temos ainda muito a aprender sobre todas essas características da ciência. Iniciei este posfácio enfatizando a necessidade de estudar-se a estrutura comunitária da ciência e terminarei sublinhando a necessidade de um

21. A respeito desse ponto, bem como para uma discussão mais ampla do que é particular às ciências, ver T.S. Kuhn, Comment on the Relations of Science and Art, *Comparative Studies in Society and History*, n. 11, 1969, p. 403-412.

estudo similar (e acima de tudo comparativo) das comunidades correspondentes em outras áreas. Como se escolhe uma comunidade determinada e como se é aceito por ela, trate-se ou não de um grupo científico? Qual é o processo e quais são as etapas da socialização de um grupo? Quais são os objetivos coletivos de um grupo; que desvios, individuais ou coletivos, ele tolera? Como é controlada a aberração inadmissível? Uma compreensão mais ampla da ciência dependerá igualmente de outras espécies de questões, mas não existe outra área que necessite de tanto trabalho como essa. O conhecimento científico, assim como a linguagem, é intrinsecamente a propriedade comum de um grupo ou então não é nada. Para entendê-lo, precisamos conhecer as características essenciais dos grupos que o criam e o utilizam.

Este livro foi impresso em Cotia,
nas oficinas da Meta Brasil,
para a Editora Perspectiva.